Leitfäden und Monographien der Informatik

Brauer: **Automatentheorie**
493 Seiten. Geb. DM 58,–

Becker: **Prüfen und Testen von Schaltkreisen**
In Vorbereitung

Dal Cin: **Grundlagen der systemnahen Programmierung**
221 Seiten. Kart. DM 34,–

Ehrich/Gogolla/Lipeck: **Algebraische Spezifikation abstrakter Datentypen**
In Vorbereitung

Engeler/Läuchli: **Berechnungstheorie für Informatiker**
120 Seiten. Kart. DM 24,–

Hentschke: **Grundzüge der Digitaltechnik**
247 Seiten. Kart. DM 36,–

Loeckx/Mehlhorn/Wilhelm: **Grundlagen der Programmiersprachen**
448 Seiten. Kart. DM 44,–

Mehlhorn: **Datenstrukturen und effiziente Algorithmen**
Band 1: Sortieren und Suchen
2. Aufl. 317 Seiten. Geb. DM 48,–
Band 2: Graphenalgorithmen und NP-Vollständigkeit
In Vorbereitung

Messerschmidt: **Linguistische Datenverarbeitung mit Comskee**
207 Seiten. Kart. DM 36,–

Niemann/Bunke: **Künstliche Intelligenz in Bild- und Sprachanalyse**
256 Seiten. Kart. DM 38,–

Pflug: **Stochastische Modelle in der Informatik**
272 Seiten. Kart. DM 38,–

Post: **Entwurf und Technologie hochintegrierter Schaltungen**
247 Seiten. Kart. DM 38,–

Rammig: **Systematischer Entwurf digitaler Systeme**
353 Seiten. Kart. DM 46,–

Richter: **Betriebssysteme**
2. Aufl. 303 Seiten. Kart. DM 38,–

Richter: **Prinzipien der Künstlichen Intelligenz**
359 Seiten. Kart. DM 46,–

Weck: **Prinzipien und Realisierung von Betriebssystemen**
3. Aufl. 306 Seiten. Kart. DM 42,–

Wirth: **Algorithmen und Datenstrukturen**
Pascal-Version
3. Aufl. 320 Seiten. Kart. DM 39,–

Wirth: **Algorithmen und Datenstrukturen mit Modula - 2**
4. Aufl. 299 Seiten. Kart. DM 39,–

Wojtkowiak: **Test und Testbarkeit digitaler Schaltungen**
226 Seiten. Kart. DM 36,–

Preisänderungen vorbehalten

 **B. G. Teubner Stuttgart**

Leitfäden der angewandten Informatik

P. A. Gloor
Synchronisation in verteilten Systemen

Leitfäden der angewandten Informatik

Unter beratender Mitwirkung von

Prof Dr. Hans-Jürgen Appelrath, Oldenburg
Dr. Hans-Werner Hein, St. Augustin
Prof. Dr. Rolf Pfeifer, Zürich
Dr. Johannes Retti, Wien
Prof. Dr. Michael M. Richter, Kaiserslautern

Herausgegeben von

Prof. Dr. Lutz Richter, Zürich
Prof. Dr. Wolffried Stucky, Karlsruhe

Die Bände dieser Reihe sind allen Methoden und Ergebnissen der Informatik gewidmet, die für die praktische Anwendung von Bedeutung sind. Besonderer Wert wird dabei auf die Darstellung dieser Methoden und Ergebnisse in einer allgemein verständlichen, dennoch exakten und präzisen Form gelegt. Die Reihe soll einerseits dem Fachmann eines anderen Gebietes, der sich mit Problemen der Datenverarbeitung beschäftigen muß, selbst aber keine Fachinformatik-Ausbildung besitzt, das für seine Praxis relevante Informatikwissen vermitteln; andererseits soll dem Informatiker, der auf einem dieser Anwendungsgebiete tätig werden will, ein Überblick über die Anwendungen der Informatikmethoden in diesem Gebiet gegeben werden. Für Praktiker, wie Programmierer, Systemanalytiker, Organisatoren und andere, stellen die Bände Hilfsmittel zur Lösung von Problemen der täglichen Praxis bereit; darüber hinaus sind die Veröffentlichungen zur Weiterbildung gedacht.

Synchronisation in verteilten Systemen

Problemstellung und Lösungsansätze unter
Verwendung von objektorientierten Konzepten

Von Peter A. Gloor, dipl. math.
Universität Zürich

B. G. Teubner Stuttgart 1989

Peter Andreas Gloor

Geboren 1961 in Aarau. 1981 bis 1986 Studium der Mathematik mit Nebenfächern Chemie und Informatik an der Universität Zürich. Ab 1986 Assistent am Institut für Informatik der Universität Zürich. 1989 Promotion in Informatik an der philosophischen Fakultät II der Universität Zürich.

CIP-Titelaufnahme der Deutschen Bibliothek

Gloor, Peter A.:
Synchronisation in verteilten Systemen : Problemstellung und
Lösungsansätze unter Verwendung von objektorientierten
Konzepten / von Peter A. Gloor. – Stuttgart : Teubner, 1989
  (Leitfäden der angewandten Informatik)
  Zugl.: Zürich, Univ., Diss., 1989

ISBN 978-3-519-02494-1   ISBN 978-3-663-01353-2 (eBook)
DOI 10.1007/978-3-663-01353-2

Gesamtherstellung: Zechnersche Buchdruckerei GmbH, Speyer
Umschlaggestaltung: M. Koch, Reutlingen

Vorwort

Der Begriff *objektorientiert* ist im Moment ein Schlagwort, das vor allem im Gebiet der Programmentwicklung und des Programmdesigns neue Lösungen zu versprechen scheint[1]. Auch die Idee, ein Betriebssystem mit einer objektorientierten Struktur aufzubauen ist keinesfalls neu. So hat Wulf bereits 1981 ein experimentelles Betriebssystem mit einer objektorientierten Struktur namens Hydra implementiert [Wul81], das auf weitere objektorientierte Vorfahren zurückblicken konnte. Nachdem dieser Begriff in neuester Zeit eine erweiterte Bedeutung erhalten hat, sollen die Auswirkungen dieses erweiterten Objektbegriffs auf der Betriebssystem-Ebene Hauptgegenstand dieses Buches sein.

In den ersten vier, mehr theoretisch ausgerichteten Kapiteln werden die Grundlagen gelegt für zwei konkrete Vorschläge zur Erweiterung von konventionellen Betriebssystemen, die in den beiden letzten, praktischen Kapiteln vorgestellt werden. Diese beiden Vorschläge sollen einen Beitrag zu einem immer noch sehr aktuellen Thema leisten, nämlich der Synchronisation in verteilten Systemen. Wenn heute über das Forschungsgebiet Betriebssysteme gesprochen wird, so ist klar, dass damit auch immer verteilte Betriebssysteme gemeint sind, da aus verschiedenen Gründen, auf die in diesem Buch noch ausführlicher eingegangen wird, der Zusammenschluss von isolierten Maschinen zu einem verteilten System auf der Betriebssystem-Ebene sich als vorteilhafteste Lösung erwiesen hat.

---

[1]Obwohl oft gebraucht, haben sich die verschiedenen Autoren im Moment noch nicht auf eine verbindliche Definition dieses Begriffs einigen können. An späterer Stelle werden einige Definitionen des Begriffs *objektorientiert* im Zusammenhang mit der objektorientierten Programmierung aufgelistet.

Im ersten, einführenden Kapitel wird anhand vorhandener Ansätze ein Überblick über das Forschungsgebiet "verteilte Betriebssysteme" gegeben und mit Hilfe der dort besprochenen Beispiele offene Probleme in diesem Gebiet und eventuell dazu vorhandene Lösungsansätze aufgezeigt. Im zweiten Kapitel werden die Grundbegriffe objektorientierter Programmierung auf die Betriebssystem-Ebene angewendet. Besonderes Gewicht wird dabei auf die Eignung objektorientierter Konzepte für verteilte Systeme gelegt. In diesem Kapitel wird nach einer einleitenden Untersuchung von Smalltalk, das als Paradebeispiel eines objektorientierten Systems gilt, versucht, eine Liste von Kriterien aufzustellen, die ein verteiltes Betriebssystem erfüllen muss, um als objektorientiert im Sinne der objektorientierten Programmierung bezeichnet werden zu können. Ebenfalls kommen die Probleme zur Sprache, die sich bei der Integration einer verteilten Datenbank in ein verteiltes Betriebssystem ergeben, da man sich gerade im Datenbank-Bereich durch die Verwendung objektorientierter Konzepte bei der Integration in ein verteiltes System wesentliche Fortschritte erhofft.

Im dritten Kapitel wird ganz kurz ein Ansatz beschrieben, der unabhängig vom objektorientierten Umfeld bei der Anwendung auf der Betriebssystem-Ebene zu überraschenden Resultaten geführt hat: Spätestens seit dem japanischen Projekt "Fifth Generation Computer Systems" hat Prolog jenen Anstrich von Praxisferne und schlechter Implementierbarkeit verloren, der anfänglich die Verbreitung von auf logischer Programmierung beruhenden Konzepten verhindert hat. Analog zum objektorientierten Einsatzgebiet sind die ersten Prolog-Entwicklungen im Gebiet der Programmiersprachen erfolgt. Heute ist aber die Nützlichkeit dieses Konzeptes im Betriebssystem-Bereich ebenfalls unbestritten.

Das Transaktionskonzept ist sowohl für die Theorie als auch für die Implementation von Datenbanken von fundamentaler Bedeutung. Schon bald wurde die Brauchbarkeit dieses Konzeptes auch zur Implementation von verteilten Betriebssystemen erkannt, so dass verschiedene verteilte Betriebssysteme entwickelt wurden, die einen Transaktionsmanager als grundlegenden Baustein benützen. Zur Integration des Transaktionsbegriffs in ein konventionelles Betriebssystem gibt es verschiedene Ansätze. Ein Verfahren dazu, das meines Wissens in dieser Art bis jetzt noch nie vorgeschlagen wurde, wird in den nächsten beiden Kapiteln vier und fünf beschrieben: Die Verwendung des aus der objektorientierten Programmierung stammenden Begriffs des *aktiven Objekts* in der Betriebssystem-Ebene führt zu einem sog. "ereignisgesteuerten" Programmierstil (event driven programming), der sich ausgezeichnet z.B. zur Implementation von verteilten Transaktionen eignet. Im vierten Kapitel werden existierende Ansätze zur Ermöglichung von ereignisgesteuerter Programmierung bzw. zur Programmierung mit aktiven Objekten vorgestellt und aus einem Quervergleich der vorgestellten Verfahren die entsprechenden Schlussfolgerungen gezogen, die schliesslich im fünften Kapitel zu einem eigenen Vorschlag führen. Der eigene Vorschlag zur Ermöglichung von ereignisgesteuerter Programmierung auf Betriebssystemebene, der *Event-Distribution-Mechanismus* (EDM), wird sowohl theoretisch als auch anhand einer exemplarischen Implementation unter UNIX vorgestellt. Als Anwendungsbeispiele des EDM werden Implementationen von verteiltem Locking und von verteilten atomaren Transaktionen beschrieben, mit denen Applikationen auf dem ursprünglich unstabilen verteilten UNIX-System fehlertolerant gemacht werden können.

Im sechsten und letzten Kapitel schliesslich wird auf das Problem des gegenseitigen Erkennens des Status in einem verteilten System eingegangen. Im Gegensatz zu einem zentralen System, wo der Zusammenbruch einer Komponente meist gleichbedeutend mit dem Zusammenbruch des ganzen Systems ist, soll ein verteiltes System nach dem Ausfall einer Komponente mit allenfalls verschlechterter Leistung trotzdem korrekt weiterarbeiten. In einem verteilten System, dessen Komponenten gemäss dem Client-Server-Modell zusammengesetzt sind, werden im wesentlichen zwei Ansätze verwendet: Im *statuslosen* Client-Server-Modell speichert der Server keine Informationen über seine Clients. Damit wird einerseits Stabilität im Falle von Client- und Server-Zusammenbrüchen erreicht, andererseits aber auch eine gewisse Leistungseinbusse in Kauf genommen. Im Gegensatz dazu speichert der Server im *statusbehafteten* Client-Server-Modell Statusinformationen über seine Clients. Der in Kapitel fünf beschriebene EDM z.B. baut auf einem solchen statusbehafteten Server auf. In Kapitel sechs wird nun eines der Anwendungsbeispiele des EDM, nämlich verteiltes Locking, mit Hilfe eines neuen, selbst entwickelten statuslosen Algorithmus, dem sog. *Dynamisch Synchronisierten Locking* (DSL), für das statuslose Client-Server-Modell neu implementiert. Dabei wird gezeigt, dass der durch die Verwendung eines statuslosen Algorithmus entstehende Overhead mehr als wettgemacht wird durch die dafür erhaltene Stabilität des Algorithmus im Falle von einzelnen Maschinenzusammenbrüchen.

Am Schluss des Buches vermittelt ein umfangreiches, nach Sachgebieten geordnetes Literaturverzeichnis einen Überblick über die in diesem Buch verarbeitete Literatur. In dieses Verzeichnis ebenfalls mit aufgenommen wurden, teilweise mit (subjektiven) Kommentaren versehen, weiterführende Grundlagenwerke zu den in diesem Buch angeschnittenen Themen. Ein Glossar und ein Stichwortverzeichnis Englisch-Deutsch sollen das Verständnis der in diesem Buch gebrauchten Fachwörter erleichtern.

Das vorliegende Buch entstand während meiner Assistentenzeit am Institut für Informatik der Universität Zürich als Dissertation unter der Leitung der Herren Prof. Dr. R. Marty, Prof. Dr. L. Richter und Prof. Dr. K. Bauknecht. Ihnen allen möchte ich herzlich danken für die Hinweise und Anregungen, die sie mir immer wieder im Verlauf der letzten zwei Jahre gegeben haben. Besonderer Dank gebührt Herrn Prof. Dr. L. Richter, auf dessen Anregung hin die nun vorliegende Veröffentlichung der Dissertation in Buchform geschah und Herrn Prof. Dr. R. Marty für die kritische Korrektur der ersten Fassung dieses Buches. Ohne die hervorragende Informatik-Infrastruktur unseres Instituts wäre die Bewältigung einer Arbeit dieser Grössenordnung innerhalb nützlicher Frist unmöglich gewesen. Dafür möchte ich allen Mitarbeitern des Instituts für Informatik der Universität Zürich meinen Dank aussprechen. Danken möchte ich schliesslich auch Martin Zellweger, der mit der Implementation der theoretischen Konzepte auf einem Netzwerk von UNIX-Workstations einen wesentlichen Beitrag zum Entstehen dieses Buches geleistet hat.

Zürich, im März 1989

Peter A. Gloor

Inhaltsverzeichnis

1 Verteilte Betriebssysteme - Ein aktueller Ueberblick

1.1 Einleitung

In diesem in die Thematik der verteilten Betriebssysteme einführenden Kapitel sollen aktuelle Forschungstendenzen auf dem Gebiet aufgezeigt werden. Basis der Betrachtungen bildet eine ausgedehnte vergleichende Analyse von ausgewählten neueren und neuesten Beispielen. Diese Beispiele zeigen auf, dass der Trend der Entwicklung heute in Richtung Verteilung geht, wobei diese Verteilung sowohl für den Anwendungsentwickler als auch für den Endbenutzer so transparent wie möglich sein soll.

1.1.1 Motivationen für die Verteilung eines Betriebssystems über mehrere Maschinen

Als Motivation, um von einer zentralen Insellösung auf ein verteiltes Betriebssystem umzustellen, werden in der Literatur [Cri88] [Slo87] [Smi86] im wesentlichen die folgenden Gründe aufgeführt:

- **Erhöhte Zuverlässigkeit** (reliability)
  Endziel eines verteilten Betriebssystems soll *graceful degradation* .sein. Darunter wird die Verfügbarkeit des gesamten Systems bei Ausfall einzelner Systemkomponenten verstanden, d.h. der Ausfall einzelner Systemkomponenten soll für den Endbenutzer lediglich durch eine allenfalls verschlechterte Leistung, nicht aber durch einen Zusammenbruch des ganzen Systems bemerkbar sein.
  Graceful degradation kann z.B. durch Replikation einzelner Systemkomponenten

erreicht werden, so dass bei Ausfall einer Komponente deren Aufgabe von der Schwesterkomponente übernommen werden kann. Der Grad der graceful degradation ist allerdings bei den einzelnen Systemen sehr verschieden. Obwohl es bereits einige kommerziell erhältliche, sog. fehlertolerante (*fault tolerant*) Systeme gibt, sind die meisten verteilten Systeme nur sehr eingeschränkt fehlertolerant, da diese Fehlertoleranz durch einen bedeutend höheren Einstandspreis und mit einer Leistungseinbusse erkauft werden muss. Allenfalls kann bei vielen verteilten Systemen eine gewisse Fehlertoleranz manuell erreicht werden, indem z.B. bei Ausfall eines Fileservers von Hand auf einen anderen Fileserver umgeschaltet wird.

- **Erhöhte Leistung (performance)**
  Bei einem verteilten System kann die Leistung gegenüber einem zentralen System viel einfacher erhöht werden, indem dem verteilten System für den Benutzer völlig transparent weitere CPU's zugefügt werden. So kann bei einem verteilten System zur Erzielung einer höheren Gesamtrechenleistung z.B. ein Minisupercomputer dazugefügt werden, ohne dass am restlichen System weitere Modifikationen nötig sind. Im Gegensatz dazu muss bei einem zentralen System bei einer nötigen Leistungssteigerung beinahe unumgänglich das gesamte System ersetzt werden.

- **Lineares Wachstum** (linear speed-up)
  Ziel bei einem Leistungsausbau eines bestehenden verteilten Systems ist das lineare Wachstum, d.h. die verfügbare Gesamtrechenleistung soll proportional zu den zugefügten CPU's anwachsen. Dieses Ziel kann sicherlich nur näherungsweise erreicht werden, da mit der Komplexität eines verteilten Systems auch der zur gegenseitigen Synchronisation nötige Verkehr zwischen den einzelnen Systemkomponenten überproportional anwächst.

- **Inkrementelle Erweiterbarkeit**
  Hauptvorteil eines verteilten Systems, der bereits weiter oben unter dem Stichwort "erhöhte Leistung" angeschnitten wurde, ist die Ermöglichung des inkrementellen Wachstums. Im Gegensatz zu einem zentralen System muss bei einem Systemausbau bei einem verteilten System nicht das ganze System ausgetauscht werden, sondern es können, für den Benutzer transparent, beinahe nach Belieben weitere Systemkomponenten zugefügt werden.
  Die Transparenz bei einem Systemausbau ist allerdings je nach verteiltem Betriebssystem verschieden gross. Die transparente Erweiterbarkeit wird am weitestgehendsten dann erreicht, wenn die Rechenleistung sämtlicher Maschinen, die dem verteilten Betriebssystem angeschlossen sind, dem Endbenutzer auf transparente Weise zugänglich gemacht wird. Damit kann die Rechenleistung momentan nicht direkt benutzter Maschinen von auf anderen Maschinen arbeitenden

Benutzern z.B. für *remote compilation*[1] gebraucht werden (*load sharing*). So wird es direkt möglich, die bei einem Systemausbau neu hinzugekommene Rechenleistung ohne zusätzlichen Aufwand zu nutzen.

- **Verbesserte Anpassungsfähigkeit**
  Ein verteiltes System erleichtert die Anpassung der Systemstruktur an die geographischen Gegebenheiten, d.h. der Computer kommt zum Benutzer, und der Benutzer muss nicht zum Computer gehen. Damit kann der Kommunikationsoverhead reduziert und der globale Durchsatz bzw. die Leistung eines Systems erhöht werden.

1.1.2 Der Grad der Verteiltheit eines Systems

Wenn wir uns für die Verteilung eines Systems interessieren, so müssen wir grundsätzlich unterscheiden zwischen verteilter Hardware und verteilter Software. Ein verteiltes Betriebssystem ist ein verteiltes Softwareprogramm, das die Heterogenität des unterliegenden verteilten (Hardware-)Systems vor dem Benutzer verbirgt. Der Aufbau eines verteilten Betriebssystems hängt hauptsächlich vom Aufbau der unterliegenden verteilten Hardware ab. Deshalb sollen zuerst die unterliegenden verteilten Systeme betrachtet werden. In der Literatur [Cri88] [Slo87] [Smi86] wird hier unterschieden zwischen:

- **Dicht gekoppelte Systeme** (tightly coupled systems)
  Unter dicht gekoppelten Systemen werden Multiprozessoren mit gemeinsamem Hauptspeicher (shared memory) verstanden, d.h. Computer, die über mehrere Prozessoren, aber nur einen Hauptspeicher-Bereich, der allen Prozessoren gemeinsam ist, verfügen. Prozessoren eines dicht gekoppelten Systems haben also keinen privaten Hauptspeicher-Bereich. (Beispiel: der NYU Ultracomputer [Edl86])

- **Eng gekoppelte Systeme** (closely coupled systems)
  Eng gekoppelte Systeme weisen ebenfalls eine Mehrprozessor-Architektur auf, die einen gemeinsamen Hauptspeicher-Bereich haben kann. Im Gegensatz zu dicht gekoppelten Systemen ist aber nur ein Teil des Hauptspeichers allen Prozessoren zugänglich. Die Prozessoren verfügen damit über privaten Hauptspeicher und sind

---

[1] "Remote compilation" heisst, dass ein Benutzer seine Programme auf einer anderen Maschine übersetzen lässt als auf derjenigen, auf der er momentan eingeloggt ist.

mit Hilfe eines Hochgeschwindigkeits-Buses (Netzwerks) gegenseitig verbunden. (Beispiel: Cm* [Ous81])

- **Lose gekoppelte Systeme** (loosely coupled systems)
  Lose gekoppelte Systeme verfügen über keine gemeinsamen Hauptspeicher-Bereiche. Die einzelnen Prozessoren sind mit Hilfe eines lokalen Hochgeschwindigkeits-Netzwerkes miteinander verbunden. Ein lose gekoppeltes System ist beispielsweise ein Netzwerk von Sun-Workstations, die mit einem Ethernet verbunden sind, aber auch ein Vaxcluster [Kro86], dessen Knotenrechner mit einem 70MB Netzwerk verbunden sind, fällt in diese Kategorie, obwohl er von seinen Entwerfern als "closely coupled system" bezeichnet wurde.

- **Verbundene Systeme**
  Als verbundene Systeme werden alle Systeme bezeichnet, die mit Hilfe eines lokalen oder Wide-Area-Netzwerkes miteinander verbunden sind. Diese verbundenen Systeme sind durchaus selbstständig, der Zusammenschluss ermöglicht lediglich den (dem Benutzer bewussten) Zugriff auf Daten, die auf einer anderen Maschine gespeichert sind. Ein Beispiel eines verbundenen Systems sind sämtliche mit dem ARPANET-Netzwerk [Tan81] zusammengeschlossenen Computer.

Die Terminologie in diesem Bereich ist noch keinesfalls eindeutig, wie am Beispiel des Vaxclusters gesehen werden kann, der von seinen Entwerfern zwar als eng gekoppeltes System bezeichnet wurde, aber nach der Einteilung, die hier und an den meisten Stellen in der Literatur verwendet wird, ganz klar als lose gekoppeltes System bezeichnet werden muss.

Die nun folgende Graphik (Fig. 1.1.) soll einen Einstieg und Ueberblick in die Problematik des *Distributed Processing* geben. Die Graphik stammt aus einem internen Bericht von Apollo. Die oben in der Graphik abgebildete Beziehung zwischen Benutzer-Anwendungsprogramm und Directory-Struktur soll die Namenstransparenz darstellen, die eines der Endziele eines verteilten Betriebssystems ist. (Der Name eines Objekts soll nicht von seinem physikalischen Speicherort abhängig gemacht werden.) Unten abgebildet ist die zirkuläre Beziehung zwischen logischen und tatsächlichen (physikalischen) Objekten in einem verteilten System: Ein logisches Objekt (z.B. ein File) kann sich irgendwo im Netzwerk befinden. Falls es bearbeitet werden soll, wird es in den virtuellen Hauptspeicher abgebildet. Die Seiten (pages) des virtuellen Hauptspeichers wiederum werden vom Hauptspeicherverwaltungssystem (memory management) nach Bedarf in den tatsächlichen Hauptspeicher geladen, wobei dieses Laden mit Hilfe des Demand-Paging-Verfahrens [Pet85] für den Anwender völlig transparent über das Netzwerk verläuft. Die Zuweisung "physikalische Objekte - logische Objekte" (benötigte Seiten) wird ebenfalls für den Anwender transparent vom Objekt-Allokationsmechanismus übernommen.

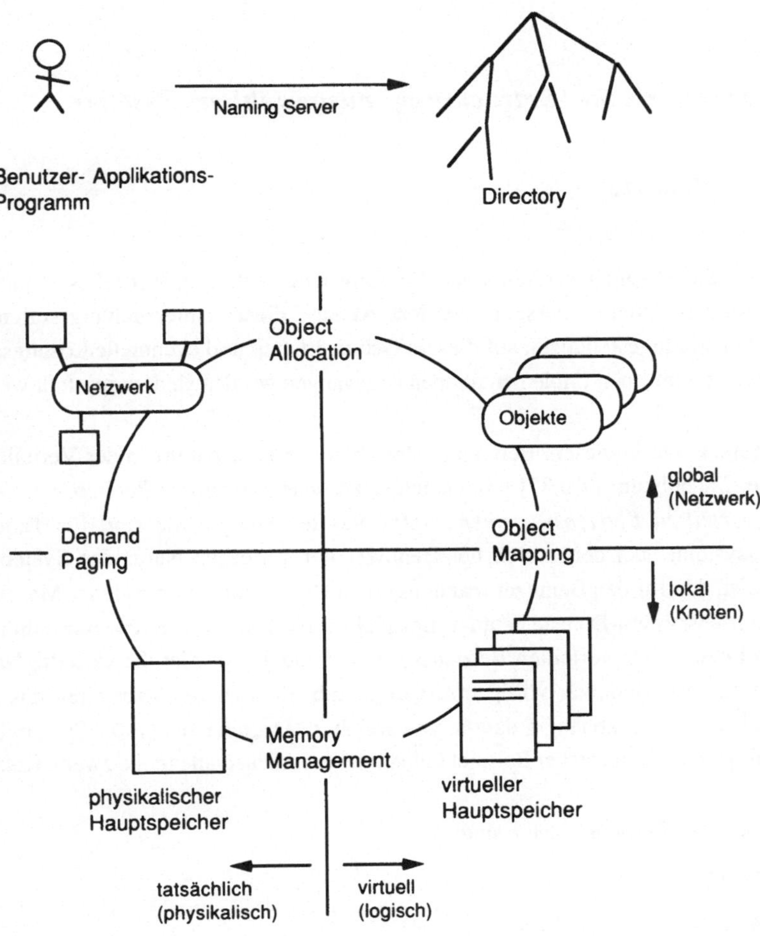

Fig. 1.1. Was ist Distributed Processing

1.2 Exemplarische Betrachtung ausgewählter Systeme

1.2.1 Einführung

An dieser Stelle sollen exemplarisch für sämtliche verteilten Betriebssysteme einige ausgewählte Beispiele untersucht werden. Anhand dieser Untersuchung sollen offene Probleme und Fragestellungen auf diesem Gebiet erkannt und eventuelle Lösungsansätze, so wie sie bei einzelnen Implementationen angegangen worden sind, vorgestellt werden.

Eine offene Frage in diesem Bereich ist der Grad der Transparenz in der Verteiltheit der Systeme. Tanenbaum [Tan85] unterscheidet zwischen *Netzwerk-Betriebssystemen* und *echten verteilten Betriebssystemen*. Netzwerk-Betriebssysteme sind für Tanenbaum Betriebssysteme, bei denen sich der Benutzer der verteilten Natur des Systems noch bewusst ist, d.h. für den Benutzer macht es einen Unterschied, von welcher Maschine aus er die Betriebssystem-Dienste benützt. Beispiel für ein Netzwerk-Betriebssystem ist Sun's NFS. Bei den echten verteilten Betriebssystemen andererseits ist die verteilte Natur des Systems für den Benutzer völlig transparent, d.h. für den Benutzer sieht das System immer gleich aus, unabhängig davon, von welcher Maschine aus er das System benützt. Die im folgenden betrachteten Beispiel fallen im wesentlichen alle in die zweite Kategorie.

Die betrachteten Betriebssysteme sind:

- **Mach**

- **Apollo**

- **Quicksilver**

- Ebenfalls betrachtet wird das am MIT entwickelte **Argus**. Argus ist mehr Programmiersprache und Software-Entwicklungsumgebung als Betriebssystem. Falls allerdings Argus auf einem verteilten Betriebssystem installiert wird, unterstützt es die einfache und effiziente Implementierung crash-resistenter verteilter Anwendungen.

- In den Vergleich einbezogen werden schliesslich die **ISO/OSI-Spezifikationen**. Falls diese Spezifikationen implementiert werden, können mit ihrer Hilfe direkt die Dienste eines Betriebssystems aufgebaut werden.

Es sollen im folgenden die wesentlichen Gesichtspunkte der einzelnen Systeme betrachtet werden, wobei die einzelnen Systeme jeweils mit UNIX verglichen und markante

Abweichungen von UNIX besonders beleuchtet werden, da UNIX im Gegensatz zu den hier betrachteten verteilten Betriebssystemen als Standardbeispiel eines zentralen Mehrbenutzer-Multitasking-Betriebssystems angesehen werden kann. Punkte, die in der folgenden Betrachtung im Vordergrund stehen, sind

- *Lösungsansätze für verteiltes Multitasking*
  Es sollen dem Benutzer Mechanismen zur Verfügung gestellt werden, mit denen er mehrere Prozesse parallel auf mehreren Maschinen gleichzeitig ablaufen lassen kann. Diese Mechanismen sollen möglichst einfach anzuwenden sein.

- *Transparenz und Effizienz des verteilten Filesystems*
  Der Zugriff auf das globale Filesystem soll möglichst transparent von sämtlichen dem System angeschlossenen Maschinen zu bewerkstelligen sein. Auch soll das globale Filesystem unempfindlich sein in Bezug auf starke Schwankungen der Benutzerzahl und der Anzahl Files, die das System zu verwalten hat.

- *Verteilungstransparenz für den Benutzer*
  Der Benutzer soll sich der verteilten Natur des Systems möglichst nicht bewusst werden. Diese Forderung wird unterstützt durch eine weitgehende Berücksichtigung der beiden vorhergehenden Punkte: Verteiltes Multitasking ist ein nützliches Hilfsmittel zur Erstellung benutzertransparenter Netzwerk-Anwendungen. Ein transparentes verteiltes Filesystem andererseits ermöglicht dem Endbenutzer, jederzeit und an jedem Ort auf die gleiche Art und Weise auf seine Daten zuzugreifen.

- *Erweiterbarkeit des Systems*
  "Einfache Erweiterbarkeit des Systems" heisst eine letzte Forderung, die an einen Betriebssystem-Entwerfer gestellt werden muss. Der Systemadministrator soll das System vergrössern können, ohne dass diese Tatsache den Anwendern bewusst wird. Das bedeutet, dass bei Hinzufügen neuer Komponenten z.B. nicht das ganze System heruntergefahren und der Betriebssystem-Kern neu geladen werden muss. Eine Ausnützung neu hinzugekommener CPU-Leistung wird unterstützt durch verteiltes Multitasking, da so die Rechenleistung neu hinzugefügter Maschinen vom Anwender genutzt werden kann, ohne dass er direkt auf dieser Maschine arbeiten muss, d.h. ohne Abänderung bestehender Programme.

Auf diese Punkte wird in (1.3.) im Rahmen eines Quervergleiches näher eingegangen, nachdem in (1.2.) die nötigen Grundlagen gelegt und vorhandene Ansätze anhand der Beispiele aufgezeigt werden. Ich habe bewusst darauf verzichtet, die nachfolgende Untersuchung gemäss den obigen vier Punkten zu gliedern, sondern vielmehr versucht, die jeweiligen Besonderheiten des gerade betrachteten Beispiels herauszuarbeiten. Falls im folgenden ein direkter Zusammenhang zwischen dem gerade betrachteten Beispiel und einem der obigen vier Punkte vorhanden ist, wird im Untertitel des betreffenden Abschnittes darauf hingewiesen.

1.2.2 Apollo

Einleitung

Das Betriebssystem für die Apollo Workstations hat zwar heute (1989) eine beinahe vollständige UNIX-Kompatibilität erreicht, hat aber in seinem inneren Aufbau grundsätzliche Unterschiede zu UNIX aufzuweisen und enthält viele interessante und eigenwillige Konzepte.

Das ist ein grundlegender Unterschied zu z.B. den Sun-Workstations mit ihrer Variante des UNIX mit dem verteilten Filesystem NFS. Das Sun-Betriebssystem wurde von UNIX abgeleitet und die Struktur des Kernels ursprünglich von UNIX BSD4.2 übernommen. Damit laufen auf dem Sun-Betriebssystem weitgehend die üblichen UNIX-Software-Pakete und Tools.

Im Gegensatz dazu ist die innere Struktur von Apollo Domain/IX grundsätzlich von UNIX verschieden. Dies wiederspiegelt sich auch im Aufbau der Anwendersoftware, die zwar, sowohl bei Sun als auch bei Apollo auf der UNIX-System-Call-Schnittstelle aufbauend, weitgehend von einer UNIX-Variante zur anderen portierbar sein sollte. In der Praxis bauen aber gerade komplexe und umfangreiche Anwendungen auf kernelinternen Details auf, dies nicht zuletzt deshalb, um ein Maximum an Durchsatz und Leistung erreichen zu können. So wird zum Beispiel zur Verwaltung mehrerer Versionen des gleichen Files in einer Programmentwicklungsumgebung im Sun OS das SCCS [Bag86] verwendet, während Apollo für den gleichen Zweck das DSEE [Apo88] anbietet. DSEE wäre nur unter enormen Anstrengungen auf das Sun OS zu portieren, indem die Funktionalität von DSEE angeboten würde, das Innere (der Source-Code) aber völlig neu implementiert werden müsste, da DSEE den Apollo-spezifischen *single level store* und das Apollo-I/O-Konzept verwendet, die sich von Standard-UNIX grundsätzlich unterscheiden.

Das Apollo-Domain/IX-Betriebssystem, so die Apollo-Bezeichnung für ihre Variante des UNIX, wurde speziell für die mit einem lokalen Hochgeschwindigkeits-Netzwerk gekoppelten Apollo-Workstations entworfen. Das Domain/IX-Betriebssystem bietet dem Benutzer einen netzwerkweit einheitlichen globalen Namensraum an. So hat im Gegensatz zu NFS das gleiche File überall den gleichen Namen, unabhängig davon, von welcher Maschine her der Benutzer auf das File zugreift.

Die Apollo-Graphik-Workstations sind mit Motorola-68020-Prozessoren ausgerüstet, wobei auf einer Workstation bis zu 56 parallele Prozesse mit je einem virtuellen Adressraum bis zu 2 GByte gleichzeitig aktiv sein können. Die einzelnen Maschinen sind mit einem 12MB Token-Ring-Netzwerk verbunden.

Der innere Teil des Betriebssystems ist bei Domain/IX ähnlich wie bei Mach in zwei Schichten gegliedert, indem auf einer unteren Schicht ein einfacher Betriebssystem-Kernel implementiert wurde, auf den die UNIX-Benutzerschnittstelle aufgesetzt wurde.(Fig. 1.2.)

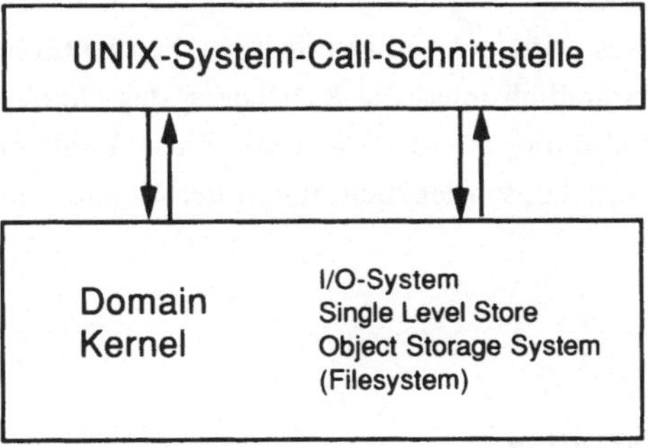

Fig. 1.2. Aufbau von Apollo Domain/IX

Das verteilte Filesystem - das Object Storage System
(Transparenz und Effizienz des verteilten Filesystems)

Das Domain/IX-Filesystem behandelt den Hauptspeicher als einen Cache des Harddisks. Somit wird ein File in Pages aufgeteilt und seitenweise vom Disk geholt. Der netzwerkweite Adressraum, der so erzeugt wird, wird als *single level store* bezeichnet. Grundlegende Idee des singel level store ist die Elimination der Unterscheidung zwischen Objekten, die sich im Hauptspeicher befinden und Objekten, die auf dem Sekundärspeicher abgelegt werden. Das konventionelle Betriebssystem-Konzept verwendet ein mehrstufiges Speicherschema, wo zwischen Objekten im Hauptspeicher und Objekten, die sich auf dem Sekundärspeicher befinden, unterschieden wird und Objekte mit einer expliziten I/O-Operation vom Sekundärspeicher geholt werden. Im Gegensatz dazu wird beim single level store der Hauptspeicher lediglich als ein Cache des Sekundärspeichers aufgefasst, so dass die Objekte nicht explizit vom Sekundärspeicher geladen werden müssen, sondern diese Aufgabe im Rahmen der virtuellen Hauptspeicherverwaltung (virtual memory management) als eine Form von Paging ausgeführt wird. Der Objektbegriff wird allerdings beim single level store weniger strikt gehandhabt als bei neueren Betriebssystemen wie etwa bei Mach. Die einzelnen Seiten eines Objekts können sich ja gleichzeitig in den Caches verschiedener Maschinen befinden. Die Konsistenz dieser Seiten (d.h. die Weitergabe eines Update, so dass alle Clients immer die neueste Version des Objekts im Cache haben) wird vom Betriebssystem nicht gewährleistet. Dies ist eine Konsequenz des Paging-Mechanismus, indem pro Workstation (und nicht pro Objekt!) ein Prozess für das Einlesen der Pages in den Hauptspeicher verantwortlich ist und somit eine Koordination der Zugriffe auf das Objekt viel schwieriger zu realisieren ist. Das Betriebssystem stellt allerdings die Mechanismen zur Verfügung (Locking), um ein global konsistentes Bild des Objekts zu erhalten, dies wird dann aber mit einer beträchtlichen Leistungseinbusse kompensiert. Selbstverständlich muss die Konsistenz des Objekts selbst gewährleistet sein, d.h. bei jeder Schreiboperation auf Disk muss kontrolliert werden, ob die Versionsnummer der zurückgeschriebenen Seiten der Version des Files auf dem Disk entspricht.

Interprozesskommunikation

Im Domain/IX-Betriebssystem werden zwei Interprozesskommunikations-Mechanismen zur Kommunikation über mehrere Maschinen zur Verfügung gestellt. Einerseits wird für verbindungslose (*connectionless*) Verbindungen eine eigene Implementation der Sockets verwendet (nicht zu verwechseln mit den BSD4.2-Sockets, die aber darauf aufbauend implementiert werden), zum anderen wird mit Hilfe von Mailboxes ein MBX genannter voll-duplex- (*virtual circuit*) Mechanismus angeboten.

Diese Interprozesskommunikations-Mechanismen auf Benutzerebene beruhen auf dem konventionellen Message-Passing-Verfahren [Nel]. Grundlegender Vorteil bei Domain/IX ist das vom Interprozesskommunikations-Mechanismus losgelöste Konzept des single level store zur Konstruktion des globalen Filesystems, so dass die in diesem Abschnitt beschriebenen Interprozesskommunikations-Mechanismen nicht dazu verwendet werden müssen, ein globales Filesystem zu implementieren, sondern dazu tieferliegendere effizientere Mechanismen verwendet werden können.

Der globale Namensraum - die UIDs
(Verteilungstransparenz für den Benutzer)

In Domain/IX wird ein globaler Adressraum innerhalb eines lokalen Apollo-Netzwerkes verwendet. Dieser Adressraum wird von 64 Bit langen *unique identifiers*, den UIDs, aufgespannt. Jedes Objekt im Netzwerk erhält eine solche UID, die im wesentlichen zusammengesetzt ist aus einer 36 Bit langen Timestamp und der Netzwerk-Identifikationsnummer (nodeid) des Hosts, der das entsprechende Objekt kreiert hat.

Die UIDs werden vom Endbenutzer nicht direkt verwendet, sondern dieser hat die übliche hierarchische Baumstruktur des globalen Filesystems zur Ansicht. In Domain/IX hat ja jedes File einen global gültigen Namen, so dass auch eine netzwerkweit gültige Wurzelkomponente (Root) verwendet wird.

Für die UID stellen sich zwei wesentliche Probleme:

1. Die UID muss netzwerkweit eindeutig sein

2. Wie findet man das Objekt aufgrund seiner UID

Die Eindeutigkeit innerhalb eines Netzwerks wird prinzipiell durch die Konstruktion der UID garantiert, indem Maschinenidentifikationen innerhalb eines LAN eindeutig sind und die Zeit für einen Diskzugriff bedeutend grösser ist als ein Ticken der für die Timestamp verwendeten Uhr. Das korrekte Funktionieren der Uhr muss allerdings sichergestellt werden, da bei einer zu schnell laufenden Uhr, die dann wieder richtig eingestellt wird, die gleiche Timestamp zweimal erzeugt werden kann.

Das Auffinden der Objekte aufgrund ihrer UID wird bei Domain/IX durch einen komplexen Algorithmus sichergestellt:
Zuerst wird die Knotenidentifikation geprüft und auf dem Disk des Knotens, der das Objekt kreiert hat, nach diesem gesucht. Falls dies zu keinem Erfolg führt, werden die lokalen Disks abgesucht. Wird das Objekt noch nicht gefunden, tritt der *hint manager* ins Spiel. Der hint manager wird von sämtlichen Prozessen, die irgend eine Aussage über den Ort eines Objekts machen, mit Informationen versehen. Im speziellen wird bei der Umsetzung der für den menschlichen Benutzer gedachten Wort-Bezeichnungen der Objekte in die UIDs angenommen, dass Files auf dem gleichen Knoten lokalisiert sind wie das sie enthaltende Directory, und diese Information dem hint manager übergeben.

Das erweiterbare I/O-System
(Erweiterbarkeit des Systems)

Ein Nachteil des Ein/Ausgabe-Konzeptes von UNIX liegt in der Tatsache, dass das
Zufügen neuer Gerätetreiber (device driver) eine Modifikation des UNIX-Kernels verlangt.
Das heisst, dass für jedes neue Gerät, das von UNIX her mit den generischen Operationen
`open, close, read, write` und `ioctl` angesprochen werden können soll, der
UNIX-Kernel neu gelinkt und das System daraufhin von neuem hochgefahren (gebootet)
werden muss. Apollo schafft dem Abhilfe, indem mit Hilfe der sogenannten *extensible
streams* ein I/O System implementiert wird, mit dem zur Laufzeit neue Gerätetreiber
zugefügt werden können.

Dazu wurde in den Apollo-Kernel das sogenannte Traitsystem eingebaut. Ein *Trait* ist eine
zusammengehörende Menge von Operationen, die auf einem bestimmten Objekttyp
ausgeführt werden können. Getreu dem Entwurfsprinzip des abstrakten Datentyps ist auf
einem Objekt eine Menge von generischen Operationen definiert. Objekte des gleichen
Typs werden in Klassen zusammengefasst. So gibt es z.B. Objektklassen der Typen
serielle I/O Linie, Tape, Socket, Prozess, Diskobjekt, etc.

Wird nun auf ein Objekt zugegriffen, so wird als erstes der Objekttyp bestimmt, und
abhängig vom Typ die entsprechende Operation ausgeführt. Dazu wird eine Datenbank im
Kernel geführt, in der sämtliche Traits gespeichert sind. Der Binärcode, der die I/O-
Operationen implementiert, ist nicht fest zu den generischen Operationen gebunden,
sondern wird erst zur Laufzeit anhand der Einträge in der Trait-Datenbank zu den
entsprechenden Operationen gebunden, dies ensprechend dem Typ des Objektes, das die
I/O-Operation aufruft (Fig. 1.3.).

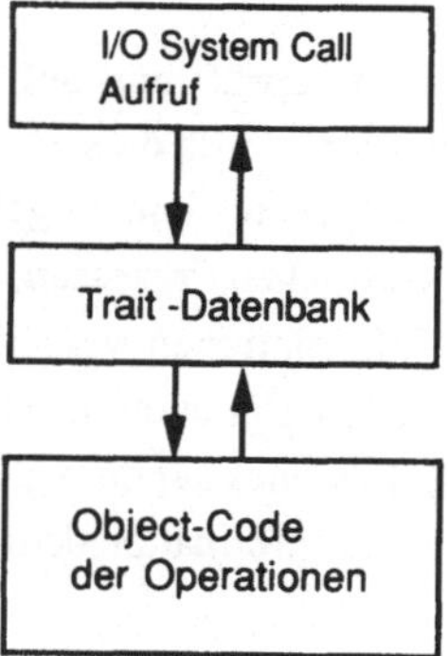

Fig. 1.3. Ablauf eines I/O System Calls unter Verwendung von extensible streams

Zufügen eines neuen Gerätes (device) erfordert, (nach der Entwicklung des entsprechenden Gerätetreibers) nur noch einen Eintrag für jeden neuen Trait in der Trait-Datenbank, ohne dass es nötig wäre, den Kernel neu zu linken und das System von neuem hochzufahren. Grundlegende Idee hier ist also das Führen einer kleinen, kernelresidenten Datenbank, die die Zuordnung "Objekt→objekttyp-spezifische Operationen" enthält. Mit Hilfe von Apollo-spezifischen Dienstprogrammen kann dort jederzeit ein neuer Trait für einen bestimmten Objekttyp registriert werden.

Das Network Computing System NCS
(Lösungsansätze für verteiltes Multitasking)

Das Network Computing System ist ein von Apollo entwickeltes Software-Paket, mit dem die ebenfalls von Apollo vorgeschlagene *Network Computing Architecture* realisiert werden soll. Mit der Network Computing Architecture soll dem Benutzer die einfache Verwendung aller Computerressourcen ermöglicht werden, die ans lokale Netzwerk angeschlossen sind. Insbesondere soll die Prozessorleistung nicht ausgelasteter Maschinen besser erschlossen werden. Dazu hat Apollo das im Distributed Computing übliche Client-Server-Modell um eine Komponente erweitert, indem die Dienste des Servers dem Client durch Vermittlung eines Maklers (*Location Broker*) zur Verfügung gestellt werden. Damit soll der Client von Änderungen der Netzwerk-Konfiguration unabhängiger gemacht werden und nur noch angeben müssen, was für Dienste er verlangt, aber nicht mehr, von wem er sie zu bekommen hat (Fig. 1.4.).

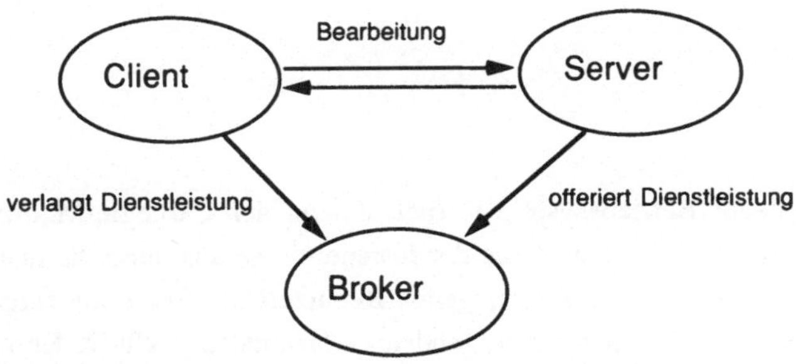

Fig. 1.4. Client-Broker-Server-Modell der Network Computing Architecture

Zur Realisierung dieser Ideen stellt Apollo das NCS [Din87] zur Verfügung, das portabel konzipiert worden sein soll und damit nicht von den Besonderheiten des Apollo-Betriebssystems abhängt. NCS besteht aus drei Komponenten:

- *RPC runtime facilities.* Diese unterstützen, basierend auf BSD4.2-Sockets und UDP [Tan81], bzw. dem Domain-Netzwerk, die Interprozesskommunikation zwischen den verschiedenen Hosts. Für die verschiedenen RPC's werden die nötigen Sockets kreiert und die gewünschten Punkt-zu-Punkt-Verbindungen zur Laufzeit geschaffen.

- *Network Interface Definition Language NIDL Compiler.* Dieser akzeptiert für Client und Server ein gemeinsames, in der network interface definition language geschriebenes Spezifikationsfile und erzeugt daraus den Code für die Stub-Prozeduren, die für die RPC's nötig sind. Ebenfalls werden die für die Server- und Client-Prozeduren nötigen "include"-Files in C oder Pascal erzeugt. Hier wird auch die Datenkonversion für unterschiedliche Maschinenarchitekturen abgehandelt. Apollo verwendet das Verfahren "receiver makes it right"[1]. Im Gegensatz etwa zu Sun wird auf die Konversion in ein global einheitliches kanonisches Netzwerk-Datenformat verzichtet und die Daten vom Empfänger nur konvertiert, falls sie von seinem eigenen Datenformat abweichen.

- *Location Broker.* Er ermöglicht das Auffinden von Objekten auf dem Netzwerk. Damit ist es z.B möglich, den Ausführungsort für einen RPC erst zur Laufzeit zu bestimmen.

1.2.3 Mach

Einleitung

Mach ist ein neuer Betriebssystem-Kernel, der an der Carnegie-Mellon Universität entwickelt wurde. Mach entstand aus der Erkenntnis heraus, dass die neuesten UNIX-Implementationen aufgrund der gestiegenen Benutzerbedürfnisse diejenige Einfachheit verloren haben, die einmal hervorragendstes Merkmal des UNIX-Kernels war. Die aufgrund der beschränkten und übersichtlichen Struktur ehemals einfache Portierung von

---

[1]Das heisst, dass es Aufgabe der empfangenden Maschine am Netzwerk ist, die Daten in ihr eigenes, maschinenspezifisches Datenformat zu konvertieren.

UNIX auf neue Maschinen ist wegen der gestiegenen Komplexität des Kernels zu einem immer aufwendigeren Unterfangen geworden. Hier wollen die Entwerfer von Mach Abhilfe schaffen, indem der eigentliche Betriebssystem-Kernel so klein wie möglich gehalten werden soll und sämtliche weitergehenden Dienstleistungen des Betriebssystems wie Filesystem oder Networking als Benutzerprozesse auf diesem Kernel aufbauen sollen. Ein konventioneller UNIX-Kernel ist ein grosses Binärfile, das sich resident im Hauptspeicher befindet. Im Gegensatz dazu lassen sich einzelne Teile des Mach-Kernels genauso auf Sekundärspeicher zwischenlagern (paging) wie gewöhnliche Anwendungsprogramme.

Mach bietet unter anderem die unveränderte UNIX-System-Call-Schnittstelle an und ist binärkompatibel mit UNIX BSD4.3. Daneben unterstützt Mach aber auch neuere Systemarchitekturen wie Mehrprozessorsysteme unterschiedlicher Konstruktion:

- Eng gekoppelte Systeme mit gleichschnellen Prozessoren und shared memory (z.B. Sequent, VAX 8300)

- Unterschiedliche Prozessoren mit Zugriff auf shared memory (z.B. BBN Butterfly)

- Lose mit einem High-Speed-LAN gekoppelte System (z.B. Sun-Workstations)

Die Funktionalität des Mach-Kernels, die in ihren Anwendungsmöglichkeiten weit über die üblichen UNIX-Systemaufrufe hinaus geht, wird dem Anwendungsprogrammierer in Form einer C-Programmbibliothek zur Verfügung gestellt.

Grundlegende Konzepte

Um eine möglichst grosse Portabilität zu erhalten, wurde der maschinenabhängige Teil von Mach so klein wie möglich gehalten. So ist in UNIX beispielsweise die gesamte Hauptspeicherverwaltung (memory management) maschinenabhängig und muss bei jeder Portierung neu angepasst werden. Im Gegensatz dazu wurde in Mach dieser Teil nochmals in ein virtuelles memory management und in ein maschinenabhängiges Modul unterteilt, so dass die logische Hauptspeicherverwaltung von Mach maschinenunabhängig ist. Mach ist in zwei Schichten aufgebaut (Fig. 1.5.) (vgl. dazu auch Apollo Domain/IX (1.2.2.)):

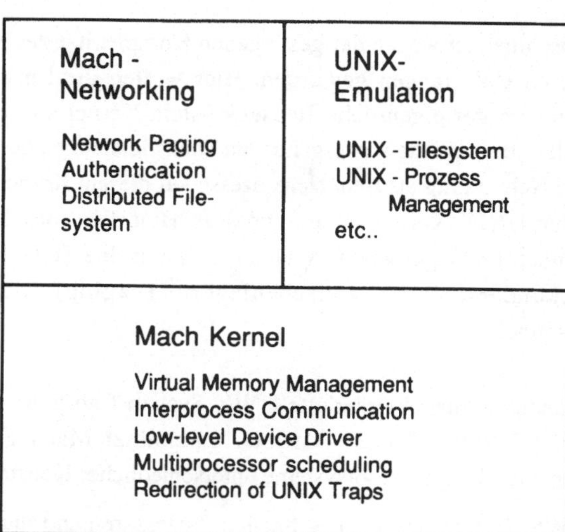

Fig. 1.5. Aufbau von Mach

Die untere Schicht, d.h. der eigentliche Mach-Kernel, wird auf jeder Maschine repliziert und stellt die nötige Funktionalität zur Verfügung, damit in der oberen Schicht die vom Endbenutzer gewünschten Dienstleistungen wie z.B. Emulation des UNIX-Filesystems implementiert werden können. Die grundlegenden Funktionen des Mach-Kernels wie virtuelle Hauptspeicherverwaltung, lokale Interprozesskommunikation etc. werden in den folgenden Abschnitten im einzelnen besprochen. Der Mach-Kernel stellt also ähnlich dem V-Kernel [Che84] eine flexible Basis dar, auf der die vom Anwender gewünschten Betriebssystem-Dienste möglichst einfach und effizient implementiert werden können. Diese Idee ist nicht neu, sondern wurde mit noch weitergehenderen Zielsetzungen zum Beispiel ebenfalls beim IBM-Betriebssystem VM [Fos87] realisiert.

Die fünf wesentlichen Objekte

Mach wird von seinen Designern als objektorientiertes Betriebssystem bezeichnet. Als wesentlichstes objektorientiertes Designprinzip wurde in Mach die Datenabstraktion berücksichtigt, indem der Betriebssystem-Kern unter Verwendung von nur fünf Objekten aufgebaut wurde. Die fünf wesentlichen Objekte sind:

- *Task* - entspricht einem Prozess mit einem eigenen Adressraum.

- *Thread* - eine Kontrolleinheit, die innerhalb eines Tasks aktiv ist; meist sind mehrere Threads in einem Task gleichzeitig aktiv. Ein Thread besteht nur aus Programm-Counter und Registern.

- *Port* - ein Kommunikationskanal implementiert als Message-Queue, in dem Daten von einem Task an einen anderen übergeben werden.

- *Message* - (Meldung) eine Sammlung von Datenobjekten, die von einem Task zu einem anderen gesendet wird.

- *Memory Object* - eine Einheit im virtuellen Memory, die als Ganzes in den Adressraum eines Tasks abgebildet werden kann.

Der Zugriff auf externe Objekte (Files, bzw. Adressräume von Prozessen) erfolgt an einer wohldefinierten Schnittstelle, den Ports. Zugriffsrechte werden mit Hilfe von *Capabilites* [Nee79] geprüft. Eine Capability ist ein Zeiger (Pointer) auf ein Objekt zusammen mit den entsprechenden Zugriffsrechten auf das Objekt. Realisiert wird das Capability-Konzept mit Hilfe der Ports:

Ein Objekt in Mach kann nur über den zu ihm gebundenen Port angesprochen werden. Wenn zum Beispiel ein neuer Task oder Thread kreiert wird, wird als Rückgabewert die Adresse des Ports zurückgegeben, über den der neu kreierte Task bzw. Thread nun manipuliert werden kann. Getreu dem objektorientierten Designprinzip der Datenabstraktion kann eine Meldung zum Port eines Objektes als Aktivation einer Methode dieses Objekts verstanden werden.

Es folgt nun ein Beispiel, wie zwei Tasks mit Hilfe von Ports Meldungen austauschen können (Fig. 1.6.). Ein Port kann zwar mehrere Sender haben, aber nur einen Empfänger, d.h. nur ein Task kann von einem Port Meldungen empfangen. Dies ist eine logische Konsequenz des Capability-Modells, das den Zugriff zu den Ports regelt, die wiederum den Zugang zu den einzelnen Tasks sicherstellen. Zusammengefasst: Zugang zu einem Kernelobjekt ist nur über einen Port möglich.

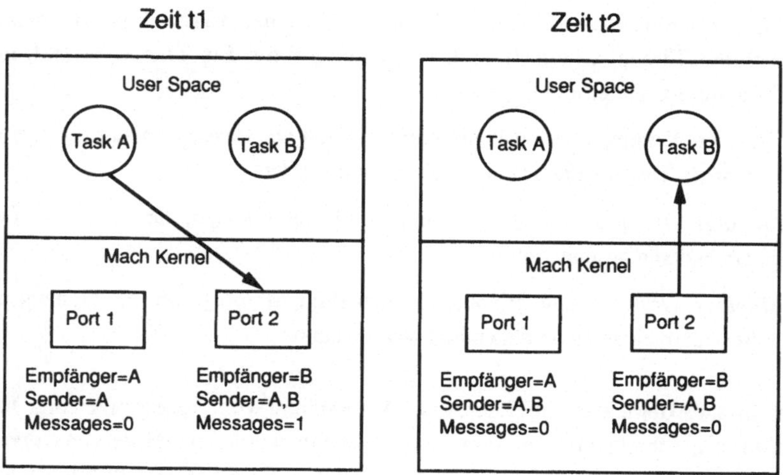

Fig. 1.6. Datenaustausch zweier Tasks mit Hilfe von Ports

Das Tasking-System

Bekanntermassen wird bei einem UNIX-fork (der Kreierung eines neuen Prozesses) meist ein viel zu grosser Aufwand getrieben, indem Prozesstabelle, File-Deskriptor-Tabelle und Page-Tabelle für jeden neuen Prozess zwar kopiert werden müssen, oft aber gar nicht doppelt benötigt werden. Mach schafft dem Abhilfe, indem das UNIX-Prozesskonzept zweigeteilt wird. Es gibt einerseits den Task, der einen abgeschlossenen Adressraum garantiert und von aussen nur über Meldungen und durch einen Port erreichbar ist. Andererseits wird als zweites Kontrollkonstrukt zur Kontrolle von Aktivitäten der Thread verwendet, ein Leichtgewicht-Prozess, der innerhalb eines Tasks aktiv ist und praktisch nur aus dem Programm-Counter, den Registern und dem Stack-Space besteht. Sämtliche Threads eines Tasks haben also den gleichen Adressraum. Ein UNIX-Prozess entspricht ungefähr einem Task mit einem einzigen Thread.

Sämtliche Threads eines Tasks können gemeinsam angesprochen werden und entsprechen in dieser Eigenschaft einer Prozessgruppe (process group) des V-Kernels [Che85]. Auf einem eng gekoppelten Multiprozessorsystem können mehrere Threads eines Tasks parallel arbeiten und so die Topologie des Systems optimal ausnützen.

Interprozesskommunikation kann in Mach auf drei Arten realisiert werden:

- *Mehrere Threads des gleichen Tasks* kommunizieren über den gemeinsamen Adressraum (shared memory) innerhalb des Tasks miteinander.

- *Ein System von Kind-Tasks* erbt den virtuellen Hauptspeicher von seinem Vater-Task. Pages können als *Copy-on-Write* (d.h. pages werden dupliziert, wenn der Kindprozess sie verändert, können aber gemeinsam gelesen werden), *Read-Write* (Vater- und Kindprozesse schreiben in den gleichen Adressraum) und *None* (der Kindprozess beginnt mit einem leeren Adressraum) deklariert werden.

- *Messages.* Meldungen werden von einem Objekt zu einem Port eines anderen Objekts gesendet, wobei der ganze virtuelle Adressraum eines Prozesses in einer Meldung gesendet werden kann. Hierbei wird der grosse Hauptspeicher heutiger Maschinen (2-8 MB) ausgenützt und nur Zeiger auf die tatsächlichen memory pages gesendet und die pages als Copy-on-Write markiert. Erst falls einer der beiden Prozesse die page modifiziert, wird sie kopiert und in den Adressraum des betreffenden Prozesses eingesetzt.

Datenabstraktion mit Memory Objects
(Erweiterbarkeit des Systems / Transparenz und Effizienz des verteilten Filesystems)

Im Mach-Kernel gibt es kein Filesystem, sondern es wird ein single level store benützt, wie er z.B. auch beim Apollo-Betriebssystem oder dem IBM System/38 [IBM] implementiert ist. Der Mach single level store geht aber weiter als seine Vorgänger, indem im Hauptspeicher nur noch ein Datenobjekt verwendet wird, das *Memory Object*. Damit wird für sämtliche Datenobjekte, wie z.B. den Adressraum eines Tasks oder ein File eine einheitliche Schnittstelle definiert, auf der diese Datenobjekte manipuliert werden können. Aus historischen Gründen wird ein solches Objekt in Mach als *Paging Object* bezeichnet und der Prozess, der das Objekt manipuliert, heisst *Pager*.

Hier wird also mit konventionellen Mitteln genau jene Datenabstraktion erreicht, welche das objektorientierte Design von uns fordert:

Ein Objekt wird nur von dem ihm fest zugeordneten Pager manipuliert, dieser wird für jedes Objekt auf Verlangen eines Benutzerprozesses vom Kernel-Task beim Laden des Objekts in den Hauptspeicher neu initialisiert. Ein Objekt wird modifiziert, indem zum Port des Pagers des Objekts eine Meldung gesendet wird, worauf der Pager auf dem Memory Object die entsprechenden Operationen ausführt. Es ergibt sich also das folgende Interaktionsschema (Fig. 1.7.) bei der Modifikation eines Objekts:

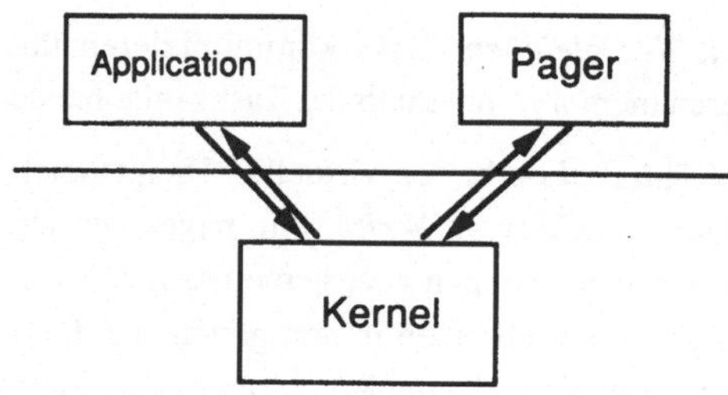

Fig. 1.7. Interaktionsschema zur Verwaltung eines Memory Objects

Mit Hilfe dieser Memory Objects kann zum Beispiel ein **Filesystem** implementiert
werden:

Ein File wird mit Hilfe eines Memory Objects und des diesem Memory Object
zugehörenden Tasks (Pager) modelliert. Lesen eines Files wird mit Hilfe der
Kernelprimitiven folgendermassen spezifiziert:

```
read(filename, data, size)
    alloziere Port zu Memory Object
    sende Kernel Aufforderung, File vom Disk zu holen
    alloziere Adressraum für Memory Object und Zugang zum Pager
```

Falls ein Page-Fault auftritt, d.h. wenn zusätzliche Pages eines Binärfiles vom Disk in den
Hauptspeicher geholt werden müssen, sendet der Kernel dem Pager eine Meldung mit der
Aufforderung, diese Aufgabe auszuführen.

Networking mit Mach
(Verteilungstransparenz für den Benutzer)

Der eigentliche Mach-Kernel bietet keine Interprozesskommunikations-Mechanismen über
mehrere Maschinen an. Die Memory-Mapping-Möglichkeiten von Mach werden aber
verwendet, um mit Hilfe von Tasks auf Benutzerebene sog. Netzwerk-Server aufzubauen,
die eine für den Benutzer transparente und sehr effiziente Interhost-Interprozesskommunikation anbieten (Fig. 1.8.).

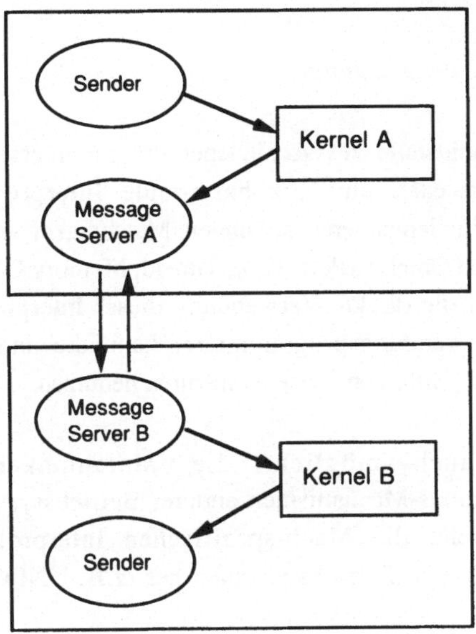

Fig. 1.8. Netzwerk-Server für Interhost-Interprozesskommunikation

Der obige Mechanismus dient dazu, Interprozesskommunikation zwischen verschiedenen Hosts mit Hilfe von Meldungen zu ermöglichen.

Die Memory Objects können aber auch dazu verwendet werden, netzwerkweites shared memory anzubieten. Das shared memory wird als Memory Object implementiert, dessen Verwaltung vom Pager übernommen wird. Jeder Prozess, der in dieses shared memory schreiben will, kann dies nur über den Pager tun, der dann für den Update der lokalen memory pages auf jedem Host verantwortlich ist. Dies wird realisiert, indem die auf jedem Host im Cache gespeicherte Kopie des shared memory mit einem Lock versehen wird. Will nun ein Prozess auf diese Seiten schreiben, muss vom Pager der Lock auf dem schreibenden Host gelöst werden und die modifizierten memory pages daraufhin an die Caches der anderen Hosts übertragen werden.

Matchmaker

(Lösungsansätze für verteiltes Multitasking)

Matchmaker ist eine Schnittstelle zu verschiedenen Programmiersprachen (im Moment C, Common Lisp und Pascal), um RPC-basierende Interprozesskommunikations-Mechanismen einfacher implementieren zu können. Matchmaker verwendet intern die vom Mach-Kernel angebotenen Objekte (Port, Task, Thread, Memory Object und Message) und erspart so dem Benutzer die direkte Verwendung dieser Interprozesskommunikations-Primitiven, d.h. der Anwendungsprogrammierer kann die unterliegenden Message-Passing-Mechanismen mit Hilfe von Prozeduraufrufen benützen.

Es ist natürlich auch möglich, die Matchmaker-Schnittstelle auf Interprozesskommunikations-Mechanismen anderer Betriebssysteme aufzusetzen, was zum Beispiel ermöglicht, die Mach-spezifischen Interprozesskommunikations-Dienstleistungen von anderen Betriebssystemen her (z.B. UNIX) zu gebrauchen (Fig. 1.9.).

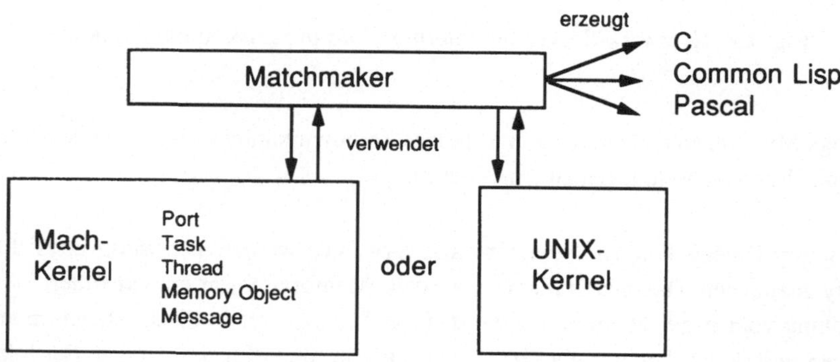

Fig. 1.9. Matchmaker in der Betriebssystemumgebung

Matchmaker wurde auch bei der Realisation des Mach-Betriebssystems verwendet, um sämtliche "höheren" Dienstleistungen des Mach-Kernels zu implementieren (z.B. Networking Server, globales Filesystem,etc.).

Die vier von Matchmaker zur Verfügung gestellten Konstrukte sind

- *Remote_Procedure*: Erzeugt Code, damit ein Client-Prozess einen Aufruf an den Server senden kann.

- *Message*: Ein Client-Prozess kann eine Meldung an den Server senden.

- *Server_Message*: Ein Server kann ein Meldung an den Client senden.

- *Alternate_Reply*: Ein Server kann als Antwort auf eine Remote_Procedure eines Clients dem Client eine andere als die vom Client erwartete Antwort zurücksenden. Dies wird zur Behandlung von Ausnahmebedingungen (exception handling) verwendet.

Diese Konstrukte werden in der Schnittstellen-Spezifikation verwendet, um für Client- und Server-Prozesse die entsprechenden Stub-Prozesse zu erzeugen.

1.2.4 Quicksilver

Einleitung

Quicksilver wird im IBM Forschungslabor in Almaden, Palo Alto, entwickelt. Es soll speziell als Basis für Büroanwendungen dienen. Wie die meisten neueren Betriebssysteme ist Quicksilver als relativ kleiner Kernel aufgebaut, auf dem die höherliegenden Betriebssystem-Dienstleistungen als Benutzerprozesse implementiert sind. Quicksilver soll hauptsächlich drei Zielsetzungen erfüllen:

- Eignung für horizontales Wachstum, d.h. angelegt für sehr viele Benutzer.

- Der Benutzer erhält ein homogenes Bild des Betriebssystems, unabhängig von der unterliegenden heterogenen und verteilten Implementation.

- Der Benutzer sieht immer das gleiche Filesystem, unabhängig von wo aus er das System benützt.

Grundsätzliche Konzepte

Wie schon oben gesagt wurde der Kernel von Quicksilver so klein wie möglich gehalten. Er ermöglicht lediglich die Kreation und das Scheduling von Prozessen sowie elementare Interprozesskommunikations-Mechanismen und bietet die Möglichkeit zur Installation von Interrupt-Handlern. Quicksilver als ganzes bietet das folgende Bild (Fig. 1.10.):

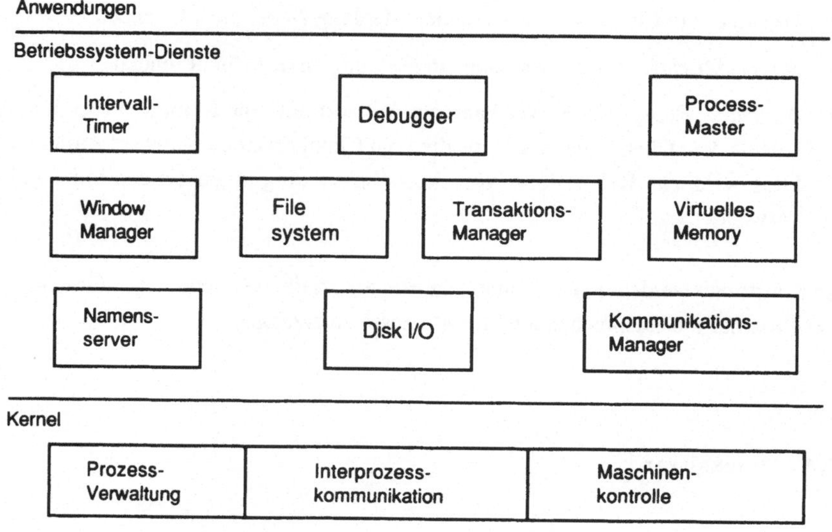

Fig. 1.10. Systemstruktur von Quicksilver

Die unterste Schicht, der Kernel, muss auf jeder Maschine repliziert werden. Sämtliche höherliegenden Betriebssystem-Dienste wie Window-System, Filesystem etc. werden als normale Benutzerprozesse implementiert. In (Fig. 1.10) wurden alle höherliegenden Dienste, die als gewöhnliche Benutzerprozesse laufen, als Kästchen dargestellt. Die Installation dieser Dienst-Benutzerprozesse auf einer Quicksilver-Workstation ist für den Benutzer optional. Falls er eine bestimmte Betriebssystem-Dienstleistung wie z.B. den Window-Manager nicht benötigt, da er nur über ein zeilenorientiertes Terminal verfügt, so werden die Ressourcen durch den Verzicht auf die Installation dieses Dienstes geschont. Ein wesentliches Plus von Quicksilver ist der in das Betriebssystem eingebettete Transaktionsmanager. Mit seiner Hilfe können weitere Anwendungen, falls nötig, in der Form vom atomaren Transaktionen implementiert werden, wobei noch zwei Arten von Commit-Protokollen [Ber87] zur Verfügung gestellt werden (*one phase commit* und *two phase commit*).

Das Filesystem
(Transparenz und Effizienz des verteilten Filesystems / Verteilungstransparenz für den Benutzer / Erweiterbarkeit des Systems)

Das Filesystem von Quicksilver weist einige Eigenschaften auf, die für *horizontales Wachstum* von besonderer Bedeutung sind:

- Jeder Benutzer hat einen unabhängigen Namensraum

- Statusinformationen werden nach Möglichkeit nur einfach gespeichert

- Die Beziehung Filename - Speicherort wird aufgrund von Hinweisen[1] (hints) hergestellt

Im Gegensatz zu UNIX wird jedem Benutzer ein separater Namensraum für seine Files zugewiesen. Der Benutzer erhält also nicht standardmässig Zugang zum gesamten globalen Filesystem. Statt dessen "holt" er sich diejenigen Files aus dem globalen Filesystem in den privaten Namensraum, die er benötigt. Das Quicksilver-Filesystem ist in dieser Hinsicht dem VM/CMS [Fos87] ähnlich, wo auch jeder Benutzer nur diejenigen Files sieht, zu denen ihm der Zugriff vom Besitzer des Files gestattet wurde.(Analogon im CMS: das Minidisk-System.)

Die zweite und dritte Eigenschaft erlauben eine besonders effiziente Implementation eines sehr grossen Filesystems, denn wie schon weiter oben gesagt, wurde Quicksilver für Anwendungen mit sehr vielen Benutzern ausgelegt. Falls nun die Anzahl der Benutzer wächst, nimmt bei replizierten Statusinformationen die Menge der zu speichernden Informationen mehr als linear zu, bis die Informationsmenge zu gross ist, um noch konsistent gehalten werden zu können.

Bei einem weiträumig verteilten Betriebssystem ist es unmöglich, immer vom Pfadnamen eines Files direkt auf den Speicherplatz zu schliessen, so wie es zum Beispiel bei UNIX mit Hilfe der Inodes gemacht wird. Unter Umständen können ja zeitweise Maschinen, die gewisse Directory-Komponenten gespeichert haben, im Netzwerk nicht erreichbar sein. Bei der Verwendung von Hinweisen, wie dies in Quicksilver (aber auch in Apollo Domain/IX) geschieht, wird zuerst direkt versucht, vom Namen auf den Speicherplatz zu schliessen.

---

[1]Vgl. dazu auch den hint manager von Apollo (1.2.2).

Um den Datentransfer vom Server zum Client und zurück zu beschleunigen, werden auf beiden Seiten grosse Cache-Speicher benützt. Bei statuslosen Fileservern resultieren daraus Konsistenzprobleme bei Server-Crashes. So wird zum Beispiel bei NFS auf der Serverseite auf den Cache verzichtet und bei jedem Zurückschreiben des Clients die geänderten Daten auf den Disk geschrieben, da sonst bei einem eventuellen Server-Crash die Datenintegrität nicht mehr garantiert werden könnte. Dieses Problem ist beim Quicksilver mit Hilfe des Transaktionsmanagers sehr elegant gelöst, indem eine Schreiboperation in eine atomare Transaktion gepackt werden kann und somit die "alles oder nichts"-Ausführung dieser Operation garantiert werden kann.

Büroanwendungen, die auf Quicksilver basieren

Dokumentenspeicherung und Retrieval

Das verteilte Quicksilver-Filesystem und der Transaktionsmanager wurden im Hinblick auf eine Dokumentenverwaltung in der Büroumgebung entworfen [Wil87]. Das verteilte Filesystem ist darauf angelegt, einem Benutzer unabhängig von seinem momentanen Standort immer das gleiche Bild seiner Arbeitsumgebung zu geben, so dass er jederzeit uneingeschränkten Zugang zu seinen Files hat. Der Transaktionsmanager andererseits wird verwendet, um den konsistenten Zugriff auf die in der Büroumgebung nötigen Datenbanken einfach und effizient gewährleisten zu können.

Print-Server

Der Print-Server wurde in das Client-Server-Modell von Quicksilver eingebettet. Er soll den Zugriff auf einen Drucker ermöglichen, unabhängig von der Betriebssystem-Umgebung, von der aus der Druckaufruf erfolgt. Das heisst, dass mit Hilfe von generischen Operationen mit der gleichen Syntax von irgend einer Quicksilver-Workstation oder von einem VM-Host aus Zugriff auf den Drucker möglich ist. Um die Kontrolle über einen Print-Job sicherzustellen, wird ein einzelner Job in eine verteilte Transaktion eingekleidet.

Mailsysteme (WYSIWIS)

Auf Quicksilver wurde ein experimentelles Mailsystem mit dem Namen "Chat" implementiert. Chat folgt dem "What You See Is What I See" oder WYSIWIS Konzept.

Dabei wird ein gemeinsames Fenster auf dem Bildschirm von mehreren Benutzern gleichzeitig editiert, wobei diese Benutzer sich an geographisch verteilten Workstations befinden können. Es ist möglich, sowohl Text als auch Graphik interaktiv gemeinsam zu editieren. Diese Anwendung ist z.B. geeignet für mehrere Personen an verschiedenen Orten, die eine Designaufgabe gemeinsam zu lösen haben.

1.2.5 Argus

Einleitung

Das von MIT entwickelte Argus ist eigentlich mehr Programmiersprache und Entwicklungsumgebung für verteilte Anwendungen als Betriebssystem. Die Natur der von Argus angebotenen Dienstleistungen bringt es allerdings mit sich, dass auch die Betriebssystem-Umgebung neu implementiert werden musste, um den Anforderungen von Argus zu genügen. Argus wird von seinen Entwerfern als objektorientiertes System bezeichnet, dies zum einen, weil Argus in eine objektorientierte Sprache eingebettet ist, zum anderen auch deshalb, weil das Prinzip der Datenabstraktion auf einer hohen Ebene in Argus strikt eingehalten wird.

Die grundlegenden Konzepte: Guardians und Actions
(Lösungsansätze für verteiltes Multitasking / Erweiterbarkeit des Systems / Verteilungstransparenz für den Benutzer)

Argus basiert auf der ebenfalls am MIT unter der Leitung von Barbara Liskov entwickelten Sprache CLU. CLU wird von seinen Entwicklern als objektorientierte Sprache bezeichnet, in der Programme als Operationen auf langlebigen Objekten verstanden werden [Lis85]. Hauptsächlichstes Ziel von Argus ist es, stabile Anwendungen für unstabile Hardware zu ermöglichen, wobei die Ermöglichung dieser Stabilität dem Programmierer mit Hilfe von in Argus eingebauten Sprachkonstrukten möglichst einfach gemacht werden soll.

Wichtigste zwei Konstrukte sind die *Guardians*, die Kontrolleinheiten, und die atomaren Transaktionen, oder abgekürzt *Actions*.

Guardians

Guardians sind die grundlegenden Kontrollstrukturen in Argus. Ein Guardian besteht aus Prozessen und Daten. Er ist für die Ausführung seiner Prozesse auf eine CPU beschränkt. Guardians können miteinander gegenseitig nur über die *handler calls* kommunizieren. Daten und Prozesse eines Guardians sind damit nach aussen abgeschlossen und für andere Guardians nur über handler calls erreichbar. Guardians sollen dazu dienen, eine möglichst hohe Stabilität im Bezug auf Hardware-Crashes zu erreichen. Das heisst, dass die Ausführung eines Guardians auf eine andere CPU verlagert werden kann, falls der Prozessor, auf dem der Guardian arbeitet, plötzlich nicht mehr verfügbar ist. Um eine solche Stabilität zu erreichen, werden die Objekte in stabile und in flüchtige Objekte unterteilt. Ein stabiles Objekt wird periodisch auf ein stabiles Speichermedium geschrieben, indem zu bestimmten Zeiten vom ganzen Guardian ein sog. Snapshot genommen wird.

(Fig. 1.11.) (aus [Lis85]) zeigt, was geschieht, falls der Rechner, auf dem der Guardian momentan arbeitet, plötzlich zusammenbricht.

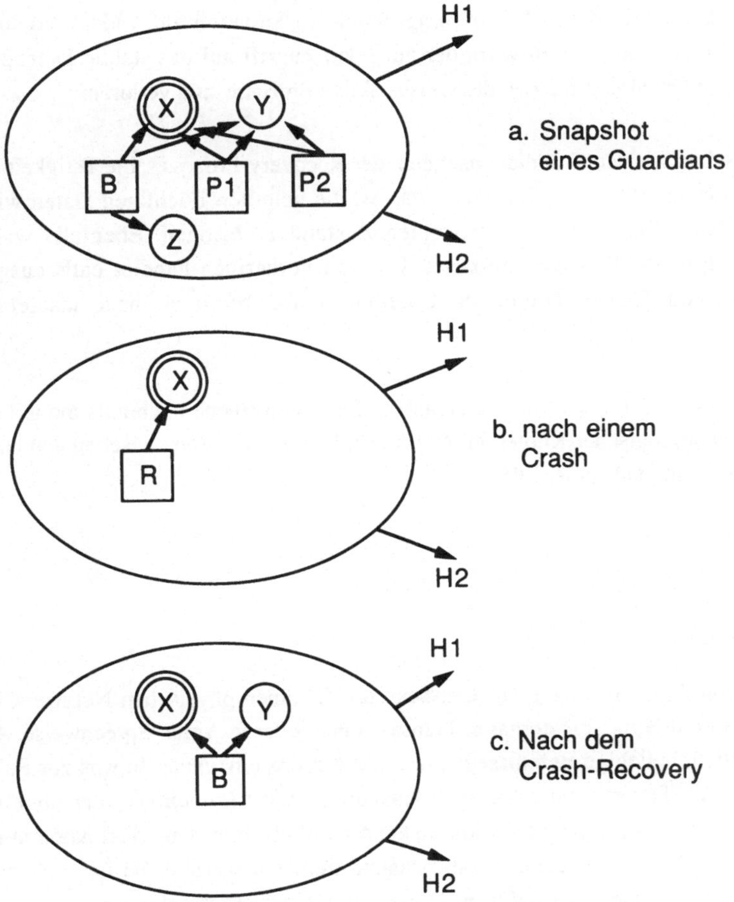

Fig. 1.11. Crash-Recovery eines Guardians

Bild a. von Fig.1.11. zeigt einen Guardian mit zwei handler calls H1 und H2. Im Moment des Snapshots waren im Guardian drei Prozesse B, P1 und P2 aktiv, wobei B irgend eine Hintergrundaktivität ausführte, während P1 und P2 im Zusammenhang mit den handler calls H1 und H2 stehende Aktionen ausführten. Die drei Prozesse griffen auf ein stabiles Datenobjekt X und ein flüchtiges Datenobjekt Y zu. Ausserdem hat jeder Prozess noch gewisse lokale Daten, wobei hier nur das lokale Datenobjekt Z des Hintergrundprozesses B eingezeichnet ist.

Nach dem Crash tritt die in Bild b. eingezeichnete Situation auf, indem ein spezieller Recovery-Prozess aufgerufen wird, der nur noch Zugriff auf das stabile Datenobjekt X hat. Flüchtige Daten und zur Zeit des Crashs aktive Prozesse sind verloren.

In Bild c. sehen wir den Guardian, nachdem der Recovery-Prozess seine Tätigkeit beendet hat. Aufgabe des Recovery-Prozesses war es, die geteilten flüchtigen Daten wieder in einen zu den stabilen Daten konsistenten Zustand zu bringen. Ebenfalls wurde der Hintergrundprozess B wieder gestartet. Die von vorherigen handler calls ausgelösten Prozesse P1 und P2 sind verloren, der Guardian ist aber bereit, auf neue handler calls zu reagieren.

Die Netzwerk-Struktur wird in Argus auf der logischen Ebene nochmals modelliert: Ein Guardian ist ein logischer Knoten im Netzwerk, Kommunikation zwischen den einzelnen Knoten geschieht via handler calls.

Actions

Stabilität von Argus in Bezug auf Crashes von einzelnen physischen Netzwerk-Knoten wird erreicht mit Hilfe von atomaren Transaktionen, oder in Argus-Sprechweise, *Actions*. Es ist möglich, beliebige Befehlssequenzen als Actions einzukapseln, was zur Folge hat, dass die ganze Transaktion erfolgreich ausgeführt wird (*commits*) oder abgebrochen (*aborts*) und rückgängig gemacht wird. So kann sämtliche Inter-Guardian-Kommunikation in Actions gekleidet und damit crash-resistent gemacht werden. Es ist auch möglich, Actions zu verschachteln (*nested transactions*), um so zum Beispiel innerhalb einer Action verschiedene Lösungswege eines Problems vorzusehen und diese Lösungswege in Actions einzukleiden, um die ganze Action erfolgreich beenden zu können, falls nur eine Teilmenge der Action erfolgreich ausgeführt werden konnte.

Argus als Programmiersprache

Das Guardian-Handler-Konzept hat offensichtlich eine gewisse Ähnlichkeit mit dem Ada-Tasking-Konzept [Goo87b], wobei die handler calls ganz grob den Entry-Points für andere Ada-Tasks entsprechen. Das Guardian-Konzept geht aber weiter als das Ada-Tasking-System, indem bei den Guardians nicht a priori festgelegt werden muss, an welcher Stelle des Programms Eintritte von handler calls anderer Guardians möglich sind. Auch ermöglicht das Guardian-Konzept die Zusammenfassung mehrerer Prozesse innerhalb eines Guardians und bietet in einem gewissen Sinn persistente Objekte an. (Einfache Implementation von persistenten Objekten mit den im Guardian zur Verfügung stehenden Mechanismen zur Sicherstellung von atomaren Transaktionen und von stabilen Objekten.)

Um die Möglichkeiten von Argus aufzuzeigen, folgt nun das Grundgerüst eines Guardians [Ban87]:

```
name = guardian[parameter_decls] is createnames [handlers
handler_name]
#Name des Guardians, Typen seiner Parameter, Name seiner
Erzeugungsoperation, Namen seiner handler calls#
{[stable] variable_decls_and_units}
#Variablen-Deklaration. Default sind flüchtige Variablen, Variablen
können aber als stabil definiert werden#
[recover body end]
#Instruktionen, die nach einem Crash auszuführen sind. Im body-
Abschnitt dürfen nur stabile Variablen  verwendet werden#
[background body end]
#Hintergrundprozesse des Guardians#
{handler definitions}
end name
```

Actions (d.h. atomare Transaktionen) können mit folgendem Konstrukt definiert werden:

```
enter action body end
```

Die Ausführung eines solchen body endet entweder mit einem *commit* oder mit einem *abort*. Es ist auch möglich, mehrere Actions parallel auszuführen:

```
coenter
  action foreach db : db_copy in all copies
      db : write(..)
end
```

Das Prozesskonzept

Argus verwendet das *Thread*-Prozesskonzept. Threads sind Leichtgewicht-Prozesse, die im wesentlichen nur aus einem Statusvektor und dem Thread-Stack bestehen. Innerhalb eines Guardians können mehrere Threads aktiv sein. Die Aktivität der Threads ist mit den Actions gekoppelt. Das heisst, dass ein Thread automatisch in den Sleep-Status versetzt wird, falls ein Read- oder Write-Lock aufgrund einer Action eines anderen Threads verweigert wird.

Implementation

Jeder Guardian ist als separater UNIX-Prozess implementiert. Innerhalb eines Guardians können verschiedene Threads parallel ablaufen, so dass innerhalb eines UNIX-Prozesses ein Tasking-System implementiert wurde, welches auf die Bedürfnisse der Guardians und der handler calls abgestimmt ist. So wird z.B. für jeden ankommenden handler call ein neuer Thread gestartet.

Am UNIX-Kernel wurde eine Modifikation vorgenommen, um die Leistung der Interhost-Interprozesskommunikation zu steigern. Verwendet wird im wesentlichen das UDP, doch wurde das UNIX-interne Paketformat (ein Paket = ein Datagramm) abgeändert und das Protokoll für den Verkehr zwischen den einzelnen Guardians optimiert, indem das ACP in den Kernel eingebaut wurde (ACP = Argus Communication Protocol).

Auf jedem physischen Netzwerk-Knoten gibt es einen ausgezeichneten Guardian, den Knotenmanager. Dieser ist veranwortlich für die Kreierung eines neuen Guardians und für die Reinitialisierung der Guardians nach einem Crash. Zur Benachrichtigung des Knotenmanagers bei einem Guardian-Crash wird der gewöhnliche UNIX-Signal-mechanismus verwendet.

1.2.6 Eingliederung des ISO/OSI-Modells in die Betriebssystem-Umgebung

Lokale Betriebssysteme versus verteilte Betriebssysteme

Für die nun folgenden Betrachtungen wird die Kenntnis des ISO/OSI-Schichtenmodelles zur Spezifikation von sog. offenen Systemen vorausgesetzt. Für eine Einführung in diese Thematik wird z.B. auf [Tan88] oder [Tan81] verwiesen.

Um die Problematik der Einbettung der ISO/OSI-Spezifikationen in die Betriebssystem-Umgebung zu erkennen, müssen wir zuerst nochmals einen kurzen Exkurs in die Problematik der verteilten Betriebssysteme im allgemeinen unternehmen. Eine Klassifikation verteilter Betriebssysteme kann nach verschiedenen Kriterien vorgenommen werden (vgl. dazu auch (1.1.2)), so können verteilte Systeme z. B. eingeteilt werden in:

(1) Eng gekoppelte Mehrprozessorsysteme mit shared memory (z.B. Sequent [Bec87], Alliant [Tes86], BBN Butterfly [Rus87]).

(2) Mit einem LAN gekoppelte Mehrprozessorsysteme ohne shared memory (z.B. LOCUS [Pop85], Apollo)

(3) Mehrere Systeme der ersten beiden Kategorien, die mit Hilfe eines Long-Haul-Netzwerks und von Gateways zu einem einheitlichen System verbunden werden.

Die ISO-Spezifikationen lassen sich vor allem für Systeme der Kategorien (2) und (3) verwenden, indem zusätzlich zu den schon vorhandenen Dienstleistungen des lokalen Betriebssystems noch gewisse Leistungen auf globaler Ebene implementiert werden. Das lokale Betriebssystem kann entweder ein Single-Host-Betriebssystem oder ein mit einem LAN gekoppeltes Mehrprozessorsystem sein.

Die folgende Grafik wiederspiegelt diese Problematik: Man hat mehrere physisch getrennte Teilsysteme, möchte aber dem Benutzer ein logisch geschlossenes Gesamtsystem präsentieren (Fig. 1.12.).

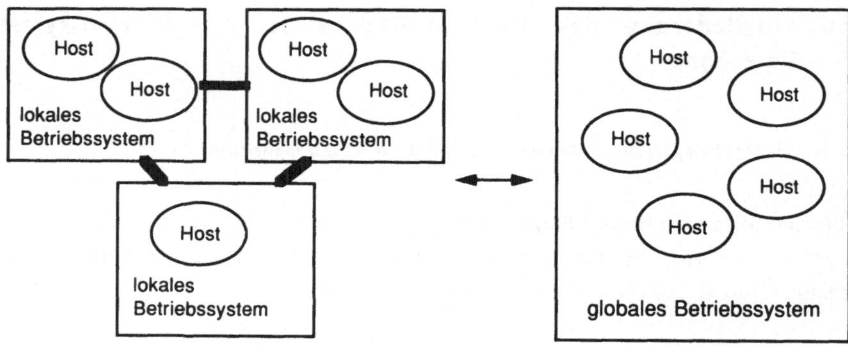

Fig. 1.12. Problematik: lose gekoppelte Betriebssysteme - globales Betriebssystem

Im Zusammenhang mit dem Einbau dieser Dienstleistungen ergeben sich zwei
verschiedene Fragestellungen:

1. Wie lassen sich bestehende lokale Betriebssysteme modifizieren, um für heterogene
   verteilte Anwendungen als Basis dienen zu können.

2. Wie müssen verteilte Anwendungen aufgebaut sein, damit sie möglichst effizienten
   Gebrauch von den vorhandenen Dienstleistungen des lokalen Betriebssystems
   machen.

Im folgenden soll zuerst die Frage 1. behandelt und ein Lösungsansatz für den effizienten
Einbau von globalen Betriebssystem-Erweiterungen in lokale Betriebssysteme vorgestellt
werden. In einem zweiten Teil werden die ISO-Spezifikationen als Beispiele für globale
Erweiterungen beschrieben.

Einbau von globalen Betriebssystem-Diensten in lokale Betriebssysteme

Hier soll untersucht werden, wie ein lokales Betriebssystem modifiziert werden muss, um
den einfachen und effizienten Einbau von globalen Betriebssystem-Diensten zu
ermöglichen.

Anforderungen an das lokale Betriebssystem

Verschiedene Forschergruppen [Gei87] [You87] haben sich auf drei wesentliche Punkte geeinigt, die sich bei der Verteilung eines Betriebssystems als nützlich erwiesen haben:

- *Leichtgewicht-Multitasking* in einem geteilten gemeinsamen Adressraum ist sehr hilfreich, um Kommunikations-Software zu implementieren.

- Ebenfalls als geeignetes Hilfsmittel hat sich das Konzept des *netzwerkweit* ausgedehnten *shared memory* erwiesen.

- Um klar definierte Zutrittspunkte zu Prozessen zu erhalten, wurde das *Port*-Konzept entworfen. Ein Port (auch als *service access point* bezeichnet) ist ein Zugriffsort auf eine Message-Queue, mit dessen Hilfe Prozesse Daten austauschen können[1].

Anforderungen an das globale Betriebssystem

Um eine netzwerkweit einheitliche Schnittstelle anzubieten, muss das globale Betriebssystem gewisse Anforderungen erfüllen [Gei87]:

- *Ortstransparenz:* In Aufruf und Adressierung lokaler und verteilter Objekte soll für den Designer von Anwendungssoftware kein Unterschied bemerkbar sein.

- *Darstellungstransparenz:* Das globale Betriebssystem soll für die Objektdarstellung generische Darstellungsformen anbieten, unabhängig von der tatsächlichen Implementation im entsprechenden lokalen Betriebssystem.

- *Zugriffsschutz:* Um eine global einheitliche Regelung der Zugriffsrechte auf die Ressourcen zu erhalten, müssen auch im Kernel des lokalen Betriebssystems die entsprechenden Mechanismen vorgesehen werden.

- *Asynchrone Zusammenarbeit:* Kooperierende Prozesse auf unterschiedlichen Hosts müssen sowohl über synchrone als auch über asynchrone Kommunikations-möglichkeiten verfügen können.

- *Globales Accounting:* Im lokalen Kernel muss eine Möglichkeit vorgesehen werden, um die lokalen Accounting-Mechanismen netzwerkweit zugänglich zu machen.

---

[1]Vgl. dazu auch das Mach-Port-Konzept in Kapitel (1.2.3.).

Ein Beispiel: Das Network Operating System des DAC

Das IBM European Networking Center in Heidelberg und die Universität Karlsruhe haben in einem gemeinsamen Distributed-Academic-Computing-Projekt einen Prototypen für ein globales Betriebssystem entworfen, den sie *Network Operating System* genannt haben [Gei87]. Der Network-Operating-System-Kern wird in den Kernel des lokalen Betriebssystems eingebaut und ermöglicht die im vorhergehenden Kapitel geforderte Funktionalität (Fig. 1.13.).

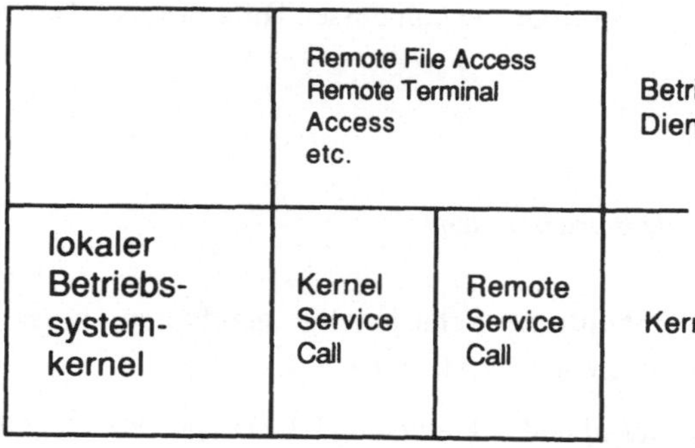

	Remote File Access Remote Terminal Access etc.		Betriebssystem- Dienste
lokaler Betriebs- system- kernel	Kernel Service Call	Remote Service Call	Kernel

Fig. 1.13. DAC - Network Operating System

In den lokalen Betriebssystem-Kernel werden zusätzlich die zwei Komponenten *Kernel Service Call* und *Remote Service Call* eingebaut. Modifikationen am bestehenden Kernel werden nur auf Kernel-Service-Call-Ebene vorgenommen. Der Remote Service Call baut auf den vom Kernel Service Call angebotenen Dienstleistungen auf.

Der *Kernel Service Call* liefert im wesentlichen die oben geforderten Erweiterungen des lokalen Betriebssystems, die mit der *Kooperation von Prozessen im gemeinsamen Adressraum* zu tun haben. Im speziellen werden hier zusätzlich implementiert:

- Wecker (timer)

- Leichtgewicht-Prozesse (lightweight processes)

- Ports und Message-Queues

- Signale

- Event-Listen (Eine Liste von Ereignissen, auf die gewartet werden kann.)

Der *Remote Service Call* implementiert diejenigen für das Network Operating System nötigen Dienste, die mit der *Kooperation von lose gekoppelten Systemen* zusammenhängen. Remote Service Calls offerieren die vorher im Abschnitt "Anforderungen an das globale Betriebssystem" geforderte Funktionalität. Diese Funktionalität wird mit Hilfe von Ports, Leichtgewicht-Prozessen und netzwerkweit simuliertem shared memory erreicht. Auf die Implementierung der Begriffe "File", "Prozedur" und "Transaktion" wird auf der Remote-Service-Call-Ebene verzichtet, aber es werden die grundlegenden Mechanismen zur Verfügung gestellt, um diese Objekte einfach und effizient implementieren zu können.

Die ISO-Spezifikationen auf dem Application Layer[1]

An dieser Stelle werden die wichtigsten ISO-Spezifikationen auf dem Application Layer kurz vorgestellt:

Um möglichst nahe bei der ISO-Sprechweise zu bleiben, sollen im folgenden die wichtigsten Begriffe aus der ISO-Terminologie verwendet werden:

- *Dienstelement* (application service element). Eine Spezifikation zu einem Anwendungsgebiet, also z.B. ROS, RDA, etc..

- *Dienstprimitive* (service primitive). Eine Operation eines Dienstelements, also z.B. RO-INVOKE.

- *Anwendungsprotokoll-Dateneinheit* (APDU). Eine Dateneinheit, die von einem Dienstelement der Anwendungsschicht einem entsprechenden Dienstelement der gleichen Schicht auf einer anderen Maschine gesendet wird, also z.B. ein File, ein Record, etc.

Ein Benutzer (ein Benutzerelement in ISO-Sprechweise) kann auf die verschiedenen Dienstelemente mit Hilfe der in der ROS-Spezifikation (Remote Operation Service) definierten Dienstprimitiven zugreifen (Fig. 1.14.) [Bev87a].

---

[1]Die Bezeichnung "Application Layer" bezieht sich auf das ISO/OSI 7-Schichtenmodell, welches an dieser Stelle als bekannt vorausgesetzt wird. Für eine Einführung siehe z.B. [Tan81].

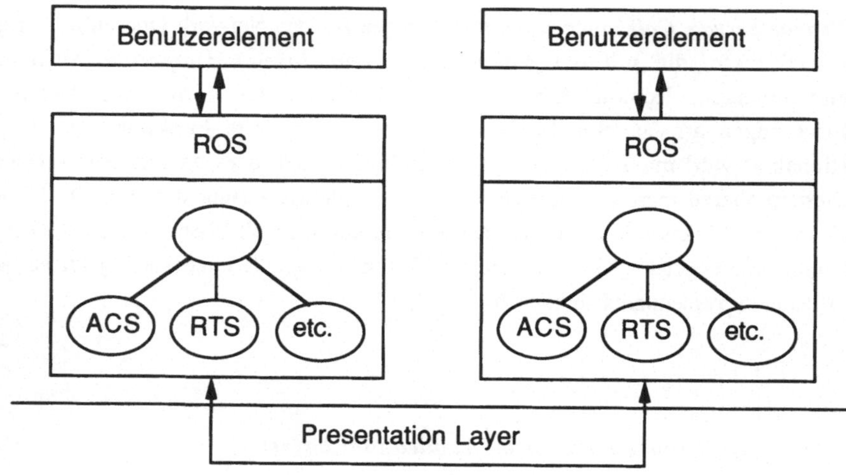

Fig. 1.14. Benutzerzugriff auf Dienstelemente der Anwendungsschicht

In den ISO-Spezifikationen der Anwendungsschicht ist der *Remote Operations Service* von grundlegender Bedeutung, da die ROS-Operationen verwendet werden, um Dienstprimitive bestimmter Dienstelemente (lokal oder entfernt) zu Benutzerelementen zu binden. Deshalb wird im folgenden zuerst die ROS-Spezifikation ausführlich besprochen, und danach die weiteren Spezifikationen kurz vorgestellt.

ROS - Remote Operations Service

Beim ROS, dem **R**emote **O**peration **S**ervice, handelt es sich um eine Spezifikation zur Interprozesskommunikation zwischen mehreren Maschinen. Die in ROS festgelegten Operationen eignen sich unter anderem auch zur Implementation der von einem verteilten Betriebssystem angebotenen Dienstleistungen. Selbstverständlich kann ROS aber auch verwendet werden, um verteilte Applikationen direkt zu implementieren.

Die folgende Beschreibung von ROS stützt sich hauptsächlich auf den Technical Report 31 der ECMA (European Computer Manufacturers Association), der in Zusammenarbeit mit ISO und CCITT ein Protokoll zur Interprozesskommunikation über mehrere Maschinen definiert [Ecm85]. Das hier festgelegte Modell beschränkt sich auf verbindungsorientierte Dienstleistungen. Das heisst, dass zwischen zwei Hosts eine logische Verbindung aufgebaut und für die Dauer einer Sitzung (Session) beibehalten wird.

Das zugrunde liegende Interprozesskommunikations-Modell ist der von Birrell [Bir84] definierte *Remote Procedure Call* RPC. Hierbei wird der lokale Procedure-Call-Mechanismus mit Hilfe zweier sogenannter Stub-Prozesses simuliert (je einer auf der Client- und der Servermaschine), so dass der Anwender den Eindruck einer auf seiner Maschine ablaufenden Prozedur hat, die auf die Rückgabe der auf der anderen Maschine berechneten Resultate wartet. Sämtliche Kommunikationsaufgaben werden von den Stub-Prozessen übernommen, die für den Benutzer transparent sind.

Das "Object Model for Distributed Processing"

Das *Object Model for Distributed Processing* beruht auf dem Client-Server-Modell. Sämtliche Operationen werden also asymmetrisch ausgeführt, indem der Client vom Server gewisse Dienstleistungen verlangt. In der ROS-Spezifikation sind für das objektorientierte Modell vor allem die drei Begriffe

- Abstrakter Datentyp

- Vererbung

- Bindung zur Laufzeit

wichtig. Die generische Operationsstruktur einer Interaktion im Objekt-Modell wird mit Hilfe des Request/Reply-Modells festgelegt, indem ein Objekt einen Request an ein anderes Objekt sendet, worauf dieses eine Aktion ausführt und die gewünschten Rückgabe-Werte an das aufrufende Objekt zurücksendet. Die Request-Operation wird als Datenstruktur *invoke* implementiert, die Reply-Operation wird für eine ordnungsgemäss ausgeführte Operation mit Hilfe der *ReturnResults*-Datenstruktur ausgeführt. Falls auf dem Server ein Fehler bei der Ausführung des Requests auftritt, wird die Datenstruktur *ReturnError* zurückgegeben. Um eine zuverlässige Kommunikation sicherzustellen, werden *totale* Operationen und *robuste* Datentypen verlangt, die wie folgt definiert werden:

- eine *totale Operation* hat für jeden möglichen Fall (auch Fehlerfall) einen definierten Rückgabewert.

- Auf einem *robusten Datentyp* dürfen nur totale Operationen ausgeführt werden.

Objekte werden hier zur Laufzeit zusammengebunden. Diese *Bindung* kann entweder nur für die Dauer einer Operation bestehen, oder aber sich auf die Dauer einer logischen Session erstrecken. Mit der Bindung eines Objekts wird die Empfindlichkeit eines Objekts auf Grössen seiner Umgebung (Ort, Zeit, persistente Resultate, etc.) festgelegt. Falls die Bindung nur für die Dauer einer Operation besteht, steht das Objekt auf der Server-Seite in

Analogie zu einem *statuslosen Server*, da es keine Ergebnisse früherer Operationen zwischenspeichert.

Das hier verwendete Modell wurde getreu dem ISO/OSI-Schichten-Konzept in zwei Schichten aufgeteilt. In der oberen Ebene, die die Schnittstelle zum Anwender bildet, werden Makros zur Verfügung gestellt. Die untere Ebene bildet die Schnittstelle zur unterliegenden Schicht im OSI-Modell, also hier zur sechsten Schicht, dem Presentation Layer.

Eine Operation innerhalb des ROS-Modells erstreckt sich über die zwei Subschichten (Fig. 1.15.).

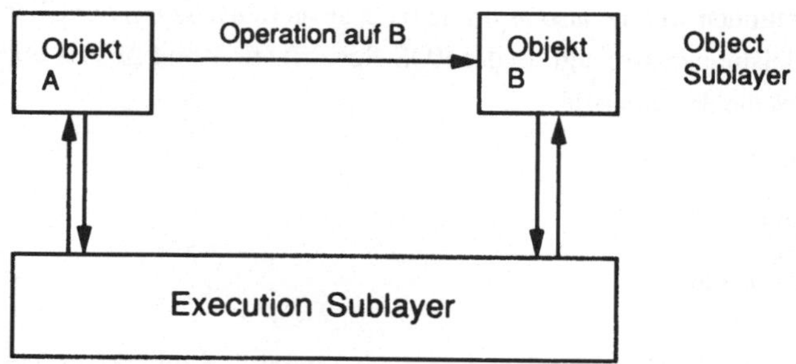

Fig. 1.15. Subschichten (sublayer)-Modell des ROS-Dienstelementes

Das Makro Modell für Remote Operations (Object Sublayer)

Die ROS-Schnittstelle für den Anwender wird mit Hilfe von Makros spezifiziert. Es werden drei Typen von Makros verwendet:

- das *Operation*-Makro, das die aufzurufende Prozedur mit Hilfe einer Identifikationsnummer angibt und Felder für Namen, Argumente, Rückgabewerte und Fehlermeldungen vorsieht.

- das *Bind*-Makro, welches Felder für den Namen der Bind-Operation, Argument- und Resultatwerte und Fehlermeldungen enthält.

- das *Unbind*-Makro, welches gleich aufgebaut ist wie das Bind-Makro.

Definition des Protokolls (Execution Sublayer)

Der execution sublayer ist bis jetzt nur für *connection oriented* Verbindungen vorgesehen, d. h. für länger dauernde, auf der logischen Ebene fest installierte Verbindungen. Dazu müssen Mechanismen für den Verbindungsaufbau und den Verbindungsabbruch vorgesehen werden. Die hier vorgestellten Mechanismen sind die ROS-Dienstprimitiven. Jede dieser Dienstprimitiven besteht aus Teiloperationen, welche auf Client- und Serverseite auszuführen sind. Wesentlichste Primitiven sind

- RO-BEGIN zur Verbindungsaufnahme,

- RO-END zum Verbindungsabbruch,

- RO-INVOKE zum Aufruf einer Dienstleistung des Servers

- RO-RESULT um ein Resultat vom Server zum Client zurück zu senden.

Ferner gibt es noch RO-ERROR, RO-REJECT-U (zurückweisen eines ROS-Benutzers (User) (Client oder Server)) und RO-REJECT-P (zurückweisen des ROS-Erbringers (Provider): aller zwischen den beiden Benutzern liegenden Zwischenschichten (grob gesagt: des Netzwerks)).

Um zu zeigen, wie die RO-Primitiven aufgebaut sind, wird nachfolgend der Ablauf der RO-BEGIN-Primitive, die aus vier Aktionen besteht, dargestellt (Fig. 1.16.).

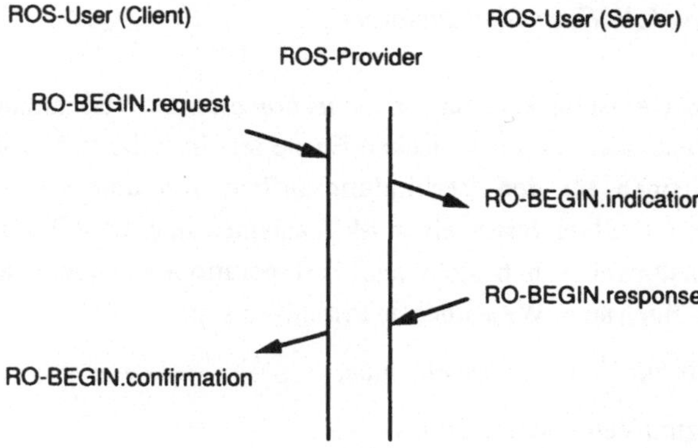

Fig. 1.16. Ablauf einer RO-BEGIN Dienstprimitive

Ein schematischer Ablauf einer vollständigen ROS-Session, die aus einem Verbindungsaufbau, einer beliebigen Anzahl von *Invoke-Remote-Operation*-Sequenzen und einem Verbindungsabbruch besteht, ist vereinfacht in (Fig. 1.17.) dargestellt.

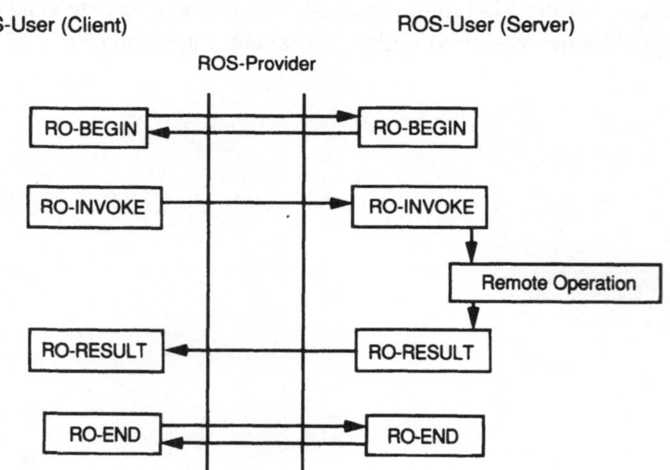

Fig. 1.17. Schematischer Ablauf einer ROS-Session

Implementation der Makros mit Hilfe der Dienstprimitiven

Ein Anwender des ROS-Protokolls braucht sich nicht um die Dienstprimitiven des execution sublayers zu kümmern. Schnittstelle des Anwenders sind wie schon weiter oben gesagt die Makros des object sublayers. Die Abbildung der Makros auf die Dienstprimitiven ist Sache des ROS-Implementators. Operation-, Bind-, und Unbind- Makros sind mit Hilfe der RO-xxx-Primitiven zu implementieren.

ROS liegt in Layer sieben des OSI-Modells. Unterliegende Schnittstellen für Presentation und Session Layer können verwendet werden, indem die Dienstprimitiven des ROS execution layer auf Primitive der darunterliegenden Schicht abgebildet werden.

Nach dieser ausführlichen Beschreibung von ROS werden nun weitere ISO/OSI-Spezifikationen des Application Layer kurz vorgestellt.

ACS - Association Control Service

ACS wird verwendet, um bei zwei verbindungsorientierten Systemen die Anwendungsbeziehung zwischen zwei Dienstelementen aufzubauen. ACS stellt ebenfalls Diensteelemente zur Verfügung, die bei einem gewaltsamen Verbindungsabbruch das Verhalten der Benutzerelemente regeln. Da die ISO bis jetzt nur verbindungsorientierte Systeme betrachtet hat, ist ACS integraler Bestandteil jeder auf dem ISO/OSI-Modell basierenden Anwendungsentwicklung.

RTS - Reliable Transfer Service

RTS gewährleistet den zuverlässigen Transport von APDU's (Anwendungsprotokoll-Dateneinheiten). Dazu wird jede APDU solange in einem sicheren Speicher gehalten, bis der Empfänger den vollständigen Empfang der APDU bestätigt hat.

CCR - Commitment, Concurrency and Recovery

Mit CCR werden atomare Transaktionen auf mehreren Maschinen (Knoten) unterstützt. Die Transaktionen werden in Teiltransaktionen zerlegt, die jeweils atomar auf einem Knoten ausgeführt werden können. Die Atomizitätseigenschaft der Transaktion wird mit Hilfe des Two-Phase-Commit-Protokolls sichergestellt. Am Schluss der Transaktion entscheidet der die Transaktion initiierende Knoten, ob alle Teiltransaktionen erfolgreich ausgeführt worden sind (commit) oder ob die ausgeführten Operationen rückgängig zu machen sind (rollback).

FTAM - File Transfer, Access and Management

FTAM ermöglicht den Filetransfer zwischen offenen Systemen (d.h. den ISO/OSI-Normen entsprechend). Dazu werden die konkreten Filesysteme auf ein virtuelles Filesystem abgebildet. Es werden Dienstprimitive für Fileverwaltung, Erzeugung und Transfer zur Verfügung gestellt. FTAM basiert auf CCR und ACS.

X.400

Die Empfehlungen X.400 ff. sind der erste akzeptierte ISO-Standard der Anwendungsschicht [Bev87a]. Sie regeln das Senden und Empfangen von Nachrichten innerhalb eines Netzwerkes. Dazu werden sogenannte *Message Transfer Agents* (MTA's) eingeführt. Vorausgesetzt wird hier RTS.

RDA - Remote Database Access

RDA entspricht dem Client-Server-Modell, d.h. ein Datenbank-Client greift auf einen Datenbank-Server zu. Dazu werden von den RDA-Primitiven die ROS-Dienstprimitiven verwendet. Um atomare Transaktionen durchführen zu können, werden CCR-Primitiven benützt. Der Verbindungsaufbau zwischen Client und Server wird mit ACS gewährleistet.

Einbau der ISO-Spezifikationen in das Betriebssystem

Im Gegensatz zu den ISO-Spezifikationen der unteren Protokollschichten, die bereits so weit spezifiziert sind, dass sie die meisten Anwendungsgebiete abdecken, sind die ISO/OSI-Spezifikationen der obersten Schichten (5-Session, 6-Presentation, 7-Application) erst bruchstückweise definiert. Dies hat zur Folge, dass es schwierig ist, die einzelnen Spezifikationen in einen ganzheitlichen Rahmen zu stellen.

Die Dienstleistungen, die von einem Betriebssystem erbracht werden, sind im ISO/OSI-Modell im Application Layer und allenfalls noch in Session und Presentation Layer anzusiedeln. Da die ISO-Spezifikationen noch so bruchstückhaft sind, kann hier nicht daran gedacht werden, ein verteiltes Betriebssystem aus diesen Definitionen zusammenzusetzen. Vielmehr müssen die einzelnen Spezifikationen in schon bestehende verteilte Betriebssysteme eingesetzt werden.

Implementation von Dienstelementen in einer Betriebssystem-Umgebung

Um die Dienstelement-Primitiven zu implementieren, werden sie in irgend einer Spezifikationssprache modelliert. Dabei kann es sich sowohl um eine ISO/OSI-Spezifikationssprache wie LOTOS [ISO8807] oder ESTELLE [ISO9074] als auch um für spezielle Anwendungen entwickelte Sprachen wie z.B. das vom IBM Networking Center in Heidelberg entwickelte PASS [Fle87a] handeln. Diese Spezifikationen werden dann übersetzt und dem Anwendungsprogrammierer in Form von Subroutinen zur Verfügung gestellt. Ein Programmaufruf eines Anwendungsprogramms unter Verwendung der ISO-Primitiven verläuft immer nach dem gleichen Schema:

Um auf Anwendungen auf anderen Maschinen zugreifen zu können, werden die ROS-Primitiven verwendet. Mit RTS-Primitiven wird der zuverlässige Datentransport sichergestellt, während mit ACS eine verbindungsorientierte Verbindung auf dem Application Layer aufgebaut wird (Fig. 1.18.).

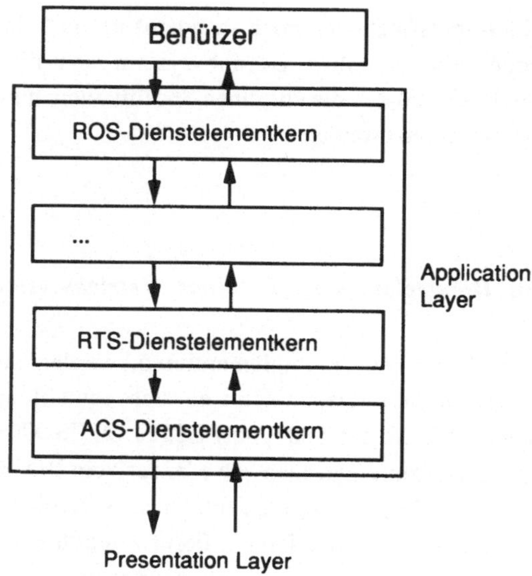

Fig. 1.18. Programmaufruf eines Anwendungsprogramms

Das in Fig. 1.18. vorgestellte Schichtenmodell unterscheidet sich in seinem inneren Aufbau und in seiner Zusammensetzung je nach Zielsetzung der Applikation, die aus diesen Spezifikationen aufgebaut werden soll. Die Begründung für diese Inkonsistenz ist in der historischen Entwicklung der ISO/OSI-Spezifikationen zu sehen: Zuerst wurden gewisse Anwendungen als Ganzes spezifiziert. Später wurden einzelne Komponenten dieser Anwendungen abgetrennt und als Basis für separate Spezifikationen verwendet, die nun als Grundbausteine für weitere höherliegende Anwendungsprotokolle benützt werden.

Abschliessende Bemerkungen zu den ISO-Spezifikationen

Die im vorhergehenden Kapitel beschriebenen Spezifikationen der obersten Schicht sind nur für verbindungsorientierte Netzwerke vorgesehen. Damit sind sie bedeutend aufwendiger zu implementieren als ähnliche Dienste für verbindungslose (datagram) Netzwerke.

Verbindungsorientierte Protokolle eignen sich eher für unzuverlässige Netzwerke, da sie einen für den Anwender einfachen Verbindungsaufbau auch bei unzuverlässigen Transportmedien unterstützen. Für zuverlässige Netzwerke und damit auch für die mittels eines LAN verteilten Betriebssysteme, die auf relativ zuverlässigen Hochgeschwindigkeits-Netzwerken beruhen, sind damit die ISO-Spezifikationen in ihrer momentanen Form zu aufwendig.

Da die ISO-Spezifikationen sämtliche nur denkbaren Spezialfälle abdecken sollen, sind sie oft sehr kompliziert und schwer zu begreifen. Es ist deshalb verständlich, dass sich Software-Anbieter oft mit einfacheren Lösungen zufrieden geben, die zwar weniger umfassend, dafür aber einfacher zu verstehen und zu implementieren sind.

1.3 Entwicklungstendenzen im Gebiet verteilte Betriebssysteme

1.3.1 Eine vergleichende Bewertung basierend auf den betrachteten Systemen

Minimaler Kernel

Die hier betrachteten Systeme haben alle das Konzept des minimalen Kernels gemeinsam. Das bedeutet, dass der eigentliche Betriebssystem-Kern so klein wie möglich gehalten und weitergehende Funktionalität (wie sie z.B. von der UNIX-System-Call-Schnittstelle angeboten wird) mit Hilfe von auf Benutzerebene zugefügten Programmbibliotheken erreicht wird. Dieses Konzept wurde bereits bei Apollo Domain/IX verwendet, auch wenn es hier historisch gewachsen ist, indem das ursprüngliche Apollo-Aegis-Betriebssystem sukzessive bis hin zur vollständigen UNIX-Kompatibilität erweitert wurde, so dass die ursprünglich in Aegis verwendeten Konzepte wie z.B. single level store unterhalb der UNIX-System-Call-Schnittstelle beibehalten werden konnten. Aber gerade neuere und neueste Systeme wie Mach und Quicksilver basieren auf einem minimalen Kern, um so, im Gegensatz etwa zu UNIX BSD 4.3, einerseits die Portierung des Betriebssystem-Kerns auf neue Maschinenarchitekturen so einfach wie möglich zu halten, und andererseits die Integration neuer Konzepte in den bestehenden Betriebssystem-Kern zu vereinfachen. Damit ist es möglich, z.B. ein verteiltes Filesystem auf Benutzerebene einzubauen, ohne dass der unterliegende Betriebssystem-Kern geändert werden muss.

Software-Entwicklungssystem zur Entwicklung verteilter Anwendungen

Alle im vorhergehenden Kapitel betrachteten Systeme weisen ein für den Anwendungsentwickler gedachtes Software-Entwicklungssystem zur Entwicklung verteilter Anwendungen (und von verteilter System-Software) auf, welches über Schnittstellen zu einer oder mehreren Programmiersprachen verfügt. Eine Ausnahme macht Quicksilver, das allerdings ein reiner Forschungsprototyp ist, so dass nur diejenigen Anwender Entwicklungen für Quicksilver schreiben, die das System auch selbst entwickelt haben. Die meisten Quicksilver-Anwendungen bauen ausserdem auf dem Transaktionsmanager auf, so dass dieser als Software-Hilfsmittel zur Entwicklung verteilter Anwendungen angesehen werden kann. Mach, Apollo und Argus stellen dem Anwendungsentwickler ein dediziertes Werkzeug zur Verfügung, mit dem verteilte Anwendungen geschrieben werden können, die

- ortstransparent sind und

- die verteilte Topologie des Systems ausnützen können.

Damit hat sich der Kreis geschlossen und wir sind wieder bei den vier Hauptpunkten angelangt, die wir bei der exemplarischen Betrachtung verteilter Betriebssysteme in Kapitel 1.2. besonders im Auge behalten wollten:

- Lösungsansätze für verteiltes Multitasking

- Transparenz und Effizienz des verteilten Filesystems

- Verteilungstransparenz für den Benutzer

- Erweiterbarkeit des Systems

Im folgenden werden in einem Quervergleich die betrachteten Systeme in Bezug auf die obenstehenden vier Punkte untersucht.

Lösungsansätze für verteiltes Multitasking

Wie schon an verschiedenen Stellen früher erwähnt wurde, ist die Fähigkeit, Anwendungen benutzertransparent auf mehreren Maschinen parallel laufen lassen zu können, eine Voraussetzung zur Ermöglichung von inkrementeller Erweiterbarkeit eines verteilten Systems. Das verteilte Multitasking geht nun z.B. beim Quicksilver so weit, dass man sich sämtliche Prozessoren in einem virtuellen Pool vorzustellen hat, so dass jeder neu hinzugekommene Job auf die am wenigsten belasteten CPU's aufgeteilt werden kann. Damit ist der Benutzer von der Leistung der Maschine, auf der er sich "eingeloggt" hat, weitgehend unabhängig geworden. Auch kann die Rechenleistung von Maschinen, auf denen gerade niemand arbeitet, optimal von den anderen Benutzern ausgenutzt werden.

Mach, Apollo NCS und Argus bieten die notwendigen Konstrukte und Primitiven, um Anwendungen, die von verteiltem Multitasking Gebrauch machen, möglichst einfach implementieren zu können. Die einzelnen Systeme unterscheiden sich allerdings in ihren Zielsetzungen: Apollo's NSC ist sicher das am besten ausgebaute und am allgemeinsten verwendbare Produkt, da es nur die UNIX-System-Call-Schnittstelle voraussetzt. Hauptzielsetzung von NCS ist die orts- und maschinentransparente Anwendungsentwicklung. Dazu wurde das Client-Server-Modell um das Konzept des Brokers erweitert, der den Client von einem speziellen Server unabhängig machen soll. Damit wird dem Client ermöglicht, dem Broker nur noch zu sagen, was für eine Art der Dienstleistung er von einem Server wünscht, nicht aber, von welchem Server er diese Dienstleistung zu bekommen hat.

Mach's Matchmaker wurde mit einer anderen Zielsetzung entworfen: Ursprünglich war Matchmaker vor allem Hilfsmittel, um die höherliegenden Schichten des Mach-Kernels zu implementieren. Durch die Verwendung von Matchmaker wurde auch Rückwärts-Kompatibilität innerhalb von Mach erreicht, indem durch Reimplementation von Matchmaker auf "purem" UNIX BSD4.3 Mach-spezifische Dienstleistungen wie das verteilte Filesystem auch unter UNIX BSD4.3 lauffähig geworden sind. Argus schliesslich stellt vor allem die Fehlertoleranz des verteilten Systems in den Vordergrund. Mit Argus erstellte Anwendungen sollen durch den Gebrauch von atomaren Transaktionen fehlertolerant werden.

Transparenz und Effizienz des verteilten Filesystems

Ein für *horizontales Wachstum* geeignetes Filesystem ist eines der zentralen Anliegen von Quicksilver. Durch die Verwendung von Hinweisen (hints) zur Auffindung des Speicherorts des Files und durch die Einführung eines lokalen Namensraums pro Benutzer soll das Filesystem für grosse Benutzerzahlen geeignet gemacht werden.

Auf einer tieferliegenden Ebene versuchen Mach und Apollo durch die Verwendung des Single-Level-Store-Konzepts die Unterscheidung zwischen Objekten, die sich auf stabilem Speicher (Sekundärspeicher) und Objekten, die sich im Hauptspeicher befinden, aufzuheben. Damit kann einerseits die Komplexität der Fileverwaltung reduziert und andererseits der Zugriff auf den Sekundärspeicher effizienter gemacht werden. Argus bietet als Software-Entwicklungssystem kein eigenes Filesystem an, allerdings wird die

Implementation von persistenten Objekten mit den von Argus zur Verfügung gestellten Mechanismen (Guardians und Actions) einfach gemacht. Falls Objekte wirklich persistent gemacht werden, muss nicht mehr unterschieden werden zwischen Objekten, die sich im (flüchtigen) Hauptspeicher befinden, und Objekten, die sich auf dem (stabilen) Sekundärspeicher befinden. Die ISO-Definition FTAM schliesslich ermöglicht durch das virtuelle netzwerkweite Filesystem, das über das vom Betriebssystem angebotene Filesystem gelegt wird, dem Benutzer den (eingeschränkt) transparenten Zugriff auf Files von anderen Maschinen mit unterschiedlichen Betriebssystemen.

Weitere interessante Konzepte zu dieser Problematik, die auch im Gebiet der verteilten Betriebssysteme neue Lösungsansätze bringen können, werden von den Designern objektorientierter Datenbanken mit der Verwendung von Objektservern aufgezeigt. (Siehe (2.5.4.) Abschnitt "Objektserver".)

Verteilungstransparenz für den Benutzer

Im Gegensatz zu einem Netzwerk-Betriebssystem [Tan85], wo sich der Benutzer der verteilten Natur des Systems noch bewusst ist, ist Verteilungstransparenz grundlegende Zielsetzung eines echten verteilten Betriebssystems. In sämtlichen hier betrachteten Beispielen ist dieses Ziel zu einem grossen Teil erreicht. Am weitesten fortgeschritten ist Quicksilver, dies einerseits aufgrund seines globalen Filesystems, andererseits auch wegen seines komfortablen Load-Sharing-Mechanismus. Apollo und Mach bieten zwar verteilte Filesysteme an, diese Filesysteme erstrecken sich aber nur über das lokale Netzwerk. Der Zugriff auf die Prozessorleistung fremder Maschinen muss bei diesen beiden Systemen durch den Benutzer "von Hand" gesteuert werden. Es werden allerdings die Hilfsmittel (Apollo NCS und Matchmaker) zur Verfügung gestellt, um Applikations-Software zu schreiben, die automatischen Lastausgleich über Maschinengrenzen hinweg betreiben kann.

Die ISO-Spezifikationen sollen dem Anwendungsentwickler standardisierte Hilfsmittel zur Verfügung stellen, um netzwerktransparente Applikationen zu schreiben. Zusätzlich sollen die so aufgebauten Applikationen sogar Betriebssystem-Unabhängigkeit erreichen. Diese Betriebssystem-Unabhängigkeit wird mit einer gewissen Schwerfälligkeit und Ineffizienz erkauft. Deshalb schlagen einige Forschergruppen vor, für die ISO-Spezifikationen optimierte Betriebssysteme wie z.B. das Network Operating System des DAC (1.2.6.) zu verwenden.

Erweiterbarkeit des Systems

Ein Aspekt flexibler Erweiterbarkeit, nämlich das freie Hinzufügen weiterer Komponenten zum Betriebssystem ohne Systemunterbruch, wird bei Apollo Domain/IX durch das sog. Traitsystem (1.2.2.) weitgehend erreicht. Weitere Aspekte flexibler Erweiterbarkeit wie Ausnützen neu hinzugekommener CPU-Leistung und (beinahe) unbeschränkt mögliches Wachstum der Anzahl Benutzer des gleichen verteilten Betriebssystems sind weder bei Apollo noch bei Mach erreicht. Quicksilver bietet hier mit seiner Auslegung des Konzepts des horizontalen Wachstums und mit seinem Load-Sharing-Mechanismus einen möglichen Lösungsansatz.

Zu einem ganz anderen Modell führt die Verwendung der ISO-Spezifikationen. Der Benutzer arbeitet in zwei Umgebungen: Für lokale Anwendungen werden die speziellen Eigenschaften seines eigenen Betriebssystems ausgenützt, während der Zugriff auf andere Systeme mit Hilfe der ISO-Spezifikationen erfolgt. Da dieser Zugriff weitgehend unabhängig vom unterliegenden fremden Betriebssystem ist, können auch jederzeit weitere fremde Systeme zugefügt werden, ohne dass dazu an den auf den ISO-Spezifikationen basierenden Applikationen eine Änderung nötig ist. Vielmehr sollen unterschiedliche Betriebssysteme zu einem globalen Gesamtsystem verbunden werden.

1.3.2 Forschungsschwerpunkte in diesem Gebiet

Als ein Resultat der vergleichenden Analyse verteilter Betriebssysteme in Kapitel 1.2. sollen an dieser Stelle die aktuellen Forschungsschwerpunkte auf diesem Gebiet zusammengefasst werden:

Dynamischer Lastausgleich

Bestimmen des Ausführungsortes zur Laufzeit
Die neuesten Versionen verteilter Betriebssysteme gestatten es dem Anwender, den Ausführungsort von Prozessen von Kriterien abhängig zu machen, die erst zur Laufzeit bestimmt werden können. Das bringt verschiedene Probleme mit sich. So müssen unter Umständen verschiedene Versionen von Binärfiles für verschiedene Maschinentypen vorhanden sein und zur Laufzeit automatisch richtig gewählt werden. Auch muss der

Programmcode richtig vom Fileserver zur ausführenden CPU befördert werden (network paging). (Beispiel: Apollo NCS)

Verlagern von Prozessen während der Ausführung
Dies ist eine Weiterführung der Idee, die im obigen Abschnitt angetönt wurde. Hierbei muss eine Möglichkeit vorhanden sein, den Prozess während der Ausführung zu unterbrechen, seinen Kontext einzufrieren und den gesamten Adressraum sowie seine "Aussenbeziehungen" (Filedeskriptoren, Kommunikationsstatus etc.) zu einer anderen CPU zu transferieren. So kann zum Beispiel ein dynamischer Lastausgleich erreicht werden, indem periodisch die Auslastung sämtlicher CPU's geprüft und Prozesse von sehr stark belasteten zu unterbelasteten CPU's transportiert werden. (Beispiel: Apollo NCS, Quicksilver)

Benutzertransparente Ausführung auf passenden CPU's
Aufrufen eines Befehls in einem verteilten Betriebssystem mit unterschiedlichen CPU-Typen soll für den Benutzer unabhängig davon sein, wo der Befehl nun tatsächlich ausgeführt wird. So soll aus der Befehlssyntax nicht ersichtlich sein, ob ein Befehl nur auf einem CPU-Typ ausgeführt werden kann, oder ob von diesem Kommandofile mehrere Binärversionen für unterschiedliche Maschinentypen vorhanden sind. (Beispiel: Die *hidden directories* von LOCUS [Pop85]. Unter dem Begriff "hidden directories" werden directories verstanden, die zwar für das Betriebssystem, nicht aber für den Benutzer sichtbar sind. Die hidden directories werden für die Speicherung von verschiedenen Binärfiles für verschiedene Rechnertypen für das gleiche übersetzte Sourcefile benützt, so dass das System nach dem Befehlsaufruf eines Benutzer automatisch die richtige Binärversion dieses Kommandos wählen kann.)

Integration LAN - Long Haul Network

Nachdem die sich an einem Ort befindenden Computer einer Organisation mit Hilfe eines LAN zu einem benutzertransparenten verteilten Betriebssystem zusammenschliessbar geworden sind, besteht nun der Wunsch, diesen transparenten Zusammenschluss auch über grössere Distanzen zu ermöglichen. Mit der gleichen Befehlssyntax soll sowohl auf lokale als auch auf weiter entfernt liegende Ressourcen zugegriffen werden können. Dies bedingt, dass die LAN's als Partitionen eines globalen Netzwerks mit Hilfe von Gateways zusammengefasst werden.

Dazu müssen natürlich auch passende Betriebssystem-Schnittstellen vorhanden sein. Die ISO- und DoD[1]-Normen z.B. sind von den unterliegenden Transportschichten unabhängig und können sowohl für lokale als auch für Long-Haul-Netzwerke verwendet werden. FTP (DoD) und FTAM (ISO) wurden sowohl für Ethernet-Anwendungen als auch für Datentransfer über weite Distanzen implementiert.

Die meisten verteilten Betriebssysteme wurden für Anwendungen mit weniger als einigen hundert Netzwerk-Knoten vorgesehen. Ein Forschungsgebiet in neuester Zeit sind verteilte Betriebssysteme, die für *horizontales Wachstum* vorgesehen sind. Es sollen mehrere tausend Knoten in das gleiche verteilte Betriebssystem integriert werden können (Quicksilver, DASH [And87]). Das ergibt bei Filesystem, Benutzeridentifikation, Ressourcenverwaltung etc. ganz neue Probleme, die bei den bisherigen verteilten Systemen noch nicht berücksichtigt worden sind.

Fault Tolerant Computing

Ein zentrales Thema im Distributed Computing ist die Widerstandsfähigkeit von verteilten Anwendungen (und ganz besonders von verteilten Betriebssystemen) in Bezug auf den Ausfall einzelner Komponenten des Netzwerks. Hier soll vor allem *graceful degradation* erreicht werden: die Funktionalität des Netzwerks bleibt dem Benutzer unverändert erhalten, der Ausfall einzelner Komponenten bewirkt lediglich eine Leistungseinbusse. Es gibt hierzu verschiedene Ansätze:

Replikation einzelner Komponenten
Dies ist ein relativ alter Ansatz, der z.B. in den Tandem Computern [Ser88] verwirklicht wurde. Hier werden einzelne Komponenten doppelt installiert, so dass beim Ausfall der Primärkomponente die Reserveeinheit ihre Funktion übernimmt. Es können auch drei parallele Einheiten eingebaut werden, um das fehlerhafte Funktionieren einer Komponente zu bemerken. Bei jeder Operation werden die Resultate verglichen, wobei angenommen wird, dass die Mehrheit der Einheiten korrekt arbeitet.

Integration des Transaktionskonzepts
Um kritische Operationen fehlerresistent zu machen, können sie in atomare Transaktionen eingekleidet werden. So können z.B. Manipulationen an Metadaten (Daten über Daten)

---

[1]DoD: Department of Defense, Amerikanisches Verteidigungsministerium

sicher durchgeführt werden. Das Transaktionskonzept kann zusätzlich auf der Anwendungsebene integriert werden (CCR). Es existieren aber auch Systeme, die auf dem Begriff der Transaktion aufbauen (Argus, Quicksilver).

Sprachen zur effizienten Implementation verteilter Systeme

Um die Programmierung verteilter Anwendungen zu vereinfachen, wurden verschiedene Sprachansätze vorgeschlagen:

- Sprachen, die die parallele Programmierung unterstützen, eignen sich sehr gut, um verteilte Anwendungen zu unterstützen. (Euclid [Hol82], Concurrent C [Tsu84], Modula-2 [Wir82])

- RPC-Spezifikationssprachen sollen dem Programmierer die Procedure-Call-Syntax auch auf mehreren Maschinen erhalten. (Matchmaker, Sun's RPC [Lyo84])

- Das Design fehlerresistenter Anwendungen wird durch die Programmiersprache unterstützt. Diese Sprachen verwenden das Transaktionskonzept. (Argus, Emerald [Jul88])

- Objektorientierte Sprachen erleichtern die Wiederverwendbarkeit einzelner Software-Komponenten und die logische Strukturierung der Betriebssystem-Software. (C++ [Str86], Smalltalk [Gol83])

Objektorientierte Betriebssysteme

Angesichts der Tatsache, dass objektorientiertes Design heute in Mode ist, behaupten die Entwerfer gar mancher neuer Systeme, diese objektorientiert aufgebaut zu haben [Wul81] [Bla86] [Jon86] [Tev87]. Die verschiedenen Betriebssystem-Entwerfer sind sich aber offensichtlich noch nicht einig, was nun genau die Merkmale eines objektorientierten Betriebssystems sind. Wesentliche Merkmale sind sicher:

- Abstrakte Datentypen. Das Objekt und die generischen Operationen auf diesem Objekt werden gemeinsam definiert und der Zugriff auf das Objekt so abgekapselt.

- Vererbung. Es können Objekthierarchien aufgebaut und Vater-Kind-Beziehungen definiert werden.

- Kommunikation von Objekten durch Meldungen.

- Bindung zur Laufzeit. Es wird erst zur Laufzeit über die tatsächliche Ausführungsweise der generischen Operation entschieden. So können für verschiedene Objekttypen allgemeine Schnittstellen definiert werden.

Es scheint sich die Auffassung durchgesetzt zu haben, dass über die Art der Datendarstellung und die Verarbeitung dieser Daten nachgedacht werden muss. Die Begriffe File und Prozess müssen in neue Zusammenhänge gestellt werden. Ein Schlagwort hier lautet: *persistente Objekte*. Damit sind Objekte gemeint, die mittels eines Backup-Mechanismus periodisch[1] vom flüchtigen auf stabiles Speichermedium geschrieben werden und so

- Gewaltsame Unterbrüche überleben

- Das Filesystem als Datenspeichersystem im Kernel überflüssig machen.

Ein anderes Schlagwort sind die *aktiven Objekte*. Aktive Objekte machen Prozesse als Abstraktionsmechanismus zur Datenmodifikation überflüssig, da sie

- Objektdarstellung

- generische Operationen auf diesem Objekt

- Aktivitäten, um diese Operationen auf dem Objekt auszuführen

in einem enthalten.

Das nun folgende Kapitel beschränkt sich auf den am Schluss angesprochenen objektorientierten Problemkreis und versucht, die Bedeutung des Begriffs "objektorientiert" auf der Betriebssystem-Ebene aufzuzeigen.

---

[1]Unter Umständen kann es auch ausreichen, wenn die Objekte bei Programmende bzw. Abbruch auf stabiles Speichermedium geschrieben werden. Die Anforderungen bezüglich Stabilität, die an ein persistentes Objekt gestellt werden, sind je nach Autor verschieden.

2 Anwendung von objektorientierten Konzepten in der Betriebssystem-Umgebung

2.1 Einleitung

Nachdem im einleitenden Kapitel der aktuelle Stand auf dem Gebiet "verteilte Betriebssysteme" anhand repräsentativer Beispiele aufgezeigt wurde, sollen in diesem Kapitel speziell Konzepte aus dem objektorientierten Umfeld im Zusammenhang mit der Betriebssystem-Problematik untersucht werden. Von besonderem Interesse ist hierbei, wie weit die objektorientierten Konzepte die Verteilung eines Betriebssystems unterstützen.

Als Paradebeispiel eines objektorientierten Systems soll in einem einleitenden Abschnitt die Eignung von Smalltalk als Betriebssystem untersucht werden. Als integriertes System hat Smalltalk die Betriebssystem-Schnittstelle ebenfalls in die Benutzerschnittstelle eingebaut. Allerdings fehlen Smalltalk die Mehrbenutzer-Fähigkeit und die Möglichkeit, mehrere Maschinen zu einem verteilten System zusammenzuschliessen. In einem späteren Abschnitt des gleichen Kapitels wird untersucht, welche Eigenschaften eines objektorientierten Systems wie Smalltalk die Verteilung unterstützen bzw. sich für die Verteilung als hinderlich erweisen.

Was in diesem Kapitel sicher nicht fehlen darf, ist eine Abgrenzung des Begriffs "objektorientiert" in Zusammenhang mit Betriebssystemen. Im Zusammenhang mit Programmiersprachen wie C++ und Programm-Entwicklungssystemen wie Smalltalk ist dieser Begriff wohldefiniert. Auf der Betriebssystem-Ebene allerdings wird der Begriff häufig verwendet, ohne dass dabei festgelegt wird, was genau darunter verstanden wird. Im folgenden soll die Bedeutung dieses Begriffs in diesem Umfeld untersucht und ein Versuch einer Definition auf Betriebssystem-Ebene unternommen werden.

Analog zur Forschung im Umfeld von Betriebssystemen versucht man ebenfalls bei der Datenbankforschung unter Verwendung von objektorientierten Konzepten zu neuen Erkenntnissen zu gelangen. Ein zweites Problem, das Datenbanken ebenfalls mit Betriebssystemen gemeinsam haben ist die Verteilungsproblematik: Datenbanken sind Anwendungen, die man schon sehr früh aus verschiedenen Gründen zu verteilen suchte. Bis heute gibt es allerdings noch keine kommerziell erfolgreichen, verteilten Datenbank-Systeme. Aus diesen Gründen drängt sich an dieser Stelle ein Vergleich zwischen den Lösungsansätzen sowohl im objektorientierten Umfeld als auch in der Verteilungsproblematik zwischen Datenbanken und verteilten Betriebssystemen auf.

Zwei Schlagworte aus der objektorientierten Terminologie, die in diesem Zusammenhang von Interesse sind, sind *aktive Objekte* und *persistente Objekte*. Unter aktiven Objekten werden Objekte mit einem "Eigenleben" verstanden, die die Verwendung des Begriffs *Prozess* überflüssig machen oder zumindest in ein neues Umfeld stellen. Aktive Objekte führen nach dem Empfang einer Meldung die entsprechende Methode aus eigenem Antrieb aus und umgehen so die Verwendung des Prozesses als Aktivitäts-Kontrollflussmechanismus. Persistente Objekte andererseits existieren über ihren Aufenthalt im Hauptspeicher hinaus. In dieser Eigenschaft machen sie die Verwendung des Files als Kernelobjekt überflüssig. Der Endbenutzer muss sich bei der Verwendung von persistenten Objekten als Datenspeichermedium nicht mehr um die explizite Sicherung der Daten auf permanentem Speicher kümmern. (Eine "save"-Operation auf Benutzerebene wird also überflüssig.)

2.2 Betriebssystem-Aspekte von Smalltalk

Smalltalk gilt als Musterbeispiel eines objektorientierten Systems. In diesem Kapitel soll untersucht werden, wie weit Smalltalk dem Benutzer die Funktionalität eines Betriebssystems anbietet. Als vollkommen integriertes System muss ja Smalltalk gegenüber dem Endbenutzer auch die Aufgaben des Betriebssystems übernehmen. Falls Smalltalk allerdings als Gastschicht einem anderen Betriebssystem aufliegt, kann die Betriebssystem-Schnittstelle des Host-Betriebssystems (z.B UNIX) in Smalltalk verwendet werden. Im folgenden werden die Betriebssystem-Aspekte von Smalltalk auf drei Schwerpunkte zurückgeführt: Es wird die virtuelle Maschine, die die Schnittstelle zur Hardware bildet, betrachtet und die zwei wesentlichen Betriebssystem-Klassen *Class Stream* (für das Filesystem) und *Class Process* (für die Prozess-Verwaltung) werden vorgestellt.

2.2.1 Die virtuelle Maschine

Um Smalltalk so portabel wie möglich aufzubauen, wurde der grösste Teil des Smalltalk-Kernels in Smalltalk geschrieben. Nur ein sehr kleiner Teil (ca. 3 Prozent) des ganzen Kerns wurde in Maschinensprache implementiert. Der Gesamtaufbau von Smalltalk kann folgendermassen dargestellt werden (Fig. 2.1.) [Kra81]:

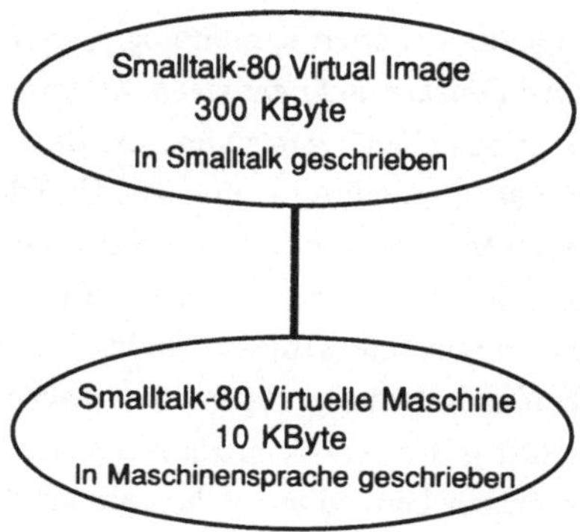

Fig. 2.1. Der Aufbau des Smalltalk-Kerns

Der in Maschinensprache geschriebene Teil, die sog. *virtuelle Maschine*, hat drei Aufgaben:

- Die *Hauptspeicherverwaltung*, die vom Storage-Manager übernommen wird.

- Das *Interpretieren des Smalltalk-Bytecodes in Maschinensprache* durch den Interpreter (Smalltalk-Anweisungen, d.h Smalltalk-Programme, werden vom Smalltalk-Compiler in ein maschinenunabhängiges Zwischenformat, den sog. Bytecode, welcher dann zur Laufzeit interpretiert wird, übersetzt).

- Die Gewährleistung gewisser Betriebssystem-Dienstleistung wie z.B. der Ein/Ausgabe zum Hauptspeicher in Form von *primitiven Subroutinen*.

Der Storage-Manager

Der Storage-Manager ist für die Zuteilung des Hauptspeichers an die Objekte zuständig. Smalltalk ist strikt gemäss dem objektorientierten Grundprinzip aufgebaut, das besagt, dass alles und jedes ein Objekt zu sein habe. Somit wird eine Instanz einer Klasse im Hauptspeicher auf die gleiche Art dargestellt wie die Klassendefinition der Instanz, d.h. die Klasse des Objekts selbst.

Der Storage-Manager teilt den Hauptspeicher in Blöcke auf und ordnet jedem Objekt einen Block zu. Um die Blöcke innerhalb des Hauptspeichers unabhängig von den Objekten verwalten zu können, werden die Objekte den Hauptspeicherblöcken indirekt mit Hilfe einer Objektliste zugeordnet. Damit können Objekte zur besseren Platzausnützung vom Storage-Manager im Hauptspeicher verschoben werden, ohne dass sich der *object pointer*, d.h. der Zeiger auf ein Objekt, mit dem vom System auf ein Objekt zugegriffen werden kann, ändert. Der Zugriff eines Objekts auf den Hauptspeicher über den object pointer kann folgendermassen dargestellt werden (Fig. 2.2.):

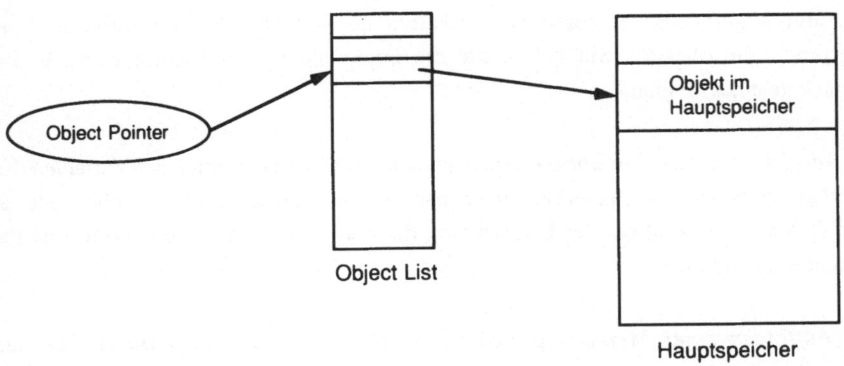

Fig. 2.2. Speicherzugriff eines Objekts

Die Kontrolle über die Belegung des Hauptspeichers und die Freigabe der Blöcke, falls diese nicht mehr benötigt werden, geschieht mit Hilfe eines Referenzzählers (reference count). (Diese Tätigkeit wird unter dem Begriff *garbage collection* zusammengefasst.). Falls der Referenzzähler auf Null fällt, kann ein Hauptspeicherblock einem anderen Objekt zugeteilt werden.

Der Interpreter

Der Interpreter führt die in den Bytecode übersetzten Methoden eines Objekts aus. Der *Bytecode* ist ein maschinenunabhängiges Zwischenformat, in das die in Smalltalk (der Programmiersprache) geschriebenen Methoden vom Smalltalk-Compiler, der ebenfalls in Smalltalk geschrieben ist, übersetzt werden. Der Bytecode-Interpreter ist stackorientiert, d.h. er führt im wesentlichen folgende Operationen aus:

- Lege ein Objekt oben auf den Stack (push)

- Speichere das oberste Stackelement als Wert für eine Variable

- Hole das oberste Element vom Stack (pop)

- Verzweige zu einem anderen Bytecode

- Sende eine Meldung unter Verwendung der obersten Stackelemente

- Gib das oberste Stackelement als Rückgabewert für eine Methode zurück.

Analog zu prozeduralen Stackimplementationen, wo die obersten Stackelemente den Prozedur-Argumenten entsprechen, enthalten bei diesem objektorientierten Stack-Interpreter die obersten Stackelemente die object pointer des Empfängers und die Argumente einer Meldung.

Die *Adressierung einer Variablen* entsprechend dem Gültigkeitsbereich der Variablen (lokal innerhalb einer Methode, innerhalb einer Instanz einer Klasse (Instanzvariable) oder eine globale Variable) wird bei der Übersetzung der Variablen in Bytecode vom Smalltalk-Compiler übernommen.

Das *Auffinden einer Methode* geschieht mit Hilfe des Methoden-Dictionary. Jedes klassenbeschreibende Objekt enthält einen solchen Methoden-Dictionary, der die Selektoren und Methoden miteinander verknüpft.

Primitive Subroutinen

Die virtuelle Maschine ist in der Maschinensprache der Zielmaschine implementiert. Wie schon weiter oben erwähnt, setzt sich die virtuelle Maschine aus drei Komponenten zusammen. Zusätzlich zum Storage-Manager, der für die Speicherallozierung und Deallozierung zuständig ist, und zum Interpreter, der als Sammlung primitiver, d.h. in Maschinensprache geschriebener Subroutinen die Bytecode-Stacks verarbeitet, werden *weitere Betriebssystem-Funktionen* hauptsächlich aus Effizienzgründen von primitiven

Subroutinen übernommen. Diese in Maschinencode implementierten Subroutinen werden verwendet für:

- Ein/Ausgabe des Hauptspeichers

- Arithmetische Integer-Operationen

- Fetch/Store von indexierbaren Variablen

- Objekt-Allozierung

Die Unterscheidung zwischen normalen, in Smalltalk geschriebenen Methoden und den primitiven Subroutinen geschieht mit Hilfe eines Flags, das den Interpreter anweist, die primitiven Subroutinen direkt auszuführen anstatt den Smalltalk-80 Bytecode zu interpretieren.

2.2.2 Smalltalk-Klassen mit Betriebssystem-Funktionen

Das Filesystem - Class Stream

Das Ablegen und Speichern von Objekten geschieht mit Hilfe der *Collection* Classes. Um den effizienten (indexierten) Zugriff auf Objekte unter Verwendung des File-Begriffs zu ermöglichen, bietet Smalltalk die Stream-Klassen an. Damit ist es möglich, über eine Collection zu "strömen" (*streaming over a collection*) und auf ein Element mit Hilfe eines Indexes so zuzugreifen, dass es direkt gelesen oder gespeichert werden kann. Die Klassenhierarchie innerhalb der Stream-Klassen ist folgendermassen gegliedert (Fig. 2.3.):

```
Stream
        PositionableStream
            ReadStream
            WriteStream
                ReadWriteStream
                    ExternalStream
                        FileStream
```

Fig. 2.3. Die Stream-Klassen

In jeder Klasse werden die dem Namen entsprechenden zusätzlichen Methoden definiert.
Bis zur und mit der Klasse *ReadWriteStream* ist es nur möglich, auf Objekte innerhalb des
Hauptspeichers zuzugreifen. Zur Kommunikation mit externen Speichermedien wie z.B.
Plattenspeichern werden die nötigen Methoden in der Klasse *ExternalStream* definiert,
während mit den zusätzlichen Methoden der Klasse *FileStream* der Status der Objekte
manipuliert werden kann, über die "geströmt" wird.

Die Prozessverwaltung - Scheduling

Smalltalk ist ein Single-User-Multitasking-System. Innerhalb eines Smalltalk-Systems sind
mehrere Prozesse zur Steuerung und Überwachung der Tastatur, der Maus, der
Echtzeituhr und des Benutzers (der z.B. editiert) gleichzeitig aktiv. Die Spezifikation dieses
Multitaskingsystems erfolgt mit Hilfe der Klassen *Process* und *ProcessScheduler*.

Die Erzeugung eines neuen Prozesses erfolgt durch Senden der Meldung *fork* an einen
Smalltalk-Block. Im Gegensatz zur Meldung *value*, nach deren Empfang ein Block von
Smalltalk-Anweisungen sequentiell abgearbeitet wird, werden nach Erhalt der Meldung
fork die in diesem Block enthaltenen Anweisungen parallel ausgeführt. Ein neuer Prozess
kann auch durch die Meldung *NewProcess* erzeugt werden, wobei hier der Prozessstatus
direkt manipuliert werden kann. Ein Prozess kann auf Zusenden der Meldungen *resume*,
suspend oder *terminate* reagieren.

Die Zuteilung des Prozessors zu den Prozessoren wird durch die Klasse *ProcessScheduler*
geregelt, die in einer einzigen Instanz mit dem Namen *Processor* in einem Smalltalk-
System vorhanden ist. Der aktive Prozess wird beendet, indem der Instanz *Processor* die
Meldung *Processor activeProcess terminate* gesendet wird. Wartende Prozesse werden
nach dem "First-Come-First-Served"-Prinzip bedient, wobei aber die Priorität eines
Prozesses innerhalb der Warteschlange manipuliert werden kann.

Die Synchronisation mehrerer Prozesse erfolgt mit Hilfe der Klasse *Semaphore* und der
auf dieser Klasse aufbauenden Klassen *SharedQueue* und *Delay*.

2.3 Was ist ein objektorientiertes Betriebssystem?

2.3.1 Was ist objektorientierte Programmierung?

Bevor der Frage nachgegangen wird, wie die objektorientierten Prinzipien auf Probleme des inneren Aufbaus eines Betriebssystems angewendet werden können, sollen die Grundsätze der objektorientierten Programmierung kurz rekapituliert werden: Grundgedanke des objektorientierten Designs ist die Entwicklung von leicht erweiterbarer und modifizierbarer Software. Um dieses Ziel zu erreichen, werden objektorientierte Programme nach neuen Grundsätzen strukturiert. Es sind verschiedene Stufen der Effizienzsteigerung in der Programmierung bekannt [Mar88]:

- In einem ersten Schritt wurden mehrmals auftretende gleiche oder ähnliche Instruktionssequenzen in Form von *Subroutinen* zusammengefasst. Hauptmotivation war hier allerdings nicht die logische Strukturierung des Programms, sondern die Platzersparnis innerhalb des Programms.

- In einem zweiten Abstraktionsschritt wurden die *Prozeduren* eingeführt. Im Gegensatz zu Subroutinen ermöglichen diese die Übergabe von Parametern sowie die Einführung einer globalen Programmstruktur in Form der Verschachtelung von Prozeduren. Das Prozedurkonzept sieht bereits die Bildung lokaler Objekte vor. Die Kapselung von Datenobjekten, um z.B. irrtümlichen Zugriffen auf externe Objekte vorzubeugen, wird von den Prozeduren allerdings noch nicht genügend unterstützt.

- Deshalb wird in einem dritten Abstraktionsschritt mit Hilfe des *Modul*konzepts eine Trennung der Objekte in die von aussen sichtbare Schnittstelle und in die tatsächliche Implementation der Objekte im Modulkörper eingeführt. Auf die im Modulkörper verwendeten lokalen Objekte kann nicht zugegriffen werden und alle lokalen Variablen eines Modulkörpers behalten ihre Werte auch noch nach der Beendigung einer Modulprozedur. Der Nachteil des Modulkonzepts liegt in der statischen Natur des Modulkörpers begründet. Soll ein Modulkörper auch nur leicht abgeändert weiter verwendet werden, muss er vollkommen neu erstellt werden, auch müssen sämtliche von diesem Modul abgeleiteten Module manuell angepasst werden.

- Um das Bedürfnis nach weitergehender Datenabstraktion zu erfüllen, wurde das *Klassen*konzept eingeführt. Eine Klasse repräsentiert im wesentlichen einen abstrakten Datentyp. Funktionen zur automatischen Initialisierung und zur Terminierung einer Instanz eines bestimmten Klassentyps können in der Klassendefinition selbst spezifiziert werden. Um die universelle Erweiterbarkeit einzelner Klassen zu gewährleisten, müssen allerdings noch weitere Konstrukte eingeführt werden.

- Diese erweiterbaren Klassen bilden nun die eigentliche Grundlage der *objektorientierten Programmierung*. Eine Klasse vererbt ihre Methoden (die Funktionen auf dem von dieser Klasse dargestellten Objekt) den von ihr abgeleiteten Unterklassen weiter. Die von der Oberklasse geerbten Methoden können von der betreffenden Klasse unverändert übernommen, abgeändert oder vollständig überschrieben und eigene Methoden zugefügt werden.

Ein wesentlicher Grundsatz objektorientierten Designs liegt in der vollständigen Kontrolle des Objekts über die von ihm verwalteten Daten. Falls ein externer Prozess (ein externes Objekt) irgendwelche Modifikationen an den von einem anderen Objekt verwalteten Daten vorzunehmen wünscht, muss er dem Objekt eine Meldung (Message) mit der Aufforderung schicken, diese Modifikationen für ihn auszuführen.

Als wesentliche Merkmale objektorientierter Programmiersprachen werden von [Nie87] erwähnt:

- Datenabstraktion (abstract data types)

- Vererbung (inheritance)

- Kommunikation der Objekte durch Meldungen (messages)

- Bindung der Operationen zu den einzelnen Datentypen zur Laufzeit

- Unabhängigkeit der einzelnen Objekte (jedes Objekt kontrolliert sich selber)

- Homogenität (Alles ist ein Objekt)

Im folgenden Abschnitt werden diese Begriffe auf die Betriebssystem-Ebene angewendet und die Konsequenzen für das Design eines objektorientierten Betriebssystems untersucht.

2.3.2 Objektorientierte Konzepte auf der Betriebssystem-Ebene

In diesem Abschnitt werden die Auswirkungen der Anwendung objektorientierter Designprinzipien auf den Entwurf und die Implementation von Betriebssystemen betrachtet. Nach Möglichkeit wird nach Anwendungen der obigen Verallgemeinerungen in bereits existierenden Betriebssystemen gesucht.

Datenabstraktion (Abstract Data Types)

Die Anwendung des ADT-Konzepts gerade auf der Betriebssystem-Ebene ist von
fundamentaler Bedeutung. Das Design eines so komplexen Kontrollprogramms wie ein
Betriebssystem es darstellt, ist ohne Zuhilfenahme von abstrakten Datentypen
unvorstellbar. Auch der Ein/Ausgabe-Mechanismus des UNIX-Kernels z.B. basiert auf
dem ADT-Konzept, indem der Speicherzugriff (sowohl auf Primär- als auch auf
Sekundärspeicher-Ebene) mit Hilfe der "File"-Abstraktion realisiert worden ist. Mit Hilfe
einer Menge generischer Operationen (open, close, read, write, ioctl ...) kann auf so
unterschiedliche Geräte (devices) wie Files, Terminals, Drucker, etc. mit einer
einheitlichen Syntax zugegriffen werden. Für die Realisierung des ADT-Konzepts
allerdings sind die Designer des UNIX-Kernels nicht über die prozedurale
Programmierung hinausgekommen. Der UNIX-Kernel ist lose in nach Funktionalität
gegliederte Module aufgeteilt, wobei die feinere Strukturierung mit Hilfe einer grossen
Menge von in C geschriebenen Prozeduren und Funktionen vorgenommen wurde.

Vererbung (Inheritance)

Die Idee der Vererbung wurde beim Entwurf konventioneller Betriebssysteme weitgehend
vernachlässigt. Dies ist sicher hauptsächlich darin begründet, dass das Klassenkonzept zu
der Zeit, als die heute verbreiteten Betriebssysteme entworfen wurden, zwar schon bekannt
war (SIMULA, das allgemein als Stammvater objektorientierter Sprachen angesehen wird,
wurde vor 1970 entwickelt [Dah70]), aber seine Bedeutung noch nicht erkannt wurde.
Objektorientierte Systeme wie z.B. Smalltalk verwenden diese Konzepte, so ist z.B. das
Filesystem mit Hilfe der Klassenhierarchie: *"Stream -> PositionableStream ->
ReadWriteStream -> FileStream"* implementiert. Falls eine Methode einer Instanz der
Klasse *FileStream* nicht bekannt ist, schickt diese sie weiter die Klassenhierarchie empor,
wo sie z.B. von *PositionableStream* abgearbeitet werden kann.

Ein weiteres Beispiel für die Anwendung des Vererbungskonzepts auf Betriebssystem-Ebene findet sich in Hypercard[1], das in das Betriebssystem des Macintosh eingebettet ist [Goo87]. Hierbei wird eine Hierarchie der Hypercardobjekte Field (Datenfeld) -> Button (Aktivitätseinheit) -> Card (Record) -> Stack (File) eingeführt und eine Meldung, die von einem tieferliegenden Objekt nicht verstanden wird, die Objekthierarchie empor gesendet.

Ein sehr interessanter Vorschlag, Vererbung zur Konstruktion zuverlässiger Objekte z.B. in verteilten Datenbanken zu verwenden, stammt von [Dix87]. Hierbei wird die Zuverlässigkeitseigenschaft in Form einer *Class Recoverable* mit Hilfe von sog. *recoverable regions* implementiert. Weitere zuverlässige Objekte wie *RecoverableInteger* oder auch kompliziertere Objekte wie *RecoverablePage* werden als Unterklassen der Recoverable-Klasse aufgebaut.

Kommunikation der Objekte durch Meldungen

Bei der Verwendung der objektorientierten Prinzipien auf der Ebene der Programmiersprachen wird die Kommunikation der Objekte durch Meldungen als logisches Konzept verstanden. Letztendlich werden die Aktionen einzelner Objekte durch Prozeduraufrufe ausgelöst. Das abstrakte Modell der Kommunikation durch Meldungen und des Auslösens der Ausführung von Methoden (Prozeduren) durch Senden von Meldungen unterstützt das Prinzip des *information hiding*, d.h. das Verbergen nicht benötigter Information vor dem Benutzer. Dieses Modell ist sehr gut geeignet für *Distributed Computing*, d.h. für über mehrere Prozessoren verteilte Betriebssysteme ohne gemeinsamen Hauptspeicher. Hier erfolgt im Gegensatz zu Ein-Prozessor-Betriebssystemen, wo die Interprozesskommunikation letztlich aus Kopieren von Speicherbereichen besteht, die Kommunikation zwischen den auf verschiedenen Maschinen lokalisierten Prozessen in Form von *message passing*, d.h. dem Weiterleiten von Meldungen. Wird nun auch die lokale Interprozesskommunikation mit Hilfe von

---

[1]Hypercard ist gleich wie Smalltalk ein vollkommen integriertes System, das dem Benutzer ausser den Programm-Entwicklungsmöglichkeiten auch die Betriebssystem-Funktionalität zur Verfügung stellt. Da der Macintosh nur ein Singletasking-Betriebssystem hat, sind die Prozessverwaltungs-Funktionen nicht implementiert worden, doch kennt Hypercard den Begriff des "Main Event Loop", der die vom Benutzer bzw. von Hypercard gesendeten Events sequentiell abarbeitet. Das Macintosh-Filesystem wird dem Hypercard-Benutzer verborgen und statt dessen ein auf dem Begriff des Stacks aufbauendes Filesystem angeboten, das den bekannten Macintosh-Finder integriert hat.

Meldungen abstrahiert, wird ein allgemein verwendbares Kommunikationsmodell festgelegt, das sehr leicht über mehrere Maschinen ausgedehnt werden kann.

Dem Message-Passing-Konzept gegenüber steht die Idee des *Remote Procedure Call* RPC, die von [Bir84] vorgeschlagen wurde. Der RPC modelliert in einer verteilten Umgebung die Syntax des lokalen Prozeduraufrufs, wie er von einer konventionellen Programmiersprache wie z.B. Pascal her bekannt ist. Der RPC ist vor allem für konventionelle Benutzerprogramme anwendbar, auf Betriebssystem-Ebene, wo es hauptsächlich um effiziente Implementation von Kommunikationsmechanismen zwischen verschiedenen (verteilten) Objekten geht, ist das Message-Passing-Modell besser geeignet. Mit Hilfe dieses Message-Passing-Modells können dann auf Benutzerebene ohne weiteres (einfacher zu verstehende) RPC-Mechanismen aufgebaut werden.

Bindung der Operationen zu den einzelnen Datentypen zur Laufzeit

Abgesehen wiederum von der Smalltalk-Umgebung, deren Betriebssystem-Operationen genauso wie gewöhnliche Methoden eines Objekts erst zur Laufzeit zum Datentyp gebunden werden, befindet sich der Code der Betriebssystem-Operationen der meisten verbreiteten Betriebssysteme resident im Hauptspeicher der Maschine und wird zur Übersetzungs-Zeit (Compile-Time) der entsprechenden Operationen dem Datentyp zugebunden.

Ein Anwendung der Idee des späten Bindens finden wir in gewissem Sinne bei den generischen UNIX Ein/Ausgabe-Operationen, die eine Zuordnung der Operation zu den verschiedenen Datentypen (= Ein/Ausgabe-Geräte) erst zur Laufzeit ermöglichen, indem die Namen der Operationen (open, close, read ...) für alle Geräte gleich sind und der Gerätetyp bei einem open()-System-Call implizit bestimmt wird. Allerdings muss der Code dieser Operationen sich bereits im momentan aktiven Kernel befinden. Wird ein neues Gerät, (und damit neue Ein/Ausgabe-Operationen) zugefügt, muss der ganze Kernel neu gelinkt werden.

Eine Ausnahme hierzu bildet das Apollo-Betriebssystem, bei dem es möglich ist, mit Hilfe der sog. *extensible streams* Gerätetreiber zur Laufzeit zuzufügen. Die Zuordnung der Operationen zu den einzelnen Datentypen erfolgt erst zur Laufzeit mit Hilfe einer kernelinternen Datenbank, in die jederzeit neue Einträge gemacht werden können [Ree86].

Unabhängigkeit der einzelnen Objekte (jedes Objekt kontrolliert sich selber)

Die gegenseitige Unabhängigkeit der einzelnen Objekte ist als direkte Konsequenz der Forderung nach *information hiding* eine Grundlage des objektorientierten Designs. In einem Betriebssystem, wo das reibungslose Funktionieren des ganzen Systems auf einem gegenseitigen Wechselspiel verschiedenster Komponenten beruht, ist dieses Konzept schwer zu realisieren. Andererseits fördert eine Zerlegung des ganzen Systems in einzelne Module, die gegenseitig möglichst unabhängig sind, die Stabilität in Bezug auf den Ausfall einzelner Komponenten.

Bei einem Ein-Prozessor-Betriebssystem bedeutet der Ausfall einer Komponente zugleich den Ausfall des ganzen Systems. Im Gegensatz dazu soll bei einem verteilten Betriebssystem der Ausfall einzelner Komponenten dem Benutzer höchstens durch eine allenfalls verschlechterte Leistung bemerkbar werden, ein Verhalten, das als *graceful degradation* bezeichnet wird. Um ein Graceful-Degradation-Verhalten zu ermöglichen, muss die gegenseitige Unabhängigkeit der Objekte möglichst gross gehalten werden können. Falls die Objekte gegenseitig unabhängig sind, können sie sich nicht gegenseitig "ins Verderben ziehen", indem z.B. ein Objekt auf Zusammenarbeit mit einem anderen Objekt angewiesen ist, das sich auf einer entfernten Maschine befindet, die gerade zusammengebrochen ist.

Die Unabhängigkeitseigenschaft der Objekte spielt bei der Realisation von persistenten Objekten eine wichtige Rolle. Unter *persistenten Objekten* werden Objekte verstanden, deren Lebensdauer über ihren Aufenthalt im Hauptspeicher hinausgeht. Die Persistenz einzelner Objekte wird erreicht, indem diese periodisch auf *stable storage* geschrieben werden. Ein anderes Verfahren zur Erzeugung persistenter (stabiler) Objekte besteht in der Replikation dieser Objekte auf mehreren Maschinen.

Homogenität (Alles ist ein Objekt!)

Die Forderung nach Homogenität taucht sowohl bei der Programmentwicklung als auch beim Design eines Betriebssystems auf. Unter einem homogenen Betriebssystem verstehen wir ein System, das über ein einheitliches Konzept auf allen Stufen des Systems verfügt. Smalltalk als Paradebeispiel eines homogenen Systems hat einen einheitlichen Objektbegriff, der von der virtuellen Smalltalk-Maschine über den Bitmap-Display bis hin zu Werkzeugen für den Anwendungsentwickler durchgehend gleich verstanden wird. Dies führt dazu, dass z.B. aus unterschiedlichen Anwendungen auf die gleichen Daten in ihrer

durch die Anwendung strukturierten Form zugegriffen werden kann. Ein unangenehmes
Gegenbeispiel bietet da das UNIX: Auf Daten, die von aussen her über ein Mailsystem wie
z.B. dem EAN [Neu87] erhalten werden, kann nur unter grossen Schwierigkeiten direkt
aus dem UNIX-Filesystem zugegriffen werden.

Es lassen sich hier Zwischenzustände hin auf dem Weg zur Homogenität feststellen. So
wurde beim Entwurf des Mach-Betriebssystems an der CMU die ganze Kernelstruktur auf
fünf wesentliche Objekte beschränkt und dadurch eine kernelinterne Homogenität erreicht.
Andererseits kann auf diesem homogenen Kernel aufbauend durchaus eine konventionelle,
heterogene Benutzer-Schnittstelle wie die UNIX-System-Call-Schnittstelle implementiert
werden.

Definition: Ein objektorientiertes Betriebssystem

Nachdem nun die Grundbegriffe des objektorientierten Programmdesigns auf die
Betriebssystem-Problematik angewendet worden sind, ist es an der Zeit, eine Definition
des Begriffs *objektorientiertes Betriebssystem* vorzunehmen. In der Literatur wurde dieser
Begriff für äusserst unterschiedliche Betriebssysteme verwendet. Das Spektrum reicht hier
von einem konventionellen, UNIX-ähnlichen Betriebssystem wie Apollo Domain/IX,
dessen single level store als objektorientiertes Filesystem bezeichnet wird bis hin zum
Smalltalk, dessen Betriebssystem-Komponenten sämtliche oben erwähnten Merkmale
objektorientierten Designs enthalten.

Vor der endgültigen Definition eines objektorientierten Betriebssystems soll nochmals ein
kurzer Exkurs in das Gebiet der objektorientierten Programmiersprachen unternommen
werden. Peter Wegner versucht in [Weg87] eine Klassifikation objektorientierter
Programmiersprachen. Dabei stellt er die Entwicklung von *objektbasierten* zu
objektorientierten Programmiersprachen (leicht modifiziert) folgendermassen dar (Fig.
2.4.):

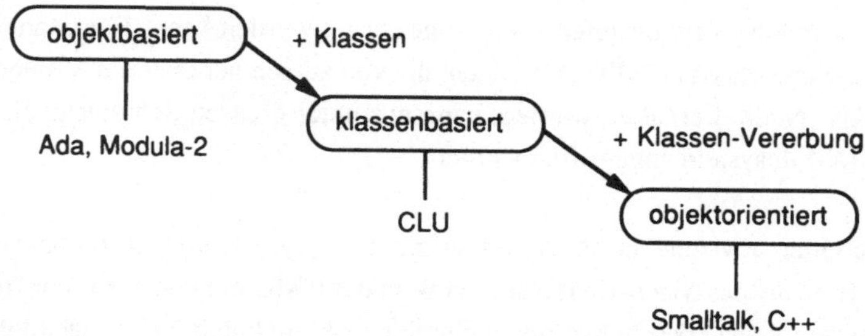

Fig. 2.4. Von objektbasierten zu objektorientierten Programmiersprachen

Auf eine einfache Formel gebracht ist für Wegner eine objektorientierte Sprache gleichzusetzen mit:

objektorientiert = Objekte + Klassen + Vererbung

Diese Formel soll nun auf die Betriebssystem-Ebene übertragen werden. Werden die obigen drei Begriffe auf Designkonzepte für ein Betriebssystem angewendet, resultiert folgende

Definition eines objektorientierten Betriebssystems:

1. Die Gliederung des Kernels auf der logischen Ebene erfolgt gemäss dem Prinzip der *Datenabstraktion*.

2. Die *Unabhängigkeit der einzelnen Objekte* ist gewährleistet.

3. Die Gliederung der Objekte erfolgt mit Hilfe des *Klassenkonzepts*.

4. Das Abarbeiten der Meldungen, die einem Objekt zugesendet werden, und das Erkennen der adäquaten Methode erfolgt gemäss dem *Vererbungsprinzip*.

5. Der innere Aufbau des Kernels und die Schnittstelle zum Benutzer bilden eine *homogene* Einheit.

6. Es muss möglich sein, zur Laufzeit den einzelnen Datentypen weitere Operationen zuzufügen (dynamic binding).

Die meisten von ihren Entwerfern als objektorientiert bezeichneten Betriebssysteme weisen die ersten beiden der obenstehenden fünf Eigenschaften auf; werden allerdings die beiden weiteren Merkmale objektorientierter Sprachen: *Vererbung* und *Kommunikation durch Meldungen* in die Definition objektorientierter Betriebssysteme miteinbezogen, so dürfen lediglich Smalltalk und Hypercard als wirklich objektorientierte Betriebssysteme bezeichnet werden. Systeme wie Mach [Acc86] oder Eden [Bla86], die die ersten drei Anforderungen zum grössten Teil erfüllen, können bei Berücksichtigung der beiden letzten Kriterien nicht als objektorientierte Betriebssysteme bezeichnet werden.

In Anlehnung an das Schema von Wegner kann für Betriebssysteme eine analoge Hierarchie aufgestellt werden (Fig. 2.5.):

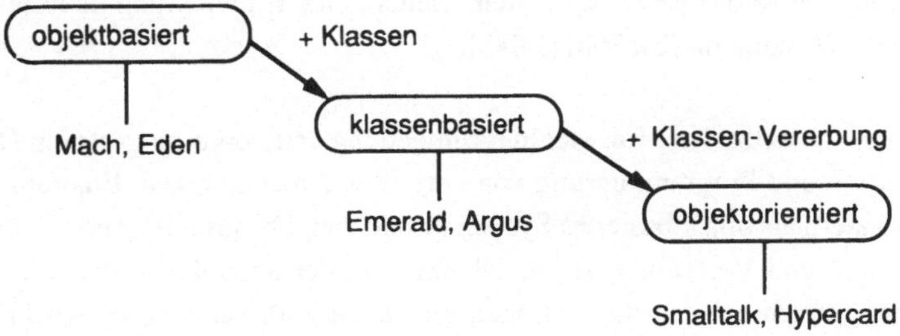

Fig. 2.5. Von objektbasierten zu objektorientierten Betriebssystemen

Überspitzt ausgedrückt können die obigen Betrachtungen in folgender Aussage zusammengefasst werden:

Es gibt keine objektorientierten Betriebssysteme ausser Smalltalk und Hypercard[2]

Zu dieser Feststellung können unmittelbar zwei Einwände vorgebracht werden, die ich aber gerade widerlegen möchte:

Einwand 1 (Zu eng gefasste Definition):
Die Definition ist viel zu eng gefasst, alle anderen Betriebssysteme, die von ihren Entwerfern als objektorientiert bezeichnet werden, fallen gemäss der obigen Definition nicht in diese Kategorie.

---

2 Zu den Betriebssystem-Aspekten von Hypercard siehe auch Fussnote beim Abschnitt "Vererbung (Inheritance)".

Antwort:

Die Entwerfer dieser Systeme haben nicht unterschieden zwischen den Begriffen *objektbasiert* und *objektorientiert*. Wesentlichstes Merkmal aller als *objektorientiert* bezeichneten Betriebssysteme ist die Datenabstraktion, die auf der durchgehenden Verwendung des Objektbegriffs basiert. Damit kann zwar eine weitgehendende Homogenität des Systems erreicht werden, die weiterführenden objektorientierten Begriffe wie *Klasse* und *Vererbung* wurden aber in diesen Systemen weitgehend vernachlässigt. Diese Systeme fallen damit in die Klasse der *objektbasierten* Betriebssysteme. Als Illustration möge etwa das *Emerald*-System dienen, eine Entwicklung neuester Zeit der Universität von Washington [Bla86b] [Jul88]:

Emerald ist eine objektbasierte Entwicklungsumgebung und vorgesehen als ein Hilfsmittel zur Konstruktion und Programmierung von verteilten Anwendungen. Emerald wird von seinen Entwicklern als objektbasiertes System bezeichnet. Die grundlegende Einheit in der Programmierung und Verteilung ist das Objekt, d.h. der abstrakte Datentyp. Innerhalb eines Objekts können mehrere Operationen gleichzeitig ablaufen. Dies wird durch den Emerald-Kernel ermöglicht, der dem UNIX aufliegt und über Leichtgewicht-Multitasking-Fähigkeiten verfügt. Die Typenprüfung erfolgt durch den Vergleich zwischen dem Objekt-Identifier-Typ und dem Typ des abstrakten Objektes. Diese beiden müssen *konform* sein, d.h. typenkompatibel. Die Konformität entspricht nicht dem Smalltalk-Klassenkonzept, denn konforme Objekte verfügen zwar über gemeinsame Schnittstellen, nicht aber über eine gemeinsame Objektdarstellung mit der Möglichkeit der Vererbung bzw. dem Überschreiben von Methoden, wie dies bei Smalltalk-Klassen der Fall ist.

Einwand 2 (Ein integriertes System ist kein Betriebssystem):
Smalltalk und Hypercard sind keine Betriebssysteme, sondern integrierte Systeme bzw. Programmentwicklungs-Umgebungen.

Antwort:

Die Forderung nach einer homogenen Schnittstelle zwischen Betriebssystem und Benutzer, mit der sämtliche Fähigkeiten des Computers dem Benutzer möglichst einfach zur Verfügung gestellt werden sollen, führt bei konsequenter Anwendung zur Forderung nach integrierten Systemen. Sowohl Smalltalk als auch Hypercard als Beispiele solch integrierter Systeme bieten einerseits Betriebssystem-Dienstleistungen, die direkt mit der Verwaltung der Hardware zu tun haben (Fileverwaltung, Prozessmanagement) und andererseits diejenigen Werkzeuge, die der Benutzer für die Verwendung des Computers als Programmentwicklungs-Umgebung vorzufinden wünscht. In dieser Hinsicht sind sie dem UNIX ähnlich, das einerseits aus dem Kernel, und andererseits aus einer Sammlung verschiedenster Werkzeuge und Tools zur Manipulation und Modifikation von Software besteht. Im Gegensatz allerdings zu UNIX sind bei Hypercard und Smalltalk diese Tools direkt in die Betriebssystem-Umgebung integriert, oder, anders formuliert, die Schnittstelle zum Betriebssystem ist in diese Tools eingebaut.

2.3.3 Anforderungen an das objektorientierte Betriebssystem

Im Rahmen einer kurzen Übersicht soll auf die Anforderungen eingegangen werden, die aufgrund der vorhergehenden Betrachtungen an ein verteiltes objektorientiertes Betriebssystem gestellt werden. Auf einzelne Schwerpunkte wird in den späteren Kapiteln noch ausführlicher eingegangen.

Objektorientierte Benutzerschnittstelle

Endziel des Betriebssystems von morgen sollte es sein, dem Benutzer eine Schnittstelle zur Verfügung zu stellen, mit der er nicht mehr zu spezifizieren braucht, **wie** etwas getan werden muss, sondern nur noch, **was** getan werden muss. Die Betriebssystem-Schnittstelle von morgen muss selber in der Lage sein, anhand des vom Benutzer angegebenen Endziels die passenden Operationen auszuführen. Modifikationen von Anwendungen sollen dem Benutzer ermöglicht werden durch Spezifikation des von ihm gewünschten Verhaltens. Der Benutzer soll vom (heute noch) unumgänglichen Wissen um den inneren Aufbau befreit werden, das nötig ist, um an einer Applikation Änderungen durchführen zu können.

Beste Voraussetzungen für ein solches System bietet ein vollkommen homogenes System wie Smalltalk, in dem Betriebssystem, Programmentwicklungsumgebung und Programmiersprache ein unteilbares Ganzes bilden. Smalltalk ist allerdings auch erst ein Schritt in die richtige Richtung, das Ziel ist noch lange nicht erreicht: Der Smalltalk-Benutzer kann zwar seine Umgebung sehr einfach seinen Erfordernissen anpassen, aber es wird von ihm ein eingehendes Verständnis der doch recht komplexen Umgebung erwartet. Auch geschehen diese Modifikationen zum grössten Teil, indem dem Computer gesagt wird, **wie** die Modifikationen durchzuführen sind und nicht durch Spezifikation der gewünschten Änderung.

Einen weiteren Schritt in diese Richtung hat Apple mit der Einführung des Hypertext-Systems Hypercard gemacht. Hier wird es dem Benutzer durch strikte Einhaltung objektorientierter Designgrundsätze sehr einfach gemacht, neue Anwendungen aus

Bestehenden zu bauen, wobei sämtliche Betriebssystem-Funktionen für den Benutzer möglichst transparent von Hypercard übernommen werden.

Automatische Prozess-Aktivation durch Statusänderung - Trigger

Ein für alle Arten von Anwendungen nützliches Konzept ist das *triggering*. Durch das Setzen eines *Triggers*, eines Auslösers, wird es einem Objekt ermöglicht, auf das Eintreten eines Ereignisses zu warten. Nach dem Eintreten des Ereignisses werden automatisch gewisse Aktionen ausgeführt. So kann z.B. in einer Datenbank auf das Absinken einer Anzahl von Artikeln unter einen Schwellwert gewartet werden, worauf vom System eine Bestellung für diesen Artikel aufgegeben wird.

Ein Betriebssystem kennt verschiedene Möglichkeiten, um auf ein externes Ereignis zu reagieren. Auf einen Tastendruck der Tastatur wird mit einem Hardware-Interrupt reagiert, der Aufruf eines UNIX-System-Calls löst einen Software-Interrupt (Trap) aus, es kann auch periodisch von einem dedizierten Prozess auf das Eintreten eines Ereignisses abgefragt werden, das letztere Verfahren wird als *polling* bezeichnet. Das Einbetten eines solchen Mechanismus ins Betriebssystem, in dem auf das Eintreten nicht nur weniger vorbestimmter Signale wie z.B. bei UNIX, sondern auf das Eintreten beliebiger, vom Benutzer definierter Ereignisse gewartet werden kann, ist ein für verschiedenste Anwendungen hilfreicher Mechanismus. Das schon weiter oben erwähnte Hypercard bietet ansatzweise einen solchen Mechanismus auf der logischen (Sprach-) Ebene an, indem auf das Zusenden einer Methode hin (Auslösen eines Events) (z.B on MouseUp, nach Maus-Klick) vom Anwender spezifizierte Aktionen ausgeführt werden.

Objektbasierte Erzwingung von Datenintegrität und Konsistenz

Um Konsistenzbedingungen zwischen den Objekten bei einer Verletzung automatisch restaurieren zu können, sollten diese explizit festgehalten werden können. Falls der Benutzer sich nicht an diese Bedingungen hält, werden dann vom System ausgelöst automatisch die notwendigen Korrekturmassnahmen ergriffen. (Z.B. Verhinderung des Editierens eines Binärfiles in einem Texteditor.) Um die Korrekturaktionen bei einer Verletzung der Konsistenzbedingungen auszulösen, ist der oben beschriebene Trigger-Mechanismus sehr gut geeignet, indem ein Trigger gesetzt wird, der bei Eintritt der Bedingung die entsprechende Korrekturaktion auslöst.

Ein anderer Ansatz, der sich hier sehr gut verwenden lässt, ist die Verwendung von *Constraints* [Bor86]. Ein Constraint ist eine Bedingung, auf deren Verletzung vom System gewartet wird. Wird der Constraint verletzt, werden vom Benutzer oder vom System spezifizierte Korrekturoperationen ausgeführt. Die einzuhaltenden Konsistenzbedingungen können nun in solche Constraints gekleidet und die nötigen Korrekturaktionen vom Systemdesigner spezifiziert werden.

Direkter Zugriff auf geteilte Daten

Ich möchte hierzu einleitend J.C. Browne aus [Bro88] zitieren:

"Programs with object-oriented structures are not likely to run efficiently on old-style systems. The current model that includes separate operating systems and database programs may have to be replaced by execution models that depend more on the nature of the application."[3]

Dieses Zitat liefert ein weiteres Argument für die integrierten Systeme und damit auch für eine einheitliche und homogene Benutzerschnittstelle. Falls die Datenbank-Schnittstelle in die Betriebssystem-Schnittstelle (auf einer hohen Ebene) eingebettet ist, resultiert eine höhere Durchlässigkeit der Daten, indem sowohl direkt aus dem Betriebssystem einfacher auf Datenbank-Daten als auch von der Datenbank her einfacher auf unformatierte Betriebssystem-Daten (Files) zugegriffen werden kann. So ist es dann z.B. möglich, Informationen assoziativ aus Datenbeständen aufzufinden oder aus verschiedenen Anwendungen direkt auf strukturierte Objekte zuzugreifen.

Ein positives Beispiel hierzu liefert das Hypercard, wo auf Cards als grundlegende Informationseinheit direkt von verschiedenen Stacks (und damit auch von verschiedenen Anwendungen her) zugegriffen werden kann. In einem konventionellen Betriebssystem wie dem UNIX ist das nicht der Fall. Falls z.B. die ankommende Mail vom Mailsystem in ein Mail-eigenes Filesystem abgelegt wird, kann nur unter grossem Aufwand vom Betriebssystem her auf diese Daten zugegriffen werden.

---

[3]In dieser Formulierung scheint mir die Aussage übertrieben zu sein, da es objektorientierte Applikationen (z.B. Hypermedia-Systeme) gibt, die effizienten Gebrauch von konventionellen Betriebssystemen machen. Für spezielle Datenbank-Objekte wie z.B. persistente Objekte trifft die Aussage aber zweifellos zu.

Implementation des Prototypen

Ein integriertes System ermöglicht dem Systemdesigner sehr gute Prototyping-möglichkeiten, indem Änderungen auf Betriebssystem-Ebene vorerst auf Benutzerebene simuliert werden können. Ein ideales Testbett hierzu liefert sicher Smalltalk. Im Prinzip lässt sich aber jeder Interpreter mit einer Laufzeitunterstützung verwenden, wobei dann der Prototyp als Anwendung auf dem unterliegenden Betriebssystem implementiert werden kann. Die Implementation kann z.B. in Lisp erfolgen, so dass der Kommandointerpreter in Form von Makros in die Lisp-Umgebung eingebettet wird.

Durch die Verwendung der objektorientierten Designprinzipien wird eine möglichst frühe experimentelle Benützung des Prototypen (→rapid prototyping) ermöglicht. Auch kann eine Kombination von Top-Down- und Bottom-Up-Entwurfsmethoden verwendet werden, indem nach der Fixierung der Grobziele einzelne Änderungen schrittweise in die bestehende Umgebung eingebaut und getestet werden können.

2.4 Problematik der Verteilung eines objektorientierten Betriebssystems

In diesem Abschnitt sollen die Probleme untersucht werden, die bei der Verteilung eines objektorientierten Betriebssystems über mehrere Maschinen entstehen. Paradebeispiel eines objektorientierten Systems ist Smalltalk, das aber in seiner ursprünglichen Form ein ausgesprochenes Single-User-Single-Host-System ist. Da der Trend der Entwicklung heute ja eindeutig in Richtung von miteinander vernetzte Workstations mit einheitlicher (homogener) Benutzerschnittstelle geht, wird an verschiedenen Orten an einer verteilten Version von Smalltalk gearbeitet. Die Untersuchung ist allerdings nicht auf Smalltalk-spezifische Probleme beschränkt, sondern es sollen allgemein die Probleme betrachtet werden, die sich bei der Verteilung von Betriebssystemen ergeben, die gemäss der Definition am Ende des vorhergehenden Kapitels als objektorientiert aufgefasst werden können.

Kommunikation der Objekte durch Meldungen

Das Kommunikationsschema, das zur Kommunikation zwischen auf verschiedenen Maschinen lokalisierten Objekten Verwendung findet, entspricht dem Remote-Procedure-Call-Modell (RPC), so wie es in [Bir84] für konventionelle (prozedurale) Programme definiert wurde. Im wesentlichen handelt es sich um ein *blockierendes Senden* eines Objekts, das nach dem Absenden einer Botschaft auf die Antwort des Empfängers wartet: Der Empfänger führt die aufgerufene Operation aus und schickt dem Sender die Resultatmeldung zurück, der daraufhin seine Aktionen weiterführt. Die Abbildung der entfernt gespeicherten Objekte in den lokalen Adressraum eines Objekts kann z.B. mit Hilfe von sogenannten Proxy-Objekten [McC87] gemäss der folgenden Abbildung (Fig. 2.6.) geschehen:

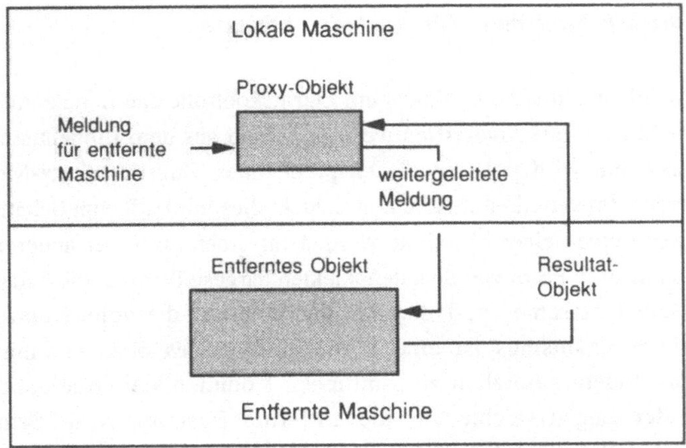

Fig. 2.6. Kommunikation mit Hilfe von Proxy-Objekten

Ein Proxy-Objekt repräsentiert im lokalen Adressraum des aufrufenden Objektes das sich auf der anderen Maschine befindende Objekt. Sämtliche Kommunikationsaufgaben wie Herstellen einer Verbindung zur anderen Maschine, Übersetzung von logischer zu physikalischer Adresse des Objekts, etc. werden für das aufrufende Objekt transparent vom Proxy-Objekt übernommen. Die Proxy-Objekte entsprechen im in [Bir84] definierten RPC-Modell den Stub-Prozessen, die, für den Anwender transparent, die lokale Prozedur-Aufruf-Semantik auch über mehrere Maschinen anbieten.

Bestimmung des Ortes eines Objektes

Um ein effizientes Programm zu schreiben, dürfen häufig miteinander agierende Objekte nicht über mehrere Maschinen verteilt werden. Deshalb muss eine Möglichkeit vorgesehen werden, zusammengehörenden Objekte zu kennzeichnen. In Sloop [Luc87] wird dieser Forderung durch die Aufteilung des virtuellen Objektraumes (globaler Adressraum) in sogenannte *Domain*-Objekte entsprochen. Zusammengehörende Objekte können im gleichen Domain angesiedelt werden und so auf dem gleichen Prozessor zur Ausführung gelangen. Um eine befriedigende Mobilität der Objekte zu gewährleisten, besteht die Möglichkeit, Objekte von einem Domain in den anderen zu bewegen.

Zugriffsschutz-Mechanismen für verteilte Objekte

Single-User-Smalltalk kümmert sich nicht um Zutrittskontrolle und Benutzeridentifikation. Auf jedes Objekt kann frei zugegriffen werden. Sobald aus dem Einbenutzersystem ein Mehrbenutzersystem wird, müssen die ensprechenden Zugriffsschutz-Mechanismen angeboten werden. Im verteilten Smalltalk geschieht dies mit Hilfe von Schattenobjekten: Die lokalen Ressourcen einer Maschine werden für einen auf einer anderen Maschine arbeitenden Benutzer in Form von Schattenobjekten dargestellt. Über die Schattenobjekte, die sich auf seiner Maschine befinden, hat der Benutzer die volle Kontrolle. Dieser Schattenobjekt-Mechanismus ist eine Weiterführung des oben erwähnten Proxy-Objektschemas, indem zusätzlich zu sämtlichen Kommunikationsaufgaben auch die Speicherung der Zugriffsrechte auf die entfernte Resource vom Schattenobjekt übernommen wird. So ist es z.B. möglich, dass ein lokal arbeitender Benutzer über einen Teil eines Bildschirms einer anderen Maschine die Kontrolle hat und dem anderen Benutzer auf diesem Bildschirmteil (window) jederzeit Botschaften zukommen lassen kann.

Parallelisierung mit verteilten Objekten

Die verteilten Objekte eines netzwerkweiten virtuellen Objektraumes können verwendet werden, um ein rechenintensives Programm auf mehrere Prozessoren zu verteilen. Grösstes Problem bei der feinkörnigen Parallelisierung eines Programms ist die gegenseitige Kommunikation und Synchronisation der auf verschiedenen Prozessoren ablaufenden Programmteile bzw. Prozesse. Dieses Problem kann auf elegante Weise gelöst werden, indem der Kommunikationsmechanismus als verteiltes Objekt aufgefasst wird.

Das Kommunikationsproblem wird auf diese Weise von einem Synchronisationsproblem in das (einfachere) Problem der Konsistenzerhaltung eines verteilten Objekts umgewandelt.

Der netzwerkweite virtuelle Objektraum

Der Begriff des netzwerkweiten virtuellen Objektraums wurde von den Entwicklern des *Sloop*-Systems bei AT&T geprägt [Luc87]. In einem virtuellen Objektraum, der sich über mehrere Maschinen erstrecken kann, arbeiten verschiedene Objekte zusammen, um ein gemeinsames Ziel zu erreichen. Die einzelnen Objekte können ebenfalls verteilt sein, d.h. die Bestandteile der Objekte können sich auf verschiedenen Maschinen befinden. Der verwandte Begriff des netzwerkweiten virtuellen Adressraums (shared memory) taucht z.B. ebenfalls bei den Designern des Mach-Betriebssystems auf.

Netzwerkweite Garbage Collection

Hier geht es um das Nachführen des Referenzzählers (reference count) eines Objekts über mehrere Maschinen. Das Problem liegt im Erkennen von gegenseitigen zyklischen Querverweisen über mehrere Maschinen, die ins Leere zeigen, so dass die betreffenden Objekte aus dem Speicher gelöscht werden könnten.

Replizierte Objekte

Replizierte Objekte sind mehr als replizierte Daten, da sie im Gegensatz zu blossen Daten über einen internen Status verfügen. Deshalb sind sie schwieriger konsistent zu halten als replizierte Daten.

Netzwerkweite Erstreckung des Vererbungsmechanismus

Die ganze Problematik, die in den obigen Abschnitten beschrieben wurde, wird noch um ein Vielfaches komplizierter, falls auch eine Verteilung der Klassenhierarchie über mehrere Maschinen zugelassen wird. Bis jetzt wurden ausschliesslich Probleme behandelt, die entstehen, falls der virtuelle Objektraum sich über mehrere Maschinen erstreckt. Ist nun aber die Definition der Darstellungsform der Objekte (Klasse) wie z.B. bei Smalltalk von den Objekten (Instanzen) getrennt, entstehen bei einer Verteilung der Klassenhierarchie bei der Migration eines Objektes von einer Maschine zur anderen zusätzliche Probleme:

Unter Umständen unterscheiden sich die Spezifikationen eines Objektes (dies entspricht der Klassendefinition einer Instanz einer Klasse) auf verschiedenen Maschinen geringfügig voneinander. Bevor nun eine Instanz einer Klasse von einer Maschine zur anderen übertragen werden kann, muss die Kompatibilität der Klassendefinition auf den beiden Maschinen überprüft werden. Es können verschiedene Fälle auftreten:

- Ist die Klassendefinition auf der Zielmaschine noch nicht vorhanden, muss sie zusammen mit dem Objekt auf die Zielmaschine kopiert werden.

- Falls die Klassendefinitionen auf Ursprungs- und Zielmaschine unterschiedlich sind, muss entweder

    - eine Klassendefinition zur Meisterkopie erklärt und die andere entsprechend angepasst werden

    - die Objektstruktur der Instanz der Klassendefinition der Zielmaschine angepasst werden

    - die Übertragung des Objekts mit einer Fehlermeldung abgebrochen werden.

Bei einem zwar objektbasiert strukturierten, aber mit konventionellen Programmiermethoden implementierten Betriebssystem wie z.B. Mach treten solche Probleme nicht auf, da die Beschreibung der Darstellungsform des Objektes im Objekt selber enthalten ist. Bei der Implementation von *Distributed Smalltalk*, wo diese Probleme auftreten, wurden verschiedene Ansätze geprüft:

- Verbiete die Trennung zwischen Klassendefinition und einzelner Instanz. (Damit würde das Problem der Konsistenzerhaltung und Kompatibilitätserhaltung der Klassen radikal gelöst.)

- Mache die Klassen unveränderbar und gestatte nur Änderung von Subklassen.

- Speichere Kopien der Masterkopie einer Klasse auf allen Maschinen.

- Der *ClassPointer* eines Objekts zeigt immer auf die Klasse zurück, unabhängig vom Speicherort, d.h. es gibt nur eine Klassendefinition (auf einer Maschine) im Netzwerk.

Aufgrund der oben erwähnten Schwierigkeiten scheint der Klassenmechanismus für die Verteilung nicht besonders geeignet zu sein. Es ist einfacher, eine feste Klassenhierarchie vorzugeben, an der nur lokale Modifikationen vorgenommen werden dürfen. Global migrationsfähige Objekte müssen Instanzen der fest vorgegebenen Klassenhierarchie sein.

2.5 Verteilte Datenbanken versus verteilte Betriebssysteme

Die heutigen Betriebssysteme wie z. B. UNIX entstanden aus dem Wunsch der Benutzer nach direkter Interaktion mit dem Computer (Timesharing-Betrieb). Eine immer wichtiger werdende Anwendungsklasse, die von den heutigen Betriebssystemen, seien sie nun zentral oder verteilt, sehr mangelhaft unterstützt wird, sind die verteilten Datenbanken. Es gibt Autoren wie z.B. [Bal87], die die Charakteristiken der nächsten Betriebssystem-Generation von den Anforderungen der verteilten Datenbanken abhängig machen.

Bis heute befindet sich trotz der seit langem existierenden theoretischen Basis noch kein erfolgreiches verteiltes Datenbank-System auf dem Markt. Dies, obwohl verteilte Datenbank-Systeme bekanntermassen gegenüber dem zentralistischen Modell viele Vorteile aufweisen. Ein Grund für diese Tatsache liegt sicher in der ungenügenden Unterstützung der verteilten Datenbanken durch die heutigen Betriebssysteme.

Als Motivation für die folgenden Überlegungen wird in einem einleitenden ersten Teil das Bedürfnisprofil für verteilte Datenbanken aufgezeichnet. Was nun genau die Anforderungen sind, die eine verteilte Datenbank an das Betriebssystem stellt, soll in einem zweiten Teil untersucht werden. In einem dritten Teil werden die Schlussfolgerungen betrachtet, die aus der schon weiter fortgeschrittenen Forschung im Gebiet der verteilten Datenbanken für die Entwicklung verteilter Betriebssysteme gezogen werden können. In einem vierten Teil wird näher auf die objektorientierten Datenbanken eingegangen.

2.5.1 Weshalb brauchen wir verteilte Datenbanken

Ceri zählt in seinem Buch [Cer84] folgende Gründe als Motivation für ein verteiltes Datenbank-System auf:

- *Organisatorische und ökonomische Überlegungen*
  Ein verteiltes Datenbank-System ist einer dezentralen Unternehmensstruktur angepasst. Die lokalen Daten befinden sich beim Benutzer und nicht in einem zentralen Rechenzentrum, wo sie nur unter erschwerten Bedingungen zugänglich sind.

- *Verbindung existierender Datenbank-Systeme*
  Oftmals sind Datenbestände aus einer dezentralisierten Unternehmensstruktur heraus an verschiedenen Orten verteilt dynamisch gewachsen. Im Rahmen der immer besser werdenden Telekommunikationsmittel taucht der Wunsch nach einem Verbund dieser Daten auf. Dies einerseits deshalb, um eventuell inkonsistente Daten in einen konsistenten Zustand zu bringen, andererseits aber auch einfach um von überall her direkten Zugriff auf die an verschiedenen Orten gespeicherten Daten zu haben.

- *Inkrementelles Wachstum*
  Im Gegensatz zu einem zentralisierten System ist ein dezentralisiert aufgebautes System einfacher erweiterbar. So ist es möglich, mit einem kleinen System zu beginnen und den Erfordernissen angepasst, dort wo es nötig ist, das System durch Zufügen weiterer Komponenten schrittweise zu vergrössern. In einem zentralen System ist dieser schrittweise Ausbau nur unter grossen Schwierigkeiten durchführbar oder sogar unmöglich, was zur Folge hat, dass bei gestiegenen Bedürfnissen unter Umständen von Grund auf mit einem grösseren System begonnen werden muss.

- *Reduzierter Kommunikations-Overhead*
  Indem die Daten zum Benutzer gebracht werden, wird es überflüssig, über grosse Distanzen Abfragen auf die zentrale Datenbank zu machen.

- *Leistung (performance)*
  Die (parallele) Vervielfachung der Rechenleistung erfolgt an der Stelle, wo sie wirklich benötigt wird. Weil die lokalen Daten nur vom lokalen Benutzer abgefragt werden, braucht dieser sich die CPU-Leistung der Abfragemaschine nicht mit anderen (entfernten) Benutzern zu teilen. Auch wird das Kommunikations-Netzwerk nicht zusätzlich belastet.

- *Zuverlässigkeit und Verfügbarkeit*
  Bei einem zentralen System ist der Ausfall einer Komponente mit dem Ausfall des ganzen Systems gleichzusetzen. Im Gegensatz dazu ist bei einer verteilten Datenbank beim Ausfall einer Komponente das restliche System (unter Umständen die ganze Datenbank) weiterhin mit allenfalls verschlechterter Leistung abfragebereit (graceful degradation).

Bei der Betrachtung der obigen sechs Punkte fällt auf, dass nur überall der Begriff *verteilte Datenbanken* durch *verteilte Betriebssysteme* ersetzt werden muss, um eine Motivation für die Verteilung eines Betriebssystems zu erhalten. Offensichtlich haben also verteilte Betriebssysteme und verteilte Datenbanken sehr viel miteinander zu tun. Diese Zusammenhänge aufzuzeigen ist Aufgabe der nächsten zwei Subkapitel.

2.5.2 Anforderungen durch verteilte Datenbanken ans Betriebssystem

In diesem Abschnitt soll der Frage nachgegangen werden, wie die Entwerfer von verteilten Datenbanken durch ins Betriebssystem eingebettete Hilfsmittel in ihrer Aufgabe unterstützt werden können. Oftmals ist es ja nötig, gewisse Betriebssystem-Dienste auf der Datenbank-Ebene von neuem zu implementieren. So wurde z.B. bei einer Version von Ingres [Sto86] das Filesystem für die Datenbank neu implementiert und anstelle des UNIX-Multitasking-Systems ein neuer Leichtgewicht-Prozessmechanismus in die Datenbank eingebaut. Stonebraker stellt hier die Forderung, dass das Datenbank-System *Filesystem*, *Scheduler* und *Interprozesskommunikations-Mechanismen* vom Betriebssystem übernehmen können sollte, was eine effiziente Implementation dieser Dienste auf Betriebssysstem-Ebene voraussetzt.

Erkenntnisse aus Ingres

Im folgenden werden die einzelnen Schwachstellen aufgelistet, auf die die Ingres-Entwerfer bei der Verwendung von UNIX als Basis für ihre Datenbank gestossen sind.

* *Keine Concurrency-Control-Mechanismen*:
  Die von UNIX zur Verfügung gestellten Betriebssystem-Synchronisations-mechanismen sind nicht ausreichend, um den Zugriff auf gemeinsame kritische Bereiche zu synchronisieren.

* *Keine Crash-Recovery-Mechanismen für das Filesystem*:
  Ist eine Maschine zusammengebrochen, wird das Filesystem nicht automatisch wieder in einen konsistenten Zustand gebracht.

* *Leistung des Filesystems zu schlecht*:
  Die sequentielle Struktur des UNIX-Filesystems mit seinen mehrfach verketteten Blöcken ergibt für Direktzugriffe auf sehr grosse Files eine für eine Datenbank ungenügende Zugriffszeit.

- *Prozessorleistung für CPU-intensive Abfragen* (Queries):
  Stonebraker schlägt hier die Verwendung einer speziellen Hardware-Architektur
  vor, indem die Abfragen parallelisiert und auf mehreren Prozessoren gleichzeitig
  abgearbeitet werden. (Zur Parallelisierung von Datenbank-Abfragen siehe z.B.
  [Gro88].)

- *Buffer-Management*:
  Der Diskzugriff über den Buffer-Cache ist für Datenbank-Zugriffe ungünstig, weil
  die spezielle Struktur der Datenbank-Files beim read ahead des Buffer-Caches nicht
  berücksichtigt wird. Das zweimalige Umkopieren aller Daten im Hauptspeicher
  vom Kernelbereich in den Benutzerbereich setzt den Datendurchsatz weiter hinab.

- *Asynchrone Ein/Ausgabe zum Disk*:
  Beim Schreiben grosser Datenmengen auf Disk sollte die Kontrolle an den
  schreibenden Prozess zurückgegeben werden können, bevor alle Daten auf den
  Disk geschrieben worden sind (noch während des Schreibens).

- *Leichtgewicht-Multitasking*:
  Wie schon mehrmals erwähnt, ist der UNIX-Multitasking-Mechanismus für
  Datenbank-Anwendungen zu schwerfällig. Deshalb muss Leichtgewicht-
  Multitasking in irgend einer Form angeboten werden.

Replikation

In der Implementationstechnik verteilter Datenbanken ist Replikation einzelner Datenbank-
Teile und Speicherung an geographisch verschiedenen Orten eines der wichtigsten
Hilfsmittel zur Gewährleistung befriedigender Leistung, Zuverlässigkeit und
Verfügbarkeit. Solange die replizierten Kopien nur gelesen und nicht beschrieben werden,
lässt sich die Konsistenzerhaltung dieser Daten mit verhältnismässig einfachen Mitteln
erreichen, indem mit einem zentral gesteuerten Update die einzelnen Kopien wieder auf den
neuesten Stand gebracht werden. Wird allerdings das Beschreiben der einzelnen Kopien
zugelassen, ist es sehr schwierig, einen konsistenten Gesamtzustand der Daten zu
erreichen. Ein verteiltes Betriebssystem, das die Replikation einzelner Objekte (Files)
gestattet, wie dies z.B. beim Locus [Pop85] der Fall ist, nimmt dem Datenbank-Entwerfer
einen Teil der Implementierungsarbeit ab.

Was die Replikation sicher unterstützt, ist ein *netzwerkweit simuliertes shared memory*.
Dieses kann zum Beispiel verwendet werden, um die Lock-Tabelle global zugänglich zu
machen. Als weitere Anwendung könnte das Intention-Log des Commit-Protokolls

[Ber87] direkt in diesem shared memory geführt werden, um die Interprozess-kommunikation weiter zu vereinfachen.

Verteilte Transaktionen

Das Konzept der Transaktion hat sich als Mittel des konsistenzerhaltenden Datenzugriffs durchgesetzt. Von einer Transaktion werden folgende Eigenschaften verlangt [Ber87]:

- *Atomizität:* Die Transaktion wird entweder vollständig ausgeführt oder es wird der Ursprungszustand der Daten wieder hergestellt.

- *Serialisierbarkeit:* Falls mehrere Transaktionen gleichzeitig ausgeführt werden, wird das gleiche Resultat erreicht, wie wenn sie sequentiell ausgeführt werden.

- *Beständigkeit:* Falls eine Transaktion erfolgreich zu Ende geführt wird, bleibt das Resultat permant.

- *Isolation:* Eine Transaktion, die noch nicht bestätigt (*"committed"*) ist, hat keinen Einfluss auf andere Transaktionen.

Um den Zugriff auf Daten zu synchronisieren, wird meistens das *Two-Phase-Locking-*Protokoll verwendet [Ber87]. (In einer ersten Phase werden sämtliche benötigten Ressourcen mit einem Lock versehen, ist der erste Lock freigegeben worden, dürfen keine neuen Ressourcen mehr gesperrt werden.) Um die Konsistenz des Zugriffs zu gewährleisten, werden sämtliche Modifikationen einer Transaktion an Daten erst in einer letzten Phase endgültig bestätigt, häufigstes Protokoll hierzu ist das *Two-Phase-Commit-*Protokoll [Ber81].

Das Transaktionskonzept ist in die Betriebssystem-Schnittstelle der heutigen Betriebssysteme meist nicht integriert. Ein grosser Teil des Aufwands einer Implementierung einer Datenbank gilt der möglichst effizienten Implementierung verteilter Transaktionen. Diese Problematik wurde auf der Betriebssystem-Seite erkannt, so dass viele der sich noch in der experimentellen Phase befindenden Betriebssysteme das Transaktionskonzept ins Betriebssystem integriert haben [Cab87] [Lis87].

Bestimmung des globalen Status

Für die Anwendung vieler Datenbank-Algorithmen wird die Kenntnis des globalen Status benötigt. So muss z.B. die Zahl der aktiven, sich gerade am Netz befindenden Knoten (Rechner) für die Anwendung des Two-Phase-Commit-Protokolls bekannt sein. Solch globale Statusinformationen sind sehr schwer zu erhalten und noch schwieriger immer auf dem neuesten Stand zu halten. Auf Benutzerebene eingebaute Status-Server sind meist ineffizient und schwer wirklich fehlerfrei zu implementieren. Ein auf Betriebssystem-Ebene eingebauter Status-Server hat zur Erfüllung seiner Aufgaben die besseren Voraussetzungen, da er direkten Zugang zu den Ressourcen und zum Netzwerk hat.

Die einfachste Lösung dieses Problems wäre allerdings der Verzicht auf statusbehaftete Algorithmen. (Ein Ansatz hierzu bietet beispielsweise NFS, das als statusloses Filesystem spezifiziert worden ist [San86].) Ein Beispiel eines solchen statuslosen Algorithmus wird im letzten Kapitel dieses Buches beschrieben. Die meisten der im Gebiet *verteilte Datenbanken* entwickelten Algorithmen bauen allerdings auf globalen Statusinformationen auf, so dass ein vollständig statusloses System nur unter grössten Schwierigkeiten realisiert werden könnte.

Transparenz in heterogenen Umgebungen

In einer heterogenen Umgebung, die aus unterschiedlicher Hardware zusammengesetzt ist, kann das Betriebssystem dabei helfen, diese Heterogenität für den Datenbank-Designer zu verbergen. Dabei sind im besonderen zwei Schwerpunkte zu beachten:

*   *Datenbank-Administration:*
    Falls das Betriebssystem geeignete Administrationsmechanismen bzw. -Tools zu Verfügung stellt, können diese Mechanismen für die Verwaltung der Datenbank direkt übernommen oder den geänderten Bedürfnissen allenfalls noch angepasst werden.

*   *Unterschiedliches Datenformat:*
    Auf Maschinen mit unterschiedlicher Hardware-Architektur wird der gleiche Datentyp unter Umständen verschieden dargestellt. Durch Implementation eines kanonischen Netzwerkformats oder einer automatischen Datenkonversion auf das maschinenspezifische Datenformat wird dem Datenbank-Implementator diese Aufgabe abgenommen.

2.5.3 Anwendung von Resultaten aus der Datenbank-Theorie

Die Synchronisationsalgorithmen für verteilte Systeme wurden alle im Kontext verteilter Datenbanken entwickelt. Begriffe wie *two phase locking*, *two phase commit* oder *atomare Transaktion* wurden in der Forschung für verteilte Datenbanken geprägt. Wie schon weiter oben erklärt wurde, lassen sich diese Resultate häufig direkt für verteilte Betriebssysteme anwenden.

Implementierung verteilter Transaktionen

Der Begriff der atomaren Transaktion wird vor allem bei der Implementation fehlerresistenter Betriebssysteme häufig verwendet. Systeme wie Argus [Lis87], Emerald [Bla86b] oder Quicksilver [Cab87] bauen auf diesem Begriff auf. Die Verwendung des Transaktionsbegriffs reicht weit über klassische Datenbank-Anwendungen hinaus. Transaktionen können beispielsweise verwendet werden, um Zugriffe auf kritische Metadaten (z.B. Betriebssystem-Informationen über das Filesystem) absturzsicher zu gestalten.

Es gibt in neuester Zeit Ansätze, die das ganze Betriebssystem um einen zentralen (oder über alle Maschinen verteilten) Transaktionsmanager herum aufbauen. Der Betriebssystem-Designer muss sich so nicht mehr um Statusprobleme beim Absturz einzelner Maschinen innerhalb des Netzwerks kümmern, da die Ausführung der ganzen Operation bzw. das Zurücksetzen auf den vorherigen, konsistenten Zustand vom System (dem Transaktionsmanager) gewährleistet wird. (In Quicksilver werden z.B. sämtliche Filezugriffe in Transaktionen eingekleidet.) Der Transaktionsmanager kann aber auch verwendet werden, um Anwendungen auf Benutzerebene absturzsicher zu machen. Ein Print-Server zum Beispiel kann einen einzelnen Print-Job als Transaktion auffassen. Dies enthebt den Entwerfer des Print-Servers der Aufgabe, die verschiedenen Abbruchmöglichkeiten während der Ausführung eines Print-Jobs explizit vorauszusehen und in das Design des Print-Servers mit aufzunehmen.

Der netzwerkweite Adressraum

Ein Konzept, das sich für viele Anwendungen bewährt hat, ist der auf Betriebssystem-Ebene implementierte Begriff des *shared memory*, d.h. von Hauptspeicherbereichen, die

von mehreren Prozessen gleichzeitig gelesen und beschrieben werden können. Gerade für
Anwendungen, die auf der engen Zusammenarbeit mehrerer Prozesse beruhen, ist das
Konzept des shared memory dem *Message-Passing*-Konzept, also der
Interprozesskommunikation mit Meldungen, überlegen. Im Falle eines Single-Host-
Betriebssystems liegt die Realisation dieses Konzepts auf der Hand, die Ausweitung der
Idee auf verteilte Betriebssysteme allerdings stellt eine Menge technischer Probleme.

Die Implementation dieses gemeinsamen virtuellen Hauptspeicherbereichs geschieht in
Form eines replizierten gemeinsamen Adressraums. Die Konsistenzerhaltung dieses
Adressraums bereitet grosse Schwierigkeiten. Bei Mach [Acc86] geschieht dies mit Hilfe
eines dedizierten Prozesses, der für sämtliche Zugriffe auf diesen Speicherbereich
zuständig ist und den Zugang mehrerer schreibwilliger Prozesse auf den gemeinsamen
Adressraum synchronisiert. Die zugrundeliegenden Algorithmen um die Konsistenz dieser
replizierten Kopien zu gewährleisten wurden im Kontext der verteilten Datenbanken
entwickelt. Sie lassen sich aber zur Lösung dieses Betriebssystem-Problems direkt
übernehmen. Ein auf Betriebssystem-Ebene implementierter netzwerkweiter Adressraum
andererseits ist, wie schon weiter oben gesagt, ebenfalls sehr nützlich zur Datenbank-
Implementation, so dass der Kreis wieder geschlossen ist:

*Viele Resultate aus der Forschung um die verteilten Datenbanken können direkt zur
effizienteren Implementation verteilter Betriebssysteme übernommen werden. Diese
effizienteren und erweiterten verteilten Betriebsystem wiederum erleichtern den Datenbank-
Entwerfern die Implementation verteilter Datenbanken.*

2.5.4 Objektorientierte Datenbanken

Im Umfeld der objektorientierten Sprachen und Programmentwicklungssysteme wurde
bald einmal die Mächtigkeit dieses Konzepts auch für Datenbank-Anwendungen erkannt.
In der logischen Struktur einer Datenbank wird unterschieden zwischen

- Hierarchischen Datenbanken

- Netzwerk-Datenbanken

- Relationalen Datenbanken

- Objektorientierten Datenbanken.

Für die Verteilung einer Datenbank scheint sich das relationale Modell am besten zu eignen
[Cer84]. Die Entwicklung objektorientierter Datenbanken steckt noch in den Anfängen,

doch scheinen solche Systeme einige vielversprechende Ansätze auch für die Verteilung zu bieten. Grundlegende Idee der objektorientierten Datenbanken ist die Modellierung von Objekten der tatsächlichen Welt in der Datenbank mit Hilfe der Datenbank-Objekte. Damit kann die semantische Lücke weiter verringert werden, die sich im Verlauf der Enwicklung von hierarchischen bis zu relationalen Datenbanken bereits verkleinert hat. Objektorientierte Datenbanken unterscheiden sich vom relationalen Modell in folgenden Punkten [Smi87]:

- Im Gegensatz zum relationalen Modell, bei dem die Interaktion zwischen den einzelnen Modulen gering ist (Join-Operation), ist beim objektorientierten Modell eine grössere Flexibilität im gegenseitigen Zugriff zwischen verschiedenen Modulen (Objekten) gegeben.

- Durch Verwendung des Klassenkonzeptes ist es sehr einfach, neue Typen aus schon Bestehenden abzuleiten.

- Datenabstraktion: Es ist möglich, an der Implementation einer Datenbank Änderungen vorzunehmen, ohne dass dadurch Änderungen an der Typendefinition (Klassendefinition) der Datenbank nötig werden.

- Objekte sind selber aktiv: Auf einem Objekt mögliche Methoden werden zusammen mit dem Objekt gespeichert.

- Die Daten müssen nicht explizit in den virtuellen Hauptspeicher kopiert werden, sondern die Objektmanipulation erfolgt direkt auf der logischen Ebene, wo man sich nicht um die Persistenz des Objektes kümmern muss.

- Es erfolgt eine automatische Typenprüfung zur Laufzeit aufgrund des *späten Bindens (late binding)*.

- Im Gegensatz zu relationalen Systemen ist bei einem objektorientierten Datenbank-System eine Übereinstimmung der Datentypen zwischen Datenbank und Applikation gewährleistet, dies deshalb, weil die objektorientierten Systeme meist direkt ins Programmentwicklungssystem eingebettet sind.

Integration einer Datenbank in ein objektorientiertes System

Am Beispiel der objektorientierten Datenbank *GemStone* [Mai87] soll gezeigt werden, wie eine Datenbank in ein objektorientiertes System (Smalltalk) eingebettet werden kann.

Der objektorientierte Ansatz ist gut geeignet zur Modellierung von Elementen der tatsächlichen Welt. Eine Entität kann als **ein** Objekt modelliert werden und nicht als ein bis mehrere Tupel in verschiedenen Relationen. Auch werden Modifikationen an der Datenbank-Struktur vereinfacht: Weil die Zuordung der Meldung zur Methode des Objekts

zur Laufzeit erfolgt, können zur Laufzeit Änderungen an der Darstellung des Objekts
vorgenommen werden. Im GemStone-Modell wurde die Zuordung der Datenbank-Begriffe
zu den entsprechenden objektorientierten Ausdrücken gemäss folgendem Schema
festgelegt (Fig. 2.7.):

GemStone	Konventionelle Datenbank
Objekt	Record Instanz
Instanz-Variable	Feld, Attribut
Instanz-Variable Bedingung	Feld-Typ Domain
Message	Prozedur-Aufruf
Methode	Prozedur-Körper
Klassen-definierendes Objekt	Record-Typ, Relationen-Schema
Klassenhierarchie	Datenbank-Schema
Klassen-Instanz	Record-Instanz, Tupel
Collection Class	Menge, Relation

Fig. 2.7. Gegenüberstellung konventionelle Datenbankbegriffe - objektorientierte
Terminologie

Im Gegensatz zu Smalltalk, einem typischen Single-User-System, muss eine Datenbank
gleichzeitig von mehreren Benutzern angesprochen werden können. Dadurch ergeben sich
Probleme, die in Smalltalk noch nicht angetroffen wurden, dies nicht zuletzt auch deshalb,
weil jeder Datenbank-Benutzer auch jederzeit ein konsistentes Bild der ganzen Datenbank
sehen will. Im Unterschied zum globalen Smalltalk-Namensraum muss jeder Benutzer
über seinen eigenen Namensraum verfügen können. Ähnlich der Zweiteilung *Objektraum -
virtuelle Maschine* in Smalltalk wird in GemStone zwischen dem *Gem*, der dem
Objektraum entspricht und dem *Stone*, dem Äquivalent zur virtuellen Maschine,
unterschieden. Jeder Adressraum entspricht einem eigenen Gem-Prozess. (Fig. 2.8.):

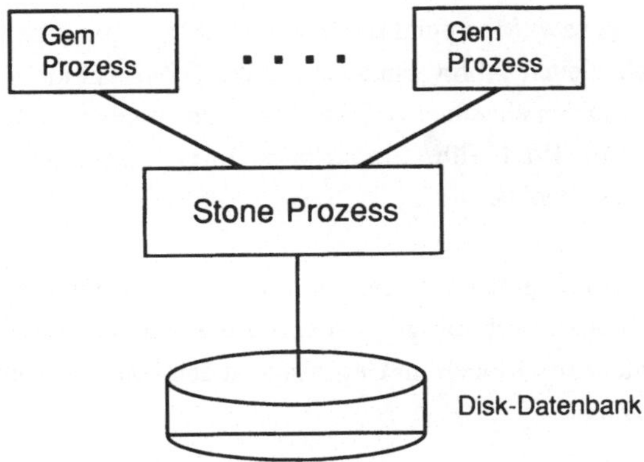

Fig. 2.8. Logische Struktur von GemStone

Die Implementation der mehrfachen Namensräume erfolgt in GemStone mit Hilfe der Klasse *UserProfile*, wobei eine Instanz dieser Klasse einem Benutzer entspricht. Die Objekt-Tabelle wird für jeden Benutzer als sogenannte *Shadow Copy*, d.h. als persönliche Kopie des Benutzers, die nur von ihm modifiziert werden darf, von der gemeinsamen *Shared Copy* kopiert.

Das Transaktionskonzept wird ebenfalls verwendet, indem atomare Transaktionen mit Hilfe der Shadow Copy implementiert werden: Objekte werden als B-Bäume dargestellt, so dass bei der Commit-Operation einer Transaktion lediglich die Wurzelkomponente eines geänderten Objekts der Shadow Copy in einer letzten unteilbaren Aktion von der Shadow Copy zur Shared Copy kopiert werden muss. Die Synchronisation von Benutzerzugriffen erfolgt mit Hilfe eines optimistischen Zugriffskontroll-Schemas, indem am Schluss einer Transaktion auf eventuelle Verletzungen von Integritätsbedingungen geprüft wird und bei einer Verletzung der Integritätsbedingungen die ganze Transaktion rückgängig gemacht wird.

Die Smalltalk-Fileklassen sind bei GemStone überflüssig, da sämtliche GemStone-Objekte persistent sind. Anders als bei Smalltalk, wo nach jeder Vergrösserung eines Objekts das Objekt im Adressraum umkopiert werden muss, kann ein GemStone-Objekt dynamisch wachsen. Aufgrund der Baumstruktur der Objekte werden bei einer Objektvergrösserung weitere Äste bzw. Blätter einfach am Objekt-B-Baum angefügt, der sich über mehrere nichtzusammenhängende memory pages erstrecken kann. Als Speicherorganisationseinheit wird die Klasse *Repository* definiert. Ein Repository kann als ganzes auf eine Disk kopiert und auch repliziert werden.

Zur effizienten Abfrage bzw. Manipulation der in GemStone gespeicherten Daten wurde eine vom Smalltalk abgeleitete Abfragesprache namens *OPAL* definiert. Um für Abfragen direkt auf Instanzenvariablen einzelner Objekte zugreifen zu können, wird der Begriff des Pfads eingeführt. Ein Pfad führt innerhalb einer Klassenhierarchie bis zur Instanzenvariablen eines Objekts.

Im Sinne einer abschliessenden Zusammenfassung dieses kurzen Exkurses in die Datenbank-Welt soll noch auf einige Schwerpunkte eingegangen werden, die im objektorientierten Datenbank-Modell im Gegensatz zu den konventionellen Ansätzen von besonderer Bedeutung sind.

Beibehalten der Objektstruktur in der Datenbank

Bei der Abbildung eines komplizierten Objektes in die Tabellenstruktur des relationalen Datenbank-Modelles werden die Beziehungen zwischen den Objekten notwendigerweise verflacht. Im Gegensatz dazu können solche (z.B. baum- oder netzwerkartigen) Beziehungen (Pointer) direkt in das objektorientierte Datenbank-Modell übernommen werden und verkleinern so die semantische Lücke zwischen der tatsächlichen Welt und dem Computermodell.

Aktive und Persistente Objekte

Die Bildung von sog. *aktiven Objekten* ermöglicht die Speicherung von Objekten zusammen mit den auf ihnen möglichen Operationen. Durch die Anwendung des Klassenkonzeptes können mit geringem Aufwand weitere Operationen zugefügt werden. Durch den Aufruf dieser Methoden mit Hilfe von Meldungen ist es jederzeit möglich, an der objekt-internen Darstellung dieser Methoden Änderungen vorzunehmen (late binding).

Die Realisierung der Persistenzeigenschaft auf der Datenbank-Ebene allerdings ist noch nicht sehr weit fortgeschritten. Die theoretische Bedeutung dieses Konzepts wurde zwar erkannt, doch sind die meisten Objekte heutiger objektorientierter Datenbanken noch nicht persistent [Blo87][And87b]. Es existieren Ansätze wie etwa Argus [Lis87], die das Problem auf Sprachebene zu lösen versuchen. Sicher kann hier auch das Betriebssystem seinen Teil zu Realisierung persistenter Objekte beitragen.

Objektserver

Der Begriff des "Objektservers" wird momentan hauptsächlich im Zusammenhang mit objektorientierten Datenbanken gebraucht, aber die dort benützten Konzepte lassen sich natürlich direkt in die Betriebssystem-Ebene übertragen, wo sie ebenfalls bei der Implementation von Massenspeicher-Systemen Verwendung finden können. Der Objektserver soll die für ein DBMS nötigen Datenverwaltungs- und Speicherungsfunktionen zur Verfügung stellen. Experimentelle Ansätze dazu sind z.B. aus der Literatur zu den objektorientierten Datenbank-Systemen GemStone [Pur87] und ENCORE [Hor87] bekannt.

Grundsätzliches Problem des Objektservers ist die möglichst günstige Abbildung von grossen Datenmengen in den (kleineren) Hauptspeicher. Dabei wird versucht, die Objektstruktur auch auf dem Massenspeicher beizubehalten, um möglichst schnelle Zugriffszeiten zu erhalten. Dazu werden verschiedene Strategien der Segmentierung des Speichers und des Clustering von Objekten verwendet. Jedem Hauptspeicherblock wird eine eindeutige Identifikation (UID, unique identifier) vergeben und versucht, den Block möglichst sinnvoll mit (eventuell zusammengesetzten) Objekten zu füllen. Sobald zusammengesetzte Objekte (composite objects) zugelassen werden, stellt sich das Problem der Konsistenzerhaltung der replizierten Objekte: Befinden sich in einer Datenbank z.B. mehrere Objekte vom Typ "Auto", die jedes vier Objekte vom Typ "Rad" enthalten, so müssen bei einer Änderung des Objekts "Rad" sämtliche Räder aller Objekte vom Typ "Auto" geändert werden.

Ein weiteres Ziel, das mit der Implementation von Objektservern verfolgt wird, ist die Trennung von Benutzerschnittstelle und Datenspeicher. Die getreu den objektorientierten Designkonzepten gestaltete Benutzerschnittstelle soll von einem bestimmten Datenspeicher unabhängig gemacht und der flexible Austausch von unterschiedlichen Objektservern ermöglicht werden. Das daraus resultierende Konzept ist dem Fileserver-Begriff vergleichbar, wie er bei der Anwendung des Client-Server-Modells für die Implementation eines verteilten Betriebssystems gebraucht wird.

Bei der Implementation von Objektservern werden die aus der Datenbank-Theorie vertrauten Begriffe der atomaren und serialisierbaren Transaktion, der Deadlock-Erkennung, und des (Two-Phase-)Locking weiter verwendet, ohne dass dabei grundlegende konzeptionelle Änderungen vorgenommen werden. Zur Implementierung dieser Begriffe werden allerdings objektorientierte Konzepte wie z.B. Vererbung verwendet. Diese Konzepte haben sich dabei für diese Aufgabe als sehr geeignet erwiesen [Hor87].

Triggering

Ein sehr nützliches Konzept bietet das Triggering an, indem durch das Setzen von *Triggern* auf das Eintreten bestimmter Ereignisse gewartet werden kann. Die Nützlichkeit der Möglichkeit, eine Bedingung wie :

 "Wenn Anzahl Schrauben kleiner 100 so bestelle neue Schrauben"

direkt mit dem Bestellautomatismus für neue Schrauben zu verbinden, ist offensichtlich. Allerdings werden in den heutigen Systeme solche Aufgaben noch nicht transparent vom Datenbank-System für den Benutzer übernommen, sondern dieser muss sich explizit um die Überprüfung der Auslösebedingung kümmern, indem etwa periodisch die Anzahl Schrauben abgefragt wird (*polling*).

Locking

Objektorientierte Datenbank-Systeme bieten neue Möglichkeiten, die Granularität eines Locks zu bestimmen, indem in der Klassenhierarchie eines Objekts ganze Subklassen direkt mit einem Lock versehen werden und so der alleinige Zugriff auf mehrere zusammenhängende Objekte (Zweige eines Baumes in der Klassenhierarchie) mit *einem* Lock gewährleistet werden kann [Pen87].

3 Ein integrierter Ansatz für eine Betriebssystem-Architektur, basierend auf Prolog

3.1 *Prolog - eine homogene Lösung von der Systemprogrammierung bis zur Anwendungsprogrammierung*

Bevor nun ganz speziell auf einzelne Probleme eines verteilten Betriebssystems eingegangen, und, ausgerüstet mit dem Arsenal objektorientierter Designprinzipien, nach Lösungsansätzen hierzu gesucht wird, soll ganz kurz ein völlig anderer Lösungsweg für das gleiche Problem zumindest ansatzweise skizziert werden:

Nachdem bis jetzt im Rahmen dieser Abhandlung lediglich über objektorientierte Konzepte gesprochen wurde, soll nicht verschwiegen werden, dass neben dem ganzen objektorientierten Themenkreis noch ein zweiter Ansatz in neuester Zeit auf breites Interesse gestossen ist: Das Gebiet der *logischen Programmierung* [Ste86] bietet einen Ansatz, der in seiner möglichen Breite den Aussichten, die sich durch die Verwendung objektorientierter Prinzipien eröffnen, mindestens ebenbürtig ist. Bekanntester und am weitesten verbreiteter Vertreter einer logischen Programmiersprache ist Prolog, so dass der folgende kurze Ausblick sich auf Prolog und von Prolog abgeleitete Dialekte beschränkt. Die folgenden Betrachtungen sollen lediglich einen kurzen Einblick in dieses Gebiet geben und die Breite der möglichen Anwendungsbereiche aufzeigen. Sie erheben keinerlei Anspruch auf Vollständigkeit.

Ein Endziel der Informatikforschung besteht sicher darin, eine Sprache und Programmierumgebung zu finden, die (1) einerseits für den Benutzer äusserst einfach anzuwenden ist und (2) andererseits die unterschiedlichsten Rechnerarchitekturen bzw. Systemkonfigurationen möglichst effizient ausnutzt. Diese Anforderungen werden am besten in Form eines integrierten Systems erfüllt. Ein System, das zumindest der ersten

Anforderung (Einfachheit und Erweiterbarkeit) recht weit nachkommt, ist Hypercard für den Apple Macintosh [Goo87]. Es hat allerdings für den Endbenutzer den immensen Nachteil, dass es primär ein Single-User-Singletasking-System ist, welches nur auf einer Computerfamilie, der Macintosh-Familie, läuft.

Einen ganz anderen Lösungsweg bietet Prolog. Als Programmiersprache für den Anwender ist Prolog (nachdem der Ausstieg aus der Denkwelt einer "konventionellen", prozeduralen Programmiersprache wie C, Modula-2 oder Lisp geschafft ist) ausserordentlich einfach zu gebrauchen. Ein Prolog-Programm besteht nur aus der Beschreibung (Spezifikation) des Problems, die Erfüllung der Spezifikationen wird dem Programmierer vom Prolog-System abgenommen. Ausserdem ist ein Prolog-Programm (zumindest theoretisch) gut parallelisierbar, da der Programmierer das Problem lediglich spezifiziert, nicht aber sagt, in welcher Reihenfolge die Anweisungen ausgeführt werden müssen. Damit erfüllt Prolog auch die zweite oben gestellte Forderung, implizit, d.h. ohne dass ein direktes Eingreifen des Programmierers nötig ist, die unterschiedlichsten Rechnerarchitekturen zu unterstützen. Das bedeutet, dass (zumindest theoretisch) eine in Prolog geschriebene Anwendung ohne Modifikationen durch den Programmierer auf die verschiedensten Zielmaschinen mit unterschiedlichen Architekturen gebracht werden kann.

Ein Prolog-basiertes System kann auf diese Art und Weise eine durchgehend homogene Umgebung vom Betriebssystem bis zur darauf laufenden Anwendungssoftware anbieten (Fig. 3.1.).

Systemprogrammierung	parallele Probleme
Anwendungsprogrammierung	sequentielle Probleme

Fig. 3.1. Anwendungsbereiche von Prolog

So weit, dass wir ein solches integriertes Prolog-System für den täglichen Gebrauch zur Verfügung haben, sind wir allerdings heute noch nicht. Das milliardenschwere *Fifth-Generation-Projekt* in Japan hat sich die Entwicklung eines solchen Systems zum Ziel gesetzt, wobei als Basis des ganzen Systems zuerst ein Hardware-Chip entworfen und gebaut werden muss, der eine ähnliche Leistung in MegaLIPS (Million Logical Inferences per Seconds) erbringt, wie die konventionellen Systeme in MIPS besitzen. Aber nicht nur in Japan, sondern auch in anderen, in der Informatikforschung aktiven Ländern wie den USA, Grossbritannien, Frankreich, BRD und Israel wird aktiv an der Erforschung und Entwicklung solcher Prolog-Systeme gearbeitet.

3.2 Prolog für den Anwender - micro-Prolog

Prolog ist als Programmiersprache zwar sehr einfach, weist aber auch eine
ausserordentlich kompakte Notation auf, die für den in der Mathematik weniger geübten
Anwender nicht unbedingt einfach zu verstehen ist. Um den Einstieg zu erleichtern, wurde
in Anlehnung an Prolog die Sprache *micro-Prolog* [Cla84] entworfen, welche durch
Verwendung von "syntaktischem Zucker" die Programmierung in Prolog für den
Anwendungsprogrammierer vereinfachen soll. Micro-Prolog kann sehr einfach in
Standard- (Edinburgh-) Prolog übersetzt werden.

Da allerdings die grundsätzliche Struktur von micro-Prolog-Programmen nicht wesentlich
einfacher als diejenige von "puren" Prolog-Programmen ist, scheint dieser Ansatz für den
gelegentlichen Benutzer nicht der günstigste zu sein. Er mag allenfalls Verwendung finden
bei der Einführung in die Prolog-Programmierung für Schulkinder, aber als einfachste
Benutzerschnittstelle für den gelegentlichen Benutzer ist ein anderer Ansatz vorzuziehen:
Prolog eignet sich gut als Programmiersprache für *Pattern-Matching*-Probleme und für
Programme zur Spracherkennung von natürlichen Sprachen. Deshalb bietet sich als
einfachste Benutzerschnittstelle ein in Prolog geschriebenes (eingeschränkt)
natürlichsprachiges Interface an, mit dem der gelegentliche Benutzer möglichst der
natürlichen Sprache angenähert dem Prolog-System seine Wünsche mitteilen kann.

3.3 Prolog für Datenbank-Anwendungen - offene Probleme

Programmierung in Prolog kann als Abfrage einer Menge von Regeln (rules) und
Tatsachen (facts) verstanden werden. Damit ist Prolog für das relationale Datenbank-
Modell sehr gut geeignet als

- Spezifikationssprache

- Implementationssprache

- Abfragesprache

Es wurden auch bereits ganze Datenbank-Systeme, die auf Prolog basieren, z.B. [Li84],
aber auch Software-Entwicklungsumgebungen und Expertensystem-Shells, z.B. [Kra87],

implementiert. In diesem Kontext sind aber noch lange nicht alle offenen Probleme gelöst, obwohl gewisse Pilotsysteme bereits kommerziell genützt werden. Offene Probleme in diesem Zusammenhang sind etwa:

- *Einschränkung des Gültigkeitsbereichs einer Prolog-Abfrage:*
  Für jede Abfrage der Prolog-Datenbank wird der ganze Adressraum des Prolog-Interpreterprozesses (Hauptspeicher) abgesucht. Um die Effizienz einer Abfrage zu erhöhen, sollten sich immer nur diejenigen rules und facts im Hauptspeicher befinden, die für die momentane Abfrage relevant sind.

- *Persistente Objekte:*
  Es besteht eine Dualität zwischen den Objekten, welche sich im Prolog-Interpreter befinden, d.h. den geladenenen und ev. bereits im Interpreter modifizierten Programmen, und den eigentlichen Prolog-Programmen, die als ASCII-Files gespeichert sind und ausserhalb von Prolog in einem beliebigen Editor erstellt worden sind. Es müssen weitere Verfahren ausser einem *Snapshot* des ganzen Hauptspeicherbereichs des Interpreters gesucht werden, mit denen die im Hauptspeicher befindlichen Objekte gesichert werden können.

- *Prolog als Abfragesprache für den Endbenutzer:*
  Prolog ist für einen ungeübten Endbenutzer nicht unbedingt einfach zu gebrauchen, da eine Abfrage in Prolog in der Syntax von den anderen gängigen Programmiersprachen abweicht. Deshalb kann dem Prolog-System noch eine benutzerfreundlichere Abfragesprache vorgeschaltet werden, die aber wiederum sehr einfach in Prolog selbst implementiert werden kann.(Vgl. Abschnitt 3.2. oben und [Li84].)

- *Spezifikation von Integritätsbedingungen - Constraints:*
  Das sog. Constraint-Verfahren, das verwendet wird, um Daten dauernd in einem konsistenten Zustand zu halten, beschreibt die gegenseitigen Abhängigkeiten mit Hilfe von Konsistenzbedingungen. Falls eine Verletzung der Konsistenz-bedingungen eintritt, werden automatisch die nötigen Korrekturaktionen zur Wiederherstellung eines konsistenten Zustandes ergriffen. Da der Prolog zugrundeliegende Unifikations-Algorithmus nur eine Annäherung der Prädikaten-Logik ist, auf der die logische Programmierung konzeptuell basiert, schlägt Colmerauer eine Ersetzung des Unifikations-Algorithmus durch ein Constraint-Resolution-System[1] vor [Col87], mit dem dann auch arithmetische Ausdrücke wie z.B. x=(1/2)x+1 durch blosse Spezifikation direkt durch das sog. Prolog III-System gelöst werden können.

---

[1]Für die Auflösung von Constraints siehe auch 4.2.

3.4 Parallelität in Prolog

Explizite Parallelität

Um parallele Probleme in Prolog lösen zu können, muss der Benutzer explizit angeben können, welche Teile eines Prolog-Programm parallel ausgeführt werden sollen. Dazu muss das reine Prolog um Konstrukte zur parallelen Ablaufsteuerung erweitert werden, wie dies z.B. in *Concurrent Prolog* [Shap83], *PARLOG* [Cla86] und *Guarded Horn Clauses* GHC [Ued86] geschehen ist. Damit ist es möglich, parallele Probleme wie das Dining-Philosopher's-Problem oder das Multiple-Writer-Problem [Pet85] mit der deklarativen Programmiersprache Prolog zu lösen. Hardwarenahe Systemprogrammierung beschäftigt sich hauptsächlich mit der Lösung von parallelen Problemen. Um mit Prolog Systemprogrammierung betreiben zu können, muss deshalb eine parallele Erweiterung der Sprache angeboten werden.

Bei den parallelen Erweiterungen von Prolog wird unterschieden zwischen *AND*-Parallelismus und *OR*-Parallelismus, d.h. es werden entweder Horn-Klauseln, die gleichzeitig wahr sein müssen (AND-Parallelismus) oder Horn-Klauseln, die wahlweise wahr sein müssen (OR-Parallelismus) gleichzeitig parallel gelöst.

In solch parallelen Sprachen spezifizierte Probleme eignen sich prinzipiell, um auf Rechnern mit Mehrprozessor-Architekturen gleichzeitig gelöst zu werden. Es ist allerdings auch möglich, in parallelen Erweiterungen von Prolog spezifizierte Probleme mit Hilfe eines in Prolog geschriebenen Metainterpreters auf einem sequentiellen "puren" Prolog-System zu lösen. Für ein Beispiel dazu siehe [Shap83].

Inhärente Parallelität

Der grösste Teil der Probleme, die ein Anwendungsprogrammierer antrifft, sind nicht paralleler Natur. Selbstverständlich können diese Probleme zur Ausnützung einer parallelen Rechnerarchitektur "von Hand" parallelisiert und z.B. nach *Concurrent Prolog* übersetzt werden. Eine solche Aufgabe verlangt allerdings vom Anwendungsprogrammierer zusätzliches Verständnis sowohl der Programmiersprache als auch der unterliegenden Hardware. In einem für den Anwendungsprogrammierer komfortableren Ansatz wird diese Aufgabe vom unterliegenden Prolog-System übernommen: Der Prolog-Interpreter erkennt inhärente Parallelität in Programmen, die in Standard-Prolog ohne parallele Erweiterungen geschrieben worden sind. Das heisst, dass der Programmierer sich nicht um im Programm steckende eventuelle Parallelität zu kümmern braucht, sondern dass das System selbst das Programm parallelisiert und verschiedene Subaufgaben auf verschiedene Prozessorelemente verteilt.

Ein Software-Ansatz dazu unter Verwendung von DAG's (Directed Acyclic Graphs) wird in [Bib86] vorgeschlagen. Auch scheinen Datenfluss-Architekturen und Zwischensprachen für die Ausnützung inhärenter Parallelität in Prolog-Programmen gut geeignet zu sein [Wis86].

Um ein System zu kreieren, das "das Beste aus beiden Welten" anbietet (Ausnützung expliziter und inhärenter Parallelität), empfiehlt sich die Verwendung eines um Konstrukte zur Synchronisation paralleler Prozesse erweiterten Prologs (zur Behandlung expliziter Parallelität), das automatisch die Prolog-Programme bei der Übersetzung bzw. Ausführung nach weiterer eventuell vorhandener inhärenter Parallelität absucht.

3.5 Die Verteilung von Prolog

Prolog-Multiprozessoren

Prolog ist von der Syntax und Semantik der Sprache her gut geeignet, um parallel auf einer Mehrprozessor-Maschine ausgeführt zu werden. Es gibt hierzu die verschiedensten Ansätze, wie Datenfluss-Architekturen und auf Transputern basierende Maschinen [Bib86], mit denen ähnliche Masszahlen in MegaLIPS erreicht werden sollen wie bei den konventionellen (von Neuman) Architekturen in MIPS.

Hier geht es immer um das Ausschöpfen von sog. *Fine-Grained*-Parallelismus, d.h. Parallelität auf der Mikroebene. Ein ganz anderer Problemkreis, der im folgenden Abschnitt angesprochen wird, eröffnet sich im Zusammenhang mit der Parallelität auf Makroebene.

Loser Zusammenschluss mehrerer getrennter Prozessoren zu einem verteilten System - ein offenes Problem?

Ein Zusammenschluss mehrerer Prolog-Interpreter, die sich auf durch ein Netzwerk verbundenen Maschinen ohne shared memory befinden, zu einem echten verteilten System wurde meines Wissens bis heute noch nicht unternommen. Dabei geht es um das Auffinden ein geeigneten Kommunikationsmodells für die Prolog-Prozesse. Dazu muss der Begriff eines Prolog-Prozesses eingeschränkt und die nötigen Interprozesskommunikations-Mechanismen gefunden werden. Dies ist insofern problematisch, als dass im reinen Prolog nicht von Prozessen gesprochen werden kann. Damit die auf den verschiedenen Maschinen lokalisierten Interpreter miteinander kommunizieren können, ist zumindest eine Form von Multitasking nötig.

Ein Ansatz, der hier eventuell weiter verfolgt werden könnte, ist der *Remote Function Call*, eine Erweiterung des bekannten Remote-Procedure-Call-Mechanismus (RPC), der in [Fal87] beschrieben wird. Dabei kann eine ganze Liste von Funktionen mit einem einzigen Aufruf auf eine andere Maschine zur Ausführung geschickt werden.

Nach diesem kurzen Exkurs in das Gebiet der logischen Programmierung, in dem mit anderen Methoden das gleiche Ziel, nämlich ein benutzertransparentes, flexibel erweiterbares, verteiltes System erreicht werden soll, wird nun im Rest des Buches ganz konkret auf einzelne Probleme bei der Realisation eines verteilten Betriebssystems eingegangen, die bereits weiter vorne in Kapitel 1 und 2 aufgeworfen worden sind. In Kapitel 4 und 5 soll unter dem Schlagwort *aktive Objekte* ein objektorientiertes Paradigma zur Synchronisation in verteilten Systemen angewendet werden. Dabei wird gezeigt, dass das Aktive-Objekte-Konzept gleichzusetzen ist mit einem ereignisgesteuerten Programmierstil, so dass es darum gehen wird, die geeigneten Hilfsmittel auf Betriebssystem-Ebene zur Ermöglichung eines solchen Programmierstils bereitzustellen.

4 Existierende Konzepte zur Ermöglichung von ereignisgesteuerter Programmierung

4.1 Einleitung

In diesem Kapitel werden existierende Mechanismen vorgestellt, mit denen die Programmierung mit *aktiven Objekten* ermöglicht werden soll. Dieser Überblick soll als Einführung und zur Motivation für meinen eigenen Vorschlag zur Ermöglichung von ereignisgesteuerter Programmierung auf Betriebssystem-Ebene dienen, der im darauffolgenden Kapitel näher beschrieben wird.

Unter aktiven Objekten werden nicht tatsächlich "aktive", d.h. letztlich durch einen eigenen Prozess dargestellte Objekte verstanden. Vielmehr sollen diese Objekte auf einer höheren Abstraktionsebene selber aktiv werden, indem sie selbständig auf Ereignisse warten, und bei Eintritt dieser Ereignisse gewisse Aktionen ausführen. Das Modell des aktiven Objekts kann damit zur Ermöglichung von ereignisgesteuerter Programmierung (*event driven programming*) verwendet werden. Bestehende Konzepte wie Triggering, Programmierung mit Hilfe von Constraints, der Active-Value-Mechanismus und das Event/Interest-Schema sollen vorgestellt und miteinander verglichen werden. Der Event-Driven-Programmierstil hat in den letzten Jahren vor allem bei der Implementation von Windowsystemen zunehmend Verwendung gefunden [Bro87][Rao87]. Konzepte wie *Constraints* und *Active Values* von Loops und KEE bauen auf den gleichen Grundlagen auf, finden allerdings weitergehende und allgemeinere Verwendung z.B. bei der Algorithmenanimation oder sogar bei der Implementation von Datenbanken.

Basierend auf den schon existierenden Konzepten, die allerdings ausschliesslich auf Anwendungsebene impementiert wurden, wird im anschliessenden Kapitel der eigene Mechanismus vorgestellt. Der neu eingeführte Mechanismus kann einerseits als Grundlage zum Aufbau weiterer Betriebssystem-Dienste verwendet werden, wird aber andererseits auch direkt dem Anwendungsprogrammierer zur Verfügung gestellt.

Bevor nun auf einzelne Konzepte ausführlicher eingegangen wird, werden im Rahmen eines Überblicks die am weitesten verbreiteten Mechanismen einander gegenübergestellt (Fig. 4.1.). In diesem einleitenden Kurzvergleich werden die verschiedenen Mechanismen charakterisiert, der hauptsächliche Anwendungsbereich wird angegeben, und es wird beschrieben, wie ein Event ausgelöst wird. Anhand zweier ausgewählter Beispiele (Reaktion auf Modifikation eines Wertes und Realisation von Timern) sollen die in den Vergleich mit aufgenommenen Mechanismen in Bezug auf Einfachheit in der Anwendung und Breite in der Einsatzmöglichkeit miteinander verglichen werden. In den Kurzvergleich aufgenommen wurden in erster Linie die im folgenden in diesem Kapitel noch ausführlicher behandelten Mechanismen. Zusätzlich wurden der UNIX-Signalmechanismus, der ein Rumpfgerüst eines Ereignisbehandlungs-Mechanismus anbietet, und der Event-Handling-Mechanismus von Hypercard in den Vergleich miteinbezogen. Bei der Programmierung in Hypertalk, der zu Hypercard gehörenden Programmiersprache, ist der Begriff des Events von zentraler Bedeutung. In der dort verwendeten Form ist er allerdings untrennbar mit dem ganzen Hypercard-System verknüpft, so dass es schwierig ist, den Event-Handling-Mechanismus losgelöst vom Hypercard alleine zu betrachten.

	Kurz-charakterisierung	Anwendungs-bereich	Auslösen eines Events	Beispiele	
				Reaktion auf Modifikation eines Werts	Realisation von Timern
UNIX-Signal-mechanismus	eingebettet ins Betriebssystem	Behandlung asynchroner, vom Anwendungs-programmierer spezifizierter Ereignisse	signal() System Call	schwierig, externe Prüf-routine nötig	alarm() System Call, nicht erweiterbar
SunNeWS Postscript Event-Interest Mechanismus	Eingebettet in Postscript Interpreter	Abfangen der Benutzerinter-aktionen beim Window-system	Benutzer-interaktion sendevent-Befehl	Realisation mit awaitevent-Befehl einfach	relativ einfach, flexibler Mechanismus
LOOPS/ KEE Active Values	Eingebettet in Expertensystem-shell, Interpreter	Ermöglichung des Event driven Programmierstils	Zugriff auf einen als Active Value spezifizierten Wert	sehr einfach, eingeschränkt auf Standardtypen	einfach realisierbar
Hybrid Triggering	Programmier-sprache	Lösung von klassischen parallelen und Synchronisations-Problemen	mit gemeinsamer Delay Queue	schwer verständlich	kompliziert
Constraints	in objekt-orientiertes System integriert (Smalltalk) oder als Programmier-sprache	grafische Anwendungen, deklarativer Programmierstil	Verletzung einer Constraint	sehr einfach sehr flexibel	einfach realisierbar
Hypercard	Voll integriertes (objekt-orientiertes) System	Einfache Entwicklung und Erweiterung von Anwendungs-software	Benutzerinter-aktion send "event" zu "object"	Grundmechanis-mus einfach, bei Erweiterung komplizierter	sehr einfach, aber nur Singletasking

Fig. 4.1. Ereignisgesteuerte Programmierung in verschiedenen Programmierumgebungen

Nach diesem einleitenden Vergleich soll nun auf ausgewählte Systeme detaillierter eingegangen werden.

4.2 Constraints

Constraints [Bor81],[Bor86],[Lel88] sind Konsistenzbedingungen zwischen den einzelnen Bausteinen eines vom Benutzer spezifizierten Anwendungssystems, deren Einhaltung vom sog. Constraint-Befriedigungsmechanismus (constraint satisfier) automatisch überwacht wird. Damit stellen sie dem Benutzer einen Mechanismus zur Verfügung, mit dem er sagen kann, **was** er will, und nicht, **wie** etwas getan werden muss, da das "wie" vom unterliegenden System entschieden wird. Nachdem ein Constraint festgelegt wurde, wird bei der Kompilierung jeder neuen Methode vom System überprüft, ob diese mit dem Constraint verknüpft werden muss.

Ein Beispiel für einen Constraint ist die folgende Bedingung (Grafische Darstellung eines Balkendiagramms):

    Balkenfläche = Breitenkonstante * Wert

Ein solcher Constraint kann vom Anwendungsprogrammierer auf beiden Seiten des Gleichheitszeichens modifiziert werden, worauf der constraint satisfier selbstständig die andere Seite neu berechnet, so dass der Constraint wieder erfüllt ist.

Ein Software-Entwicklungssystem neuester Zeit, das die visuelle Programmierung mit Hilfe von Constraints ermöglicht, ist das *Fabrik*-System [Ing88]. Fabrik ermöglicht die interaktive und graphische Erstellung von neuen Applikationen durch Zusammensetzen von bereits existierenden Bauteilen, indem mit der Maus auf die einzelnen Bauteile geklickt und diese, ebenfalls mit der Maus, mit Hilfe von bidirektionalen Datenfluss-Verbindungen zur gewünschten Applikation zusammengesetzt werden. Fabrik enthält sowohl Bauteile für die Benutzerschnittstelle als auch für die inneren, applikationsbezogenen Bestandteile der neu zu erstellenden Applikation.

Die Entwerfer von Fabrik haben ihr System allerdings nicht als "System für die Programmierung mit Constraints" bezeichnet, sondern als "visuelles Programmiersystem mit Hilfe eines Baukastens von vorgefertigten Bauteilen" [Ing88]. Die dem Fabrik zugrundeliegenden Prinzipien sind aber trotzdem constraintbasiert, da die Konsistenzbedingungen in die einzelnen Bauteile eingekleidet sind und so auf einfachste

Weise in das neu zu erstellende System eingefügt werden können. Durch die Bidirektionalität der Verbindungen zwischen den einzelnen Bauteilen entspricht das Fabrik-System genau den Anforderungen eines sehr komfortablen Constraint-Programmiersystems. Zusätzlich besitzen die Ein- und Ausgänge der einzelnen Bauteile einen Typ, so dass bereits während der Entwicklung der Applikation gewisse Konsistenzüberprüfungen gemacht werden können. Die graphischen Bauteile, die der Fabrik-Anwender zur Programmierung verwendet, werden vom Fabrik-System in Smalltalk-Methoden übersetzt. Damit entspricht das Fabrik-System der Beschreibung der Programmierung mit Constraints, so wie sie in älteren Constraint-Systemen [Bor81] für weniger komfortable Umgebungen spezifiziert wurde.

Im Gegensatz zur Constraint-Technik muss der Programmierer im Smalltalk *Modell-View-Controller*-System (MVC) [Gol83] die "changed"-Meldungen selbst verschicken, um die verschiedenen Views zu benachrichtigen. Das MVC-System teilt die Kontrolle über eine Applikation in drei Teile:

- Der *Controller* kontrolliert die Eingabe des Benutzers.

- Der *View* beinhaltet das optische Erscheinungsbild einer Applikation, d.h. die Benutzerschnittstelle.

- Das *Modell* bestimmt das Verhalten und den Status der Applikation.

Im Gegensatz zum MVC-System ermöglicht die Verwendung des Constraint-Konzepts einen integralen Aufbau einer Applikation, indem z.B bei einer Verletzung einer Konsistenzbedingung für die Benutzerschnittstelle die Schnittstelle automatisch den geänderten Bedingungen angepasst wird. Constraints können verwendet werden für:

- Einhaltung von Konsistenzbedingungen

- Bestimmung von Bildschirm-Layouts

- als Trigger-Constraint (als Auslöser einer Aktion)

- Animation von Algorithmen (bei dieser Verwendung ermöglicht das Einfügen von Trigger-Constraints eine klare Trennung zwischen dem Algorithmus und der Animation.)

4.2.1 Implementation von Constraints

Das Problem bei der Implementation von Constraints liegt in der dynamischen Bestimmung sämtlicher Grössen, die durch eine Änderung beeinflusst werden.

Grundsätzlich können bei der Implementation von Constraints zwei Problemkreise unterschieden werden:

- Einerseits geht es um die Frage, wie die Constraints am einfachsten aufgelöst werden, d.h. wie aus den vom Benutzer gegebenen Bedingungen am einfachsten die zur Erfüllung der Constraints nötigen Methoden bestimmt werden. [Lel88] bietet dazu in seinem Buch einen ausführlichen Überblick. Im Gegensatz dazu verlangte [Bor81] vom Anwender, die nötigen Methoden gleich selbst zu spezifizieren. In den späteren Arbeiten [Bor86][Bor86b] beschäftigt er sich allerdings auch mit der Automatisation dieser Aufgabe.

- Andererseits muss die Verletzung eines Constraints vom System selbstständig festgestellt werden können. Die Lösung dieser Aufgabe fällt in den gleichen Problemkreis wie der in diesem Kapitel besprochene Mechanismus der *Active Values* (vgl. 4.4.), d.h. man kann sich hier vorstellen, dass die Constraints selber in der Lage sein müssen, bei einer Verletzung der Konsistenzbedingung aktiv zu werden.

Im folgenden werden die Implementierungstechniken von [Bor81][Bor86] beschrieben: Constraints werden hier zusammen mit den Objektklassen gespeichert, wobei für zeitliche Constraints eine Event-Queue verwendet wird. Geteilte Substrukturen, d.h. mehrere Bedingungen, die durch **eine** Änderung beeinflusst werden können, werden mit Hilfe einer expliziten "merge"-Operation festgehalten. Ein Constraint wird dargestellt als ein *Prädikat* (d.h. die Bedingung, die benützt wird um die Verletzung eines Constraints festzuhalten) und eine *Menge von Methoden*, von denen die geeignetste benutzt wird, um die Konsistenzbedingung bei einer Verletzung wieder zu erfüllen.

Es wird unterschieden zwischen *statischen Constraints* (für statische Ereignisse, die immer wahr sein müssen) und *temporalen* oder *Trigger-Constraints*, die bei einem eventuell eintretenden Zustand eine bestimmte Aktion auslösen. Falls Constraints auf mehrere Arten erfüllt werden können, muss das System sich für die passendste Art entscheiden.

4.2.2 Auflösung statischer Constraints

Zur Auflösung statischer Constraints werden zwei Techniken verwendet. Bei der *propagation of known states* [Bor81] sucht der Constraint-Befriedigungsmechanismus (constraint satisfier) nach Bedingungen, die zur Laufzeit schon vollständig bekannt sind und direkt erfüllt werden können. Von diesen Bedingungen ausgehend werden nun die

Bedingungen gesucht, die in einer Ein-Schritt-Ableitung (Deduktion) erfüllt werden können. d.h. Bedingungen, die eine Unbekannte enthalten, etc..

Bei der *propagation of degrees of freedom* [Bor81] sucht der constraint satisfier nach Bedingungen, die genügend modifizierbar sind, um danach sämtliche Constraints zu erfüllen. Diese Bedingungen werden sukzessive aus dem Constraint-System eliminiert. Oft ist durch das Zufügen von redundanten Constraints die Erfüllung aller Constraints in einem Schritt möglich.

4.2.3 Triggering von dynamischen Constraints

Die ausführbaren Methoden werden aus den Constraint-Spezifikationen erzeugt. Diese Methoden verändern die Werte allerdings nicht direkt, sondern sie plazieren Auslöser in einer Event-Queue, um bei Verletzung einer Bedingung ausgeführt werden zu können. Dieses Verfahren wird von [Dui86] auch als *broadcasting of interesting events* bezeichnet. Falls neue Methoden zugefügt werden, müssen die schon bestehenden Auslöser in der Event-Queue von neuem übersetzt (kontrolliert) werden, um sämtliche Constraints weiterhin erfüllen zu können.

4.3 Hybrid - eine objektorientierte Sprache für die Programmierung mit aktiven Objekten

4.3.1 Überblick

Hybrid ist eine objektorientierte Programmiersprache, die durch die in diesem Umfeld üblichen Konzepte wie:

- *Datenabstraktion:* Objekte sind durch ihr Verhalten und nicht durch ihre Implementation charakterisiert

- *Instanzierung:* Mehrere Instanzen des gleichen Objekttyps

- *Unabhängigkeit:* Kommunikation zwischen Objekten durch Meldungen

- *Vererbung*

- *Homogenität:* alles ist ein Objekt, auch Typen

charakterisiert wird [Nie87b].

Ein Objekt in Hybrid ist eine aktive Entität, die durch ihre Schnittstelle (die Menge der von ihr ausführbaren Operationen) charakterisiert ist. Objekte sind persistent, d.h. sie leben über die Laufzeit des Programms hinaus. Deshalb gibt es in Hybrid auch keine Prozesse und Files. Am ehesten dem Prozesskonzept nahe kommt der Begriff des *Domains*. Der Domain ist eine Menge von zusammengehörenden Objekten, von denen nur eines aufs Mal aktiv sein kann. Zur Steuerung des Kontrollflusses wird der Begriff der *Activity* verwendet. Eine Activity kann man sich als Token vorstellen, das innerhalb eines Domains von einem Objekt zum anderen weitergereicht wird. Somit kann also innerhalb eines Domains nur eine Methode (Operation) eines Objekts aufs Mal aktiv sein, und es wird eine Sequentialisierung der Aktivitäten innerhalb eines Domains erreicht.

Die Kommunikation zwischen den Objekten beruht auf dem Remote-Procedure-Call-Paradigma. Das bedeutet, dass das unterliegende Message-Passing-Konzept dem Programmierer nicht sichtbar wird.

Ein neuer Kontollfluss wird mit Hilfe einer Überoperation, eines *Reflex*, geschaffen. Wenn ein Objekt einen Reflex aufruft, wird eine neue Activity hergestellt. Die neue Activity, d.h. der neue Kontrollfluss, beginnt mit seiner Arbeit, sobald das aufgerufene Objekt verfügbar ist. Eine Reflex-Operation kehrt nicht zur aufrufenden Operation (und damit zum aufrufenden Objekt) zurück, sondern die aufrufende Operation fährt unmittelbar nach dem Aufruf in ihrer Aktivität fort.

Dem Konzept mehrerer paralleler Prozesse enspricht also eine Menge von mehreren Domains, da ja innerhalb eines Domains nur eine Activity aktiv sein kann. Die ganze Umgebung eines Objekts besteht aus mehreren Domains und (notwendigerweise) einem Ursprungsobjekt (root object).

Hybrid bietet die *atomic*-Anweisung, um eine Menge von zusammenhängenden Befehlen (eine Transaktion) als unteilbar zu erklären. Operationen anderer Objekte, die auf die innerhalb eines atomic-Blocks behandelten Objekte zugreifen wollen, warten im *ready*-Status, bis die atomare Transaktion beendet ist.

4.3.2 Triggering von aktiven Objekten

In Hybrid werden unter aktiven Objekten gleichzeitig aktive Entitäten verstanden, welche auf den objektorientierten Grundsätzen basieren. Der Aktivitätenraum von Hybrid ist aufgeteilt in Domains, innerhalb eines Domains ist nur eine Aktivität zur gleichen Zeit möglich. Neue Aktivitäten (und damit Domains) werden dynamisch durch den Aufruf eines Reflex erzeugt.

Ereignisgesteuerte Programmierung (event driven programming), hier auch als triggering bezeichnet, wird in Hybrid mit Hilfe von sog. *delay queues* ermöglicht. Mit diesem Ansatz versuchen die Designer von Hybrid verschiedene klassische Informatik-Probleme wie z.B.

- Reader-Writer-Synchronisation

- Gleichzeitige Unteraktivitäten

- Verschachtelte atomare Transaktionen (Nested Atomic Transactions)

zu lösen.

Jeder Domain enthält eine globale Queue, in der die Anfragen an die in ihr enthaltenen Objekte zwischengespeichert und sequentialisiert abgearbeitet werden. Die delay queues werden einem Objekt fest zugeordnet. Sie können entweder geöffnet, (d.h. das Objekt akzeptiert Requests für diese Queue) oder geschlossen sein.

Der Begriff des *Triggers*, so wie er hier gebraucht wird, hat grosse Ähnlichkeit mit dem Begriff des Constraints, wie er z.B. von Borning und Duisburg [Bor86] verwendet wird. Triggers können z.B. zur Realisation der folgenden Problemstellungen verwendet werden:

- Erwarten der Verfügbarkeit einer Ressource.

- Erwarten eines bestimmten Zustands eines endlichen (oder abzählbar unendlichen) Zustandsraums.

- Einhalten einer Bedingung, die immer gültig sein muss.

- Erwarten von mehrfachen Ereignissen.

Die gleiche Art von Problemen kann ebenfalls mit Hilfe von Constraints (vgl. 4.2.) gelöst werden.

Der ausschliessliche Zugriff auf eine Ressource kann z.B. mit Hilfe einer der Ressource zugeordneten delay queue realisiert werden, indem bei der Zugriffsoperation diese Queue

geschlossen wird, worauf keine weiteren Zugriffe auf die Ressource mehr möglich sind,
bis mit einer expliziten Freigabeoperation diese delay queue wieder geöffnet wird.

Die in Hybrid eingeführten Mechanismen lassen sich auch verwenden, um auf einen
Update eines Objekts zu warten (vgl. (4.4.), Active Values). Dabei wird eine gemeinsame
delay queue geführt. Objekte, die auf einen Update warten, erwarten das nächste Öffnen
der delay queue. Bei der Durchführung eines Update wird zuerst die delay queue geöffnet
und dann eine neue Aktivität (ein Prozess) erzeugt, die die gemeinsame delay queue wieder
schliesst.

In Hybrid können eigentliche Trigger-Objekte definiert werden, die bei Eintreten eines
bestimmten Ereignisses (z.B. Erreichen einer bestimmten Zeit) andere Objekte aufwecken
können. Schliesslich können auch Constraints (Bedingungen) mit Hilfe der Hybrid-
Konstrukte eingehalten werden, so z.B. die relative Lage eines Punktes auf einem
grösseren (beweglichen) Objekt auf dem Bildschirm.

Die hier vorgestellten Mechanismen scheinen eine beträchtliche Flexibilität zu bieten.
Andererseits ist ihre Anwendung relativ kompliziert und für den Programmierer schwer
verständlich. Auch dürfte eine effiziente Implementierung dieser Mechanismen gewisse
Schwierigkeiten bieten.

4.3.3 Implementation

Hybrid ist auf Sun-Workstations unter UNIX BSD4.2 implementiert. Ein Hybrid-
Programm wird von einem Compiler in Parse-Trees übersetzt, die zur Laufzeit von einem
Interpreter abgearbeitet werden. Eine Hybrid-Umgebung besteht aus einem UNIX-
Prozess, der mehrere aktive Objekte enthält.

4.4 Active Values in Loops und Kee

4.4.1 Loops

Active Values sind ein Konzept in Loops, einer objektorientierten Erweiterung von Lisp, das die sog. zugriffsorientierte Programmierung (*access-oriented programming*) ermöglichen soll [Stef86]. Active Values führen bestimmte, vom Benutzer spezifizierte Aktionen aus, sobald lesend oder schreibend auf sie zugegriffen wird, wobei **jeder** Teil des Programms, der auf einen Active Value zugreift, die Aktion auslöst.

Eine Auswirkung dieses Konzeptes, die für die zugriffsorientierte Programmierung zentral ist und im Zusammenhang mit Active Values immerhin als angenehmer Nebeneffekt auftritt, ist die Tatsache, dass Annotationen in Objekten (wie z.B. die Active-Value-Eigenschaft) für Programme, die nicht auf sie achten, unsichtbar sind. Auch resultieren sie in einem geringen Overhead, da Active Values, die keine Aktionen auszuführen haben, keine zusätzliche CPU-Leistung absorbieren.

Beispiel zu Active Values:

```
Automobil_1
  speed 25
  xPosition              # Active Value
      repaint myself     # zugehörige Aktion
```

Innerhalb des Objekts `Automobil_1` wird die Variable `xPosition` als Active Value spezifiziert. Jedesmal, wenn auf `xPosition` zugegriffen wird, wird das Objekt neu gezeichnet.

Es ist auch möglich, Active Values zu verschachteln, so dass ein Zugriff auf einen Active Value eine Kettenreaktion auslösen kann. Beim Zugriff auf Active Values kann in Loops angegeben werden, ob die zugehörigen Aktionen vor oder nach dem Zugriff auf den Active Value zu erfolgen haben.

Direkte Anwendungen von Active Values:

*   Bei Datenbanken: Testen von Daten auf Konsistenzbedingungen, bevor die Daten gespeichert werden.

*   Implementation von Dämonprozessen, die bestimmte Werte überwachen sollen.

4.4.2 Kee

Die Active Values der KEE Programmierungebung [Int86] sind den Loops-Active-Values sehr ähnlich. Jeder der Active Values von KEE wird von einem dazugehörenden Dämon überwacht. Bei einem in Zusammenhang mit einem Active Value stehenden Ereignis werden durch den zum Active Value gehörenden Dämon automatisch vom Benutzer spezifizierte Aktionen (Methoden) ausgeführt. Die Veränderung von Werten erfolgt in KEE nicht nur durch Benutzerintervention (z.B. Tastatureingabe oder Mausbewegung), sondern auch durch das "Truth Maintenance System", das für die Einhaltung der Regeln des KEE-Expertensystems verantwortlich ist.

Ein Wert , der als Active Value definiert wurde, kann bei folgenden Ereignissen feuern (d.h. aktiv werden) und dabei vom Benutzer spezifizierte Aktionen ausführen:

*   Zufügen eines Active Value

*   Entfernen eines Active Value

*   Abfrage eines Active Value (Retrieve)

*   Modifikation eines Active Value

*   Änderung der Vererbungshierarchie der dem Active Value zugehörenden Umgebung (KEE-World).

*   Weitere, KEE-spezifische Veränderungen der Umgebung (World) des Active Value.

Ein Active Value kann auch zur Ablaufsteuerung mehrerer verwandter KEE-Worlds verwendet werden.

Das KEE-Active-Value-Konzept realisiert die ereignisgesteuerte Programmierung, ohne explizit das Konzept von mehreren parallelen Prozessen auf Benutzerebene einzuführen. Die Dämonen, die für die Überwachung der Active Values zuständig sind, sind für den Benutzer transparent.

4.5 Das SunNeWS-Postscript-Taskingsystem

4.5.1 Aktivation eines Prozesses

NeWS ist ein auf einem Postscript-Interpreter basierendes Windowsystem für Sun-Workstations. Das SunNeWS-Taskingsystem verwendet zur Aktivation eines Prozesses grundsätzlich die zwei Begriffe *Event* und *Interest*.

Ein *Event* ist ein von aussen eingetretenes, tatsächliches Ereignis. Ein Event wird in Postscript in Form eines Postscript-Dictionary beschrieben (Fig. 4.2.).

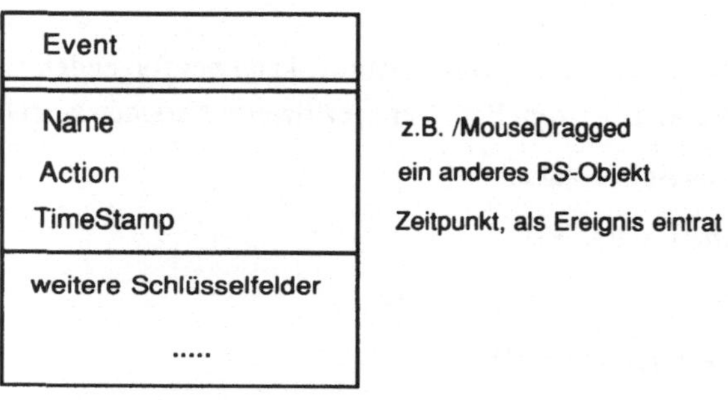

Fig. 4.2. Aufbau eines Postscript-Events

Falls ein Prozess Interesse an einem Event hat, so kreiert er einen *Interest*. Ein Interest ist ein Muster eines Events (ein ideales Event), bei dem gewisse Parameter des Events vorgegeben werden. Tritt ein Event ein, der dem von diesem Prozess spezifizierten Interest entspricht, so wird der Prozess aktiviert und führt weitere Aktionen aus.

4.5.2 Implementation des Event-Interest-Systems

Das SunNeWS-Taskingsystem verwendet eine globale Event-Queue. Falls ein Prozess ein Interest an einem Event ausgedrückt hat (mit Hilfe des Befehls `expressinterest`), wird das `IsInterest`-Flag des Events auf true gesetzt und der entsprechende Prozess zusammen mit dem gewünschten Interest in die Interest-Liste eingetragen. Der Event führt also selber Buch darüber, welche Prozesse ein Interesse an ihm ausgedrückt haben. Jeder Interest ist in genau einer Interest-Liste enthalten, aber für einen Event können mehrere Interests bestehen. Interest-Listen werden pro Canvas (~ Bildschirm-Ausschnitt) geführt. Zusätzlich gibt es noch eine globale Interest-Liste.

Event-Erzeugung

Ein Event kann auf zwei Arten erzeugt werden:

- Das System (der SunNeWS-Server) erzeugt Events, um auf Benutzeraktionen wie Maus-Bewegungen oder Tastendruck zu reagieren.

- Andere SunNeWS-Prozesse können selber Events erzeugen mit Hilfe der Befehle `sendevent` und `redistributeevent`. Diese werden analog den vom System erzeugten Events vom Event-Handling-Mechanismus abgearbeitet.

Event-Verteilung

Ein Event wird in den SunNeWS-Event-Handling-Mechanismus eingegeben und denjenigen Prozessen zugeleitet, die ein Interesse an ihm ausgedrückt haben. Dazu werden neu erzeugte Events gemäss ihrer Timestamp in eine einzige, globale Event-Queue sortiert. Events, die von anderen SunNeWS-Prozessen erzeugt werden, können von diesen mit irgend einer gewünschten Timestamp versehen werden. (z.B. mit Hilfe der Befehle `currenttime` und `lasteventtime`). Damit lassen sich auch sehr einfach "Wecker" (timer) erzeugen.

Ein Prozess kann auf einen Event warten, indem er mit `awaitevent` solange blockiert, bis der Event eintritt, für den er einen Interest angemeldet hat. Die Synchronisation der Events erfolgt durch die Verwendung einer einzigen Event-Queue, in der die einzelnen Events sequentiell und nach Timestamp sortiert vom SunNeWS-Server abgearbeitet werden.

Die folgende Abbildung (Fig. 4.3.) soll die Verwendung des SunNeWS-Taskingsystems illustrieren:

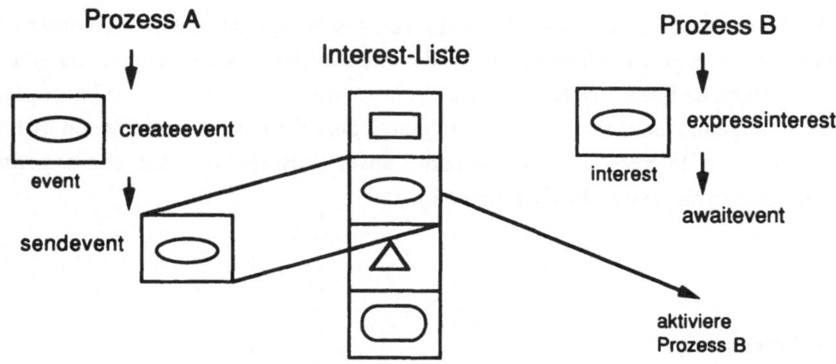

Fig. 4.3. Ablaufschema des SunNeWS-Taskingsystems

Prozess B hat zuerst mit `expressinterest` einen Muster-Event, d.h. einen Interest spezifiziert und wartet nun mit `awaitevent` auf das Eintreten eines solchen Events. Prozess A hat mit `createevent` einen tatsächlichen Event erzeugt, welcher mit `sendevent` dem SunNeWS-Server übergeben wird, der daraufhin die Interest-Liste absucht und aufgrund des passenden Interests von Prozess B diesen wieder aktiviert. Prozess B kann nun die Aktionen ausführen, die er bei der Deklaration des Interests mit `expressinterest` spezifiziert hat.

Zwei zusätzliche SunNeWS-Befehle sind:

- *forkeventmgr*:
  erzeugt einen Prozess, der jedesmal bei einem bestimmten Event aktiv wird.

- *eventmgrinterest*:
  wird zusammen mit `forkeventmgr` verwendet und erzeugt den für `forkeventmgr` nötigen Interest. Die Syntax lautet: `eventname eventproc action canvas eventmgrinterest` d.h. falls die Aktion `action` für das Event `eventname` eintritt, soll die Prozedur `eventproc` im Canvas (Bildschirm-Ausschnitt) `canvas` ausgeführt werden.

Diese beiden zusätzlichen Befehle wurden in Postscript unter Verwendung der obigen Primitiven implementiert, was die Flexibilität und Eleganz des SunNeWS Event-Handling-Modells zeigt.

4.6 Ein Event/Trigger-Mechanismus zur Unterstützung semantischer Regeln (ETM)

Im Gegensatz zu den anderen Event-Mechanismen, die meist für Windowsysteme entwickelt wurden, findet der an dieser Stelle beschriebene ETM-Mechanismus [Kot88] bei der Implementation von Datenbanken Verwendung. Das Ziel des ETM ist ein allgemein verwendbarer Mechanismus zur Konsistenzüberprüfung und Erhaltung von strukturierten und komplexen Objekten in Datenbanken, mit dem die Einhaltung von Regeln an bestimmten Punkten im Programmablauf sichergestellt werden soll. Das Einfügen von aktiven Elementen soll dem DBMS nicht nur die Konsistenzerhaltung statischer Strukturen, sondern auch die Ausführung beliebiger Aktionen auf den Datenstrukturen ermöglichen. ETM soll den Transaktionsbegriff nicht ersetzen, sondern ergänzen.

Das Triggerkonzept auf Datenbank-Ebene wurde schon früher definiert [Esw76]. Ein Trigger besteht aus der Bedingung und einem Korper (body), wobei der Körper jeweils bei Eintritt der Bedingung ausgeführt wird. Der ETM-Mechanismus ist insofern eine Verallgemeinerung des Triggermechanismus, als dass die auszuführenden Aktionen mit beliebigen Events verknüpft werden können.

Der ETM-Mechanismus kann sowohl zur Implementation des DBMS verwendet als auch direkt dem Anwender als Hilfsmittel zu Verfügung gestellt werden. So kann mit Hilfe des ETM-Mechanismus auch die atomare Transaktion relativ einfach nachgebildet werden.

Beschreibung des Mechanismus

Der ETM-Mechanismus besteht aus drei grundlegenden Komponenten:

- Der *Event*, der aus einem eindeutigen Event-Identifier und eventuellen Parametern, die der auszuführenden Aktion zu übergeben sind, besteht.

- Der *Aktion*, die auszuführen ist, falls ein bestimmter Event eintritt. Die Aktion besteht aus dem Aktion-Identifier, den Übergabeparametern und dem eigentlichen Aktionskörper, der den auszuführenden Programmtext enthält.

- Dem *Trigger*, der sich aus dem Event, auf den gewartet wird, und den Aktionen, die daraufhin ergriffen werden, zusammensetzt.

Events werden mit einer Operation `raise(event)` ausgelöst, ebenso können Trigger mit `activate(trigger)` bzw. `deactivate(trigger)` explizit aktiviert und deaktiviert werden.

Implementation

Der ETM-Mechanismus wurde als Teil des DAMASCUS-DBMS [Dit85] entwickelt, das für den VLSI-Design eingesetzt werden soll. Der ETM läuft unter UNIX System V, wobei für die Events, Aktionen und Trigger drei Hash-Tabellen verwendet werden, die sich permanent im Hauptspeicher befinden. Eine aktivierte Aktion läuft als Kindprozess des DBMS-Prozesses und kommuniziert mit dem Vaterprozess mit Hilfe von Pipes.

4.7 Folgerungen aus dem Vergleich schon existierender Mechanismen

Im wesentlichen können die hier beschriebenen Mechanismen in drei Klassen unterteilt werden:

- Constraints
- Active Values
- Event/Trigger-Mechanismen

Die drei hier aufgeführten Konzeptklassen sind nahe miteinander verwandt, so dass sich aus einem der drei Konzepte mit vernünftigem Aufwand die beiden anderen nachbilden lassen. Bei der folgenden Diskussion der drei Klassen soll jeweils eine solche Reimplementation mit Hilfe der gerade besprochenen Klasse kurz angedeutet werden. Vor allem sollen aber die drei Klassen im Hinblick auf ihre Verwendbarkeit als allgemeiner Aktivationsmechanismus auf Betriebssystem-Ebene miteinander verglichen werden.

4.7.1 Constraints

Für den Anwender sicher der einfachste und auch universellste Mechanismus ist das Constraint-Konzept. Sind Constraints einmal vorhanden, ist es einfach, Active Values nachzubilden, da jede in einem Constraint vorkommende Variable bei einer Modifikation automatisch angepasst wird und somit "aktiv" im Sinne eines Active Value ist. Auch der Event/Trigger-Mechanismus wird in einem Constraint-System zum grössten Teil überflüssig, da mit Hilfe von Event/Trigger-Mechanismen formulierte Probleme noch einfacher mit Hilfe von Constraints formuliert werden können.

Als generell auf Betriebssystem-Ebene verwendbarer Mechanismus allerdings sind Constraint-Systeme schlecht verwendbar, da dieser Mechanismus fest in eine Sprache eingebettet und damit nicht auf einer tieferen Ebene (z.B. in Form von Betriebssystem-Aufrufen (system calls)) von der Sprache losgelöst implementierbar ist. Andererseits wäre ein auf Betriebssystem-Ebene vorhandener Event/Trigger-Mechanismus sehr hilfreich bei der Implementation eines Constraint-Systems.

4.7.2 Active Values

Active Values sind ein sehr einfaches, elegantes und mächtiges Konzept. In den meisten Fällen wird genau der mit Active Values realisierte Mechanismus mit Event/Triggering (umständlicher) nachgebildet. Aber auch der allgemeiner verwendbare Event/Trigger-Mechanismus lässt sich direkt mit Hilfe von Active Values nachbilden, indem ein Active Value als Trigger verwendet wird.

Andererseits sind Active Values gleich wie Constraints direkt in eine Sprache (Sprachumgebung bzw. Interpreter) eingebettet und vom Konzept her damit nur sehr schwer auf Betriebssystem-Ebene implementierbar.

4.7.3 Event/Trigger-Mechanismen

Event/Triggering ist von den drei hier vorgestellten Konzepten der elementarste, allerdings auch am allgemeinsten verwendbare Mechanismus.

Active Values:

Active Values können direkt mit Hilfe von Event/Triggern implementiert werden, indem auf die Modifikation oder auf den Zugriff auf die Objekte gewartet und die beim Zugriff nötigen Methoden spezifiziert werden:

```
Active Value A          # Deklaration des Active Value
awaitevent(read_A)      # Ein Event "read_A"wird deklariert
```

Jeder Prozess, der nun auf A zugreift, löst zuerst das Event `read_A` aus:

```
sendevent(read_A)
read(A)
```

Constraints:

Auch Constraints können mit Hilfe des Event/Trigger-Mechanismus direkt implementiert werden, indem bei der Befriedigung eines Constraints, die die Variable A enthält, auf ein Event `used_A` reagiert wird:

Anschliessend an die Deklaration des Constraints, der die Variable A enthält, wird auf das Event `used_A` gewartet:

```
awaitevent(used_A)
```

Jeder Prozess, der die Variable A modifiziert, löst das Event `used_A` aus:

```
# Modifikation von A
sendevent(used_A)
```

Der Event/Trigger-Mechanismus lässt sich im Gegensatz zu den beiden anderen Konzepten losgelöst von irgendwelchen Sprachen direkt auf Betriebssystem-Ebene einbauen und ist damit als Basis für höherliegende Konstrukte vielseitig verwendbar. So können die "höheren" Constraint- und Active-Value-Konzepte mit Hilfe eines auf Betriebssystem-Ebene angebotenen Event/Trigger-Mechanismus mit geringem Aufwand implementiert werden.

Der Event/Trigger-Mechanismus arbeitet auf der Basis von zwei logisch getrennten Prozessen: der erste Prozess wartet auf ein bestimmtes Ereignis, während der zweite Prozess das Ereignis auslöst. Wenn das Ereignis eingetroffen ist, führt der wartende Prozess bestimmte, vom Anwender spezifizierte Aktionen aus. Ein einfacher Spezialfall tritt dann auf, wenn der gleiche Prozess zuerst die bei Eintritt eines Ereignisses zu ergreifenden Aktionen spezifiziert (das Ereignis abwartet) und dann das Ereignis später gleich selbst auslöst. Es ist also durchaus sinnvoll, einen solchen Event/Trigger-Mechanismus in einem Singletasking-Betriebssystem zu implementieren, wie dies z.B. bei Hypercard geschehen ist. Weitergehendere Möglichkeiten ergeben sich allerdings bei einem Multitasking-Betriebssystem wie dem UNIX, wo ein solcher Mechanismus in Erweiterung des UNIX-Signalmechanismus die Flexibilität des Anwendungs-programmierers enorm erweitert.

5 Eine Betriebssystem-Erweiterung zur Programmierung mit aktiven Objekten: der Event-Distribution-Mechanismus (EDM)

5.1 Einleitung

Der hier eingeführte Mechanismus soll die ereignisgesteuerte Programmierung (event driven programming) auf Betriebssystem-Ebene ermöglichen. Programmierung mit Mechanismen dieser Art wird in der Literatur auch als Programmierung mit aktiven Objekten" bezeichnet [Int86][Nie87]. Unter aktiven Objekten müssen nicht unbedingt Objekte verstanden werden, die unabhängig voneinander wirklich aktiv sein können, d.h. Objekte, die letztlich durch einen eigenen Prozess dargestellt werden. Vielmehr versucht man, sich die Objekte auf einer abstrakteren Ebene als aktive, voneinander unabhängige Entitäten vorzustellen. Die bei der hier beschriebenen Implementation unter UNIX angesprochenen Objekte werden natürlich Prozesse sein, die mit Hilfe von Events miteinander kommunizieren, d.h. zwar aktive, aber nicht persistente Objekte, deren Lebenszeit auf ihren Aufenthalt im Hauptspeicher beschränkt ist.

Als eine der Vorbedingungen, um eine verteilte Datenbank zu realisieren, die auf einem verteilten Betriebssystem-Kern aufbaut, wird in weiten Kreisen die Integration des Konzepts der *atomaren Transaktion* in das Betriebssystem angesehen. Betriebssysteme wie Quicksilver [Has88], welches auf einem Transaktionsmanager aufbaut, oder auch Software-Entwicklungssysteme wie Argus [Lis87] basieren auf dem Begriff der atomaren Transaktion. Meiner Meinung nach ist dieses Konzept zu grob, um als grundlegender Baustein für fehlertolerante verteilte Anwendungen verwendet zu werden. Der hier vorgeschlagene Mechanismus, der als grundlegenden Baustein den Begriff des Events verwendet, soll eine Alternative dazu anbieten. Er kann als Basis für höherliegende Synchronisationsmechanismen wie z.B. atomare Transaktionen gebraucht werden.

Die Verwendung von Events zur Interprozesskommunikation über mehrere Maschinen auf Betriebssystem-Ebene wurde meines Wissens explizit zum ersten Mal in [Sun88] vorgeschlagen. Das dort kurz gestreifte Verfahren scheint aber ein Event lediglich als Meldung zu verstehen. Der hier vorgeschlagene Mechanismus verwendet diesen Begriff in einem viel engeren Rahmen: Aktive Objekte (konkret: Prozesse) kommunizieren miteinander durch den Austausch von Events. Als Reaktion auf den Empfang eines Events führt der empfangende Prozess eine Event-Handler-Funktion aus. Der Mechanismus kann deshalb auch in einem gewissen Sinn als eine netzwerkweite Erweiterung des UNIX-Signalmechanismus verstanden werden.

5.2 Beschreibung des Event-Distribution-Mechanismus (EDM)

5.2.1 Terminologie und Voraussetzungen

Voraussetzung:
Im folgenden wird angenommen, dass die Namen (Identifikationen) der Events netzwerkweit eindeutig und global bekannt sind. Das bedeutet, dass **keine Namenskonflikte** zwischen Events auftreten können, die zwar den gleichen Namen haben, aber widersprüchlich auf den Empfang des gleichen Events reagieren. Im Rahmen dieser Abhandlung wird dieses Problem bewusst ausgeklammert, da es (1) sehr komplex ist und seine netzwerkweit korrekte Behandlung alleine einer Dissertation würdig wäre, und es (2) verschiedene existierende Algorithmen und sogar Implementationen dieser Algorithmen gibt, die diese Aufgabe zumindest innerhalb eines lokalen Netzwerkes zufriedenstellen lösen können (z.B. der im NCS integrierte *Uuid_gen*-Server [Apo87] zusammen mit dem *Location Broker*).

In der anschliessenden Diskussion werden verschiedene verwandte Ausdrücke gebraucht, die alle vom Begriff des *Events* abgeleitet sind. Um durch die ganze Diskussion eine konsistente Schreibweise zu erhalten, werden zu Beginn einige Definitionen vorgenommen:

- *Event-Klasse:*
  Der Begriff der Klasse ist der objektorientierten Terminologie entnommen. Mehrere Events mit dem gleichen Namen, d.h. mit der gleichen Identifikation befinden sich in der gleichen Event-Klasse.

- *Event:*
  Ein Event kann als flüchtiges (transientes) Objekt aufgefasst werden. Es ist damit

eine einzelne Instanz einer wohldefinierten Event-Klasse, die durch den Namen (die Identifikation) des Events bestimmt ist.

- *Interest (-Klasse):*
  Es besteht eine Eins-zu-Eins-Abbildung zwischen Interests und Event-Klassen. Falls ein Prozess auf einen bestimmten Event (eine bestimmte Event-Klasse) warten möchte, so drückt er sein Interesse (Interest) an dieser Event-Klasse aus. Mehrere Prozesse können gleichzeitig ein Interesse für die gleiche Event-Klasse ausdrücken. Diese mehrfachen Interests sind identisch, so dass in der folgenden Diskussion die Begriffe "Interest" und "Interest-Klasse" nicht unterschieden zu werden brauchen.

- ein Event *auslösen (triggern):*
  Ein Event kann durch einen Prozess ausgelöst (getriggert) werden, indem der Prozess den Event dem lokalen EDM-Scheduler übergibt. Mehrere identische Events, d.h. Events der gleichen Event-Klasse können von verschiedenen Prozessen gleichzeitig ausgelöst werden.

- *Senden* und *Empfangen* eines Events/Interests (remote):
  In der Kommunikation zwischen verschiedenen Maschinen werden die Events *gesendet* und *empfangen*. Diese Event-Übertragung spielt sich ausschliesslich zwischen den verschiedenen EDM-Schedulern ab.

- *Übergeben* eines Events/Interests (lokal):
  In der lokalen Kommunikation auf der gleichen Maschine zwischen dem EDM-Scheduler und seinen Client-Prozessen werden die Events *übergeben*. Unter dem Begriff *Client-Prozesse* werden diejenigen Benutzerprozesse verstanden, die die Dienste des EDM-Schedulers zur gegenseitigen Interprozesskommunikation in Anspruch nehmen.

5.2.2 Aufbau und Funktionsweise des EDM

Der hier vorgestellte Mechanismus ermöglicht die ereignisgesteuerte Programmierung auf der Betriebssystem-Ebene. Er wird für die transparente Übertragung von Events über ein lokales Netzwerk verwendet. Die im Zusammenhang mit dem EDM ausgeführten Aktionen können in zwei Kategorien unterteilt werden (Fig. 5.1.):

- *Deklarieren eines Interests:*
  Damit ein Prozess durch die Ausführung einer Event-Handler-Funktion auf das Eintreten eines Events reagieren kann, muss er zuerst ein Interesse (Interest) für diese Event-Klasse deklarieren. Dies geschieht durch die Übergabe eines Interests an den lokalen EDM-Scheduler, der daraufhin den Interest des Prozesses registriert

und unter gewissen Umständen (siehe 5.2.3. "blockierendes Event") an die anderen
EDM-Scheduler weiterleitet.

- *Auslösen eines Events:*

  Falls ein Prozess einen Event auslösen will, so übergibt er den Event an den lokalen
  EDM-Scheduler, welcher den Event an alle anderen aktiven EDM-Scheduler auf
  dem Netz weitersendet. Die' EDM-Scheduler aktivieren bei sämtlichen Prozessen,
  welche ein Interesse für diese Event-Klasse registriert haben, die Ausführung der
  Event-Handler-Funktion.

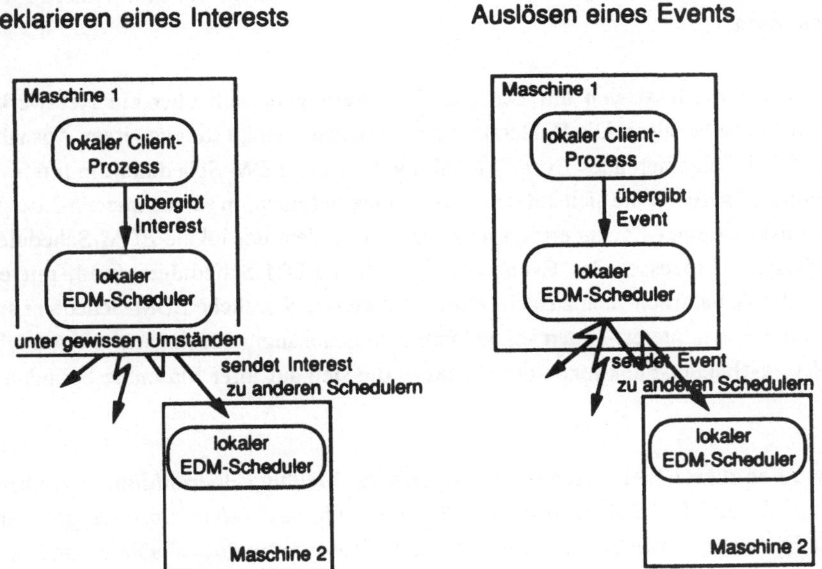

Fig. 5.1. Deklarieren eines Interests und Auslösen eines Events

Wie aus Fig.5.1. ersichtlich wird, gibt es auf jeder Maschine genau einen dedizierten
EDM-Scheduler-Prozess, der verantwortlich ist für

- die Verteilung von Events und Interests, die ihm von Prozessen auf der gleichen
  Maschine übergeben werden, an die anderen EDM-Scheduler.

- den Empfang von Events und Interests von den anderen EDM-Schedulern und die
  Weiterleitung an die lokalen Client-Prozesse. Als Reaktion auf den Empfang eines
  Events löst der EDM-Scheduler die Ausführung der entsprechenden Event-Handler-
  Funktionen bei denjenigen lokalen Client-Prozessen aus, die für den betreffenden
  Event ein Interest bei ihm registriert haben.

Jeder Prozess, der einen Event auslösen möchte, übergibt diesen dem lokalen EDM-Scheduler. Der EDM-Scheduler verwaltet eine FIFO-Event-Queue, welche sequentiell abgearbeitet wird. Damit der EDM-Scheduler weiss, welche Prozesse an einem Event ein Interesse ausgedrückt haben, führt er eine *Interest-Liste*. Die Interest-Liste enthält alle (Event/Prozess)-Paare, für die ein Prozess auf der gleichen Maschine wie der EDM-Scheduler ein Interesse ausgedrückt hat. Nach dem Erhalt eines Events sucht der EDM-Scheduler die ganze Interest-Liste ab und aktiviert alle Prozesse auf seiner Maschine, die ein Interesse an diesem Event ausgedrückt haben. Falls mehrere Prozesse ein Interest für den gleichen Event in der Interest-Liste des EDM-Schedulers stehen haben, so wird die (logisch) simultane Ausführung der Event-Handler-Funktion bei sämtlichen Prozessen angestossen.

Dieses Schema lässt sich mit geringen Erweiterungen auch über ein Netzwerk von Maschinen beibehalten. Die Deklaration eines Interests erfolgt (mit gewissen Ausnahmen, siehe 5.2.3. "blockierendes Event") lokal, indem jeder EDM-Scheduler die Interests für diejenigen Prozesse, die sich auf seiner Maschine befinden, in seiner Interest-Liste führt. Das Auslösen eines Events erfolgt netzwerkweit, indem der lokale EDM-Scheduler des auslösenden Prozesses das Event zu sämtlichen EDM-Schedulern (und, mit einem Kurzschluss, natürlich auch zu sich selbst) weiterleitet. Sämtliche EDM-Scheduler suchen nun ihre lokalen Interest-Listen ab, und initiieren unabhängig voneinander die Ausführung der Event-Handler-Funktionen der Prozesse, die sich auf ihrer Maschine befinden (Fig. 5.2.).

Es wird an dieser Stelle vorausgesetzt, dass die Meldungsübermittlung zwischen den verschiedenen EDM-Schedulern zuverlässig ist, d.h. dass *reliable broadcast* in irgend einer Form zur Verfügung gestellt wird. (Zur Problematik des reliable broadcast siehe (6.4.4.).)

1.

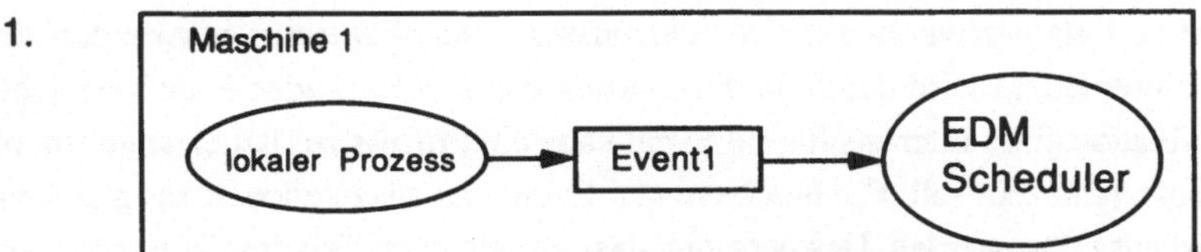

lokaler Prozess übergibt Event an EDM Scheduler

2.

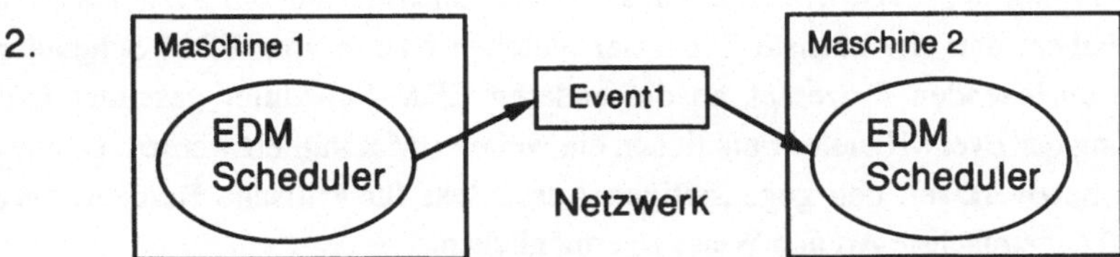

lokaler Scheduler leitet Event an alle anderen Scheduler weiter

3.

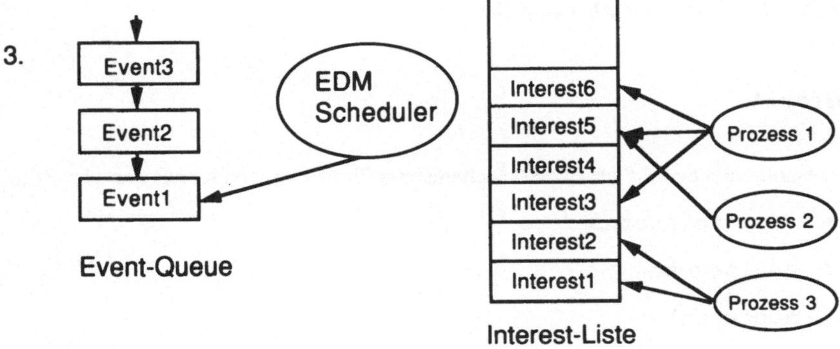

EDM Scheduler holt Event und vergleicht es mit Interests in Interest-Liste

4.

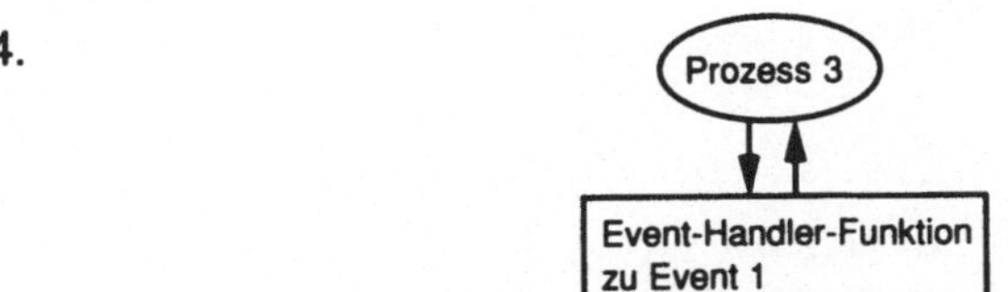

Prozesse führen Event-Handler-Funktion zu ausgelöstem Event aus

Fig. 5.2. Abarbeitung eines Events in 4 Phasen

Der EDM soll als *netzwerkweiter Synchronisationsmechanismus* verwendet werden
können. Dieser Effekt wird durch die Einführung von *blockierenden Events* erreicht. Bei
der Spezifikation eines Interests für ein Event kann ein Prozess zusätzlich angeben, ob der
Event *blockierend* sein soll. Ein blockierender Event darf netzwerkweit zur gleichen Zeit
nur einmal ausgelöst werden. Das bedeutet, dass zur gleichen Zeit nur die Event-Handler-
Funktionen für eine einzige Instanz einer blockierenden Event-Klasse ausgeführt werden
dürfen. Erst nachdem alle Prozesse, die ein Interest an diesem Event ausgedrückt haben,
die Ausführung der Event-Handler-Funktion als Reaktion auf ein ausgelöstes Event
beendet haben, darf der nächste Event der gleichen Klasse vom EDM-Scheduler des
nächsten auslösenden Prozesses an die anderen EDM-Scheduler gesendet und die
Ausführung der Event-Handler-Funktionen ein weiteres Mal initiiert werden. Damit ist es
möglich, netzwerkweit den gegenseitigen Ausschluss für kritische Bereiche (*mutual
exclusion*) auf einfachste Art und Weise zu ermöglichen.

5.2.3 Die Klientenschnittstelle

Überblick

Im wesentlichen besteht der EDM-Mechanismus für den Anwender aus den vier Primitiven

- `declareinterest`

- `awaitevent`

- `sendevent`

- `deleteinterest`

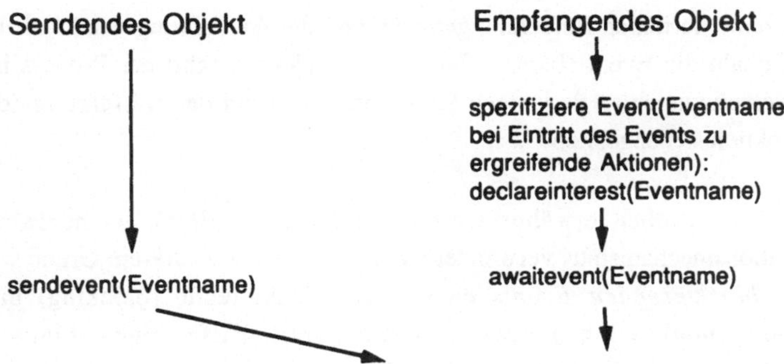

Fig. 5.3. Anwendung der Declareinterest-, Awaitevent- und Sendevent-Primitiven

Ein Prozess kann mit Hilfe von `awaitevent` auf einen von ihm spezifizierten Event warten, nachdem er mit `declareinterest` Interesse an einem bestimmten Event ausgedrückt hat. Bei Eintritt des Events, das mit `sendevent` durch einen anderen Prozess ausgelöst wird, führt der empfangende Prozess die bei der Spezifikation des Events mit `declareinterest` angegebenen Aktionen aus. Falls ein Prozess kein Interesse mehr an einem Event hat, so kann er das Interest mit `deleteinterest` wieder löschen.

Anmelden eines Interests beim EDM-Scheduler - declareinterest()

Durch den Aufruf von `declareinterest()` drückt ein Prozess sein Interesse an einer bestimmten Event-Klasse aus. Der Aufruf

```
declareinterest(Flag, event1,
            event1_handler_function)
```

bindet die `event1_handler_function` zur Event-Klasse `event1`. Das Interest dieses Prozesses an `event1` wird ausserdem in der Interest-Liste des lokalen EDM-Schedulers registriert. Sobald der EDM-Scheduler nun ein Event `event1` empfängt, wird er diesen Prozess aktivieren und so die Ausführung der `event1_handler_function` auslösen. Die Event-Handler-Funktion wird damit zwar vom EDM-Scheduler ausgelöst, die Ausführung der Event-Handler-Funktion findet jedoch im Adressraum des lokalen Client-Prozesses statt, der ein Interest an diesem Event ausgedrückt hat. Dieser Prozess unterbricht seine normalen Berechnungen während der Ausführung der Event-Handler-Funktion. Sobald die Event-Handler-Funktion beendet ist, fährt der Prozess in seinen normalen Berechnungen an derjenigen Stelle fort, wo er vor der Ausführung der Event-Handler-Funktion stehengeblieben ist.

Wie schon weiter oben erwähnt worden ist, soll der EDM als netzwerkweiter Synchronisationsmechanismus verwendet werden können. Aus diesem Grund wurde der Begriff des *blockierenden Events* eingeführt. Blockierende (blocking) und nicht blockierende (nonblocking) Events werden mit Hilfe eines Flags in der `declareinterest()`-Funktion unterschieden.

Blocking Events:
`declareinterest(BLK,...)` verzögert das Senden eines Events, bis sämtliche Prozesse auf dem ganzen Netzwerk die Ausführung der allfällig gerade ablaufenden Event-Handler-Funktionen dieser Event-Klasse beendet haben. Damit wird erreicht, dass netzwerkweit nur ein einziger Event dieser Klasse abgearbeitet werden kann. Es kann zwar von mehreren Prozesses gleichzeitig der gleiche Event ausgelöst werden, diese parallelen Anforderungen werden aber vom System sequentialisiert. Dies ermöglicht die Verwendung des EDM als netzwerkweiten Synchronisationsmechanismus, da der Zugriff auf kritische Ressourcen auf diese Weise sehr komfortabel serialisiert werden kann.

Falls der gleiche Event an einer Stelle als blockierend und an einer anderen Stelle als nichtblockierend spezifiziert wird, so kann sich eine Deadlock-Situation ergeben. Deshalb wurden in den Voraussetzungen in 5.2.1. die Event-Namen als netzwerkweit bekannt vorausgesetzt, so dass solche Namenskonflikte zum voneherein ausgeschlossen sind.

Ein Event, das als blockierend deklariert wird, muss bei der Deklaration des Interests mit `declareinterest()` im Gegensatz zu einem nichtblockierenden Event sämtlichen EDM-Schedulern (und nicht nur dem lokalen) übermittelt werden. Zur Begründung kann etwa das folgende Szenario betrachtet werden (Fig.5.4.):

EDM-Scheduler A initiiert die Ausführung der zu `event1` gehörenden Event-Handler-Funktion, ohne zu wissen, dass es sich bei `event1` um eine blockierende Event-Klasse handelt. EDM-Scheduler B hat ein Interest für `event1` in seiner Interest-Liste und weiss folglich, dass `event1` blockierend ist. Bevor er nun aber diese Tatsache an EDM-Scheduler A zurückmelden kann (der daraufhin weitere Initiierungen von `event1`'s zurückhalten würde), löst ein weiterer Prozess auf der Maschine von EDM-Scheduler A nochmals das `event1` aus, so dass EDM-Scheduler A (verbotenerweise) ein zweites Mal die Aufforderung, die Event-Handler-Funktion auszuführen, über das Netzwerk an alle EDM-Scheduler sendet.

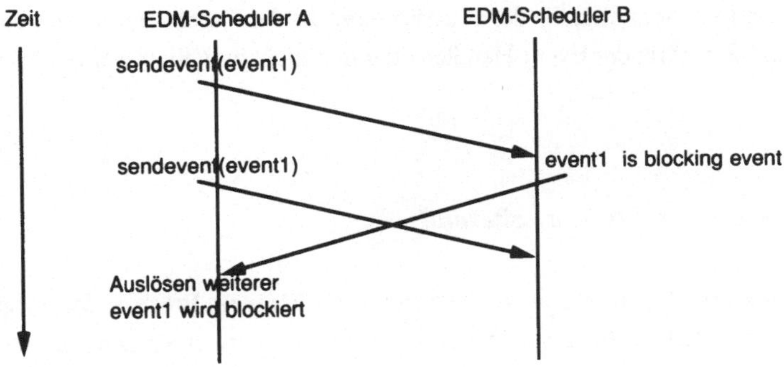

Fig. 5.4. Race Condition durch ein blockierendes Event

Um diese Verletzung des Protokolls zu vermeiden, muss allen EDM-Schedulern vor der Auslösung eines Events bekannt sein, ob es sich bei diesem Event um ein blockierendes Event handelt. Deshalb werden bei der Deklaration von blockierenden Interests mit `declareinterest(BLK, ..)` diese Interests vom lokalen EDM-Scheduler mit einem Broadcast an alle anderen EDM-Scheduler weitergeleitet, welche die blockierenden Event-Klassen ebenfalls in ihrer Interest-Liste eintragen.

Blockierende Events der gleichen Event-Klasse dürfen in einer Event-Handler-Funktion nicht verschachtelt werden, d.h. dass die Event-Handler-Funktion von `event1` nicht den gleichen `event1` nochmals auslösen darf, da sonst eine Deadlock-Situation eintritt: Falls im Korper der Event-Handler-Funktion nochmals der `event1` an den lokalen EDM-Scheduler übergeben werden soll, so wartet die Event-Handler-Funktion ewig auf die Beendigung des zweiten Aufrufs von `event1`. Ausserdem wird auf diese Weise auch jedes weitere Auslösen von `event1` durch einen anderen Prozess irgendwo auf dem Netz verunmöglicht.

Um den (eventuell ewigen) Versuch, einen blockierenden Event auszulösen, abbrechen zu können, hat ein auslösender Prozess ausserdem die Möglichkeit, nach dem ersten misslungenen Versuch mit einer Fehlermeldung das ganze Verfahren zu beenden.

Nonblocking Events:
Mit `declareinterest(NOBLK, ..)` wird ein Interesse an einem nichtblockierenden Event ausgedrückt. Der EDM in dieser Form kann vor allem als einfach anwendbarer netzwerkweiter Interprozesskommunikations-Mechanismus verwendet werden. Ein nichtblockierender Event ist (1) bedeutend billiger bei der Belastung der CPU und des

Netzwerks und (2) schneller in der Ausführung, da die "höchstens eine Funktion zur gleichen Zeit"-Semantik der Event-Handler-Funktion nicht garantiert werden muss.

Abwarten eines Events - awaitevent()

Mit `awaitevent(list_of_event-classes)` kann ein Prozess, der vorgängig mit `declareinterest()` Interesse an den in `list_of_event-classes` enthaltenen Event-Klassen ausgedrückt hat, so lange blockieren, bis ein Event, der in `list_of_event-classes` enthalten ist, von einem anderen Prozess ausgelöst wird. Sobald der Event eintritt, wird der Prozess vom lokalen EDM-Scheduler zur Ausführung der Event-Handler-Funktion für den eingetretenen Event aufgeweckt. Beim Aufruf von `awaitevent()` muss der Name der Event-Klassen angegeben werden, da ein Prozess Interesse für mehr Event-Klassen ausgedrückt haben kann als für die, auf die er warten will. Die Verwendung von `awaitevent()` ist für einen Prozess nicht zwingend: Sobald der Prozess an einem Event mit `declareinterest()` ein Interesse ausgedrückt hat, wird die Auslösung der Event-Handler-Funktion durch den lokalen EDM-Scheduler bei Eintritt des Events gewährleistet. Falls der Prozess in seinen Ausführungen weiterfährt, ohne durch die Verwendung von `awaitevent()` zu blockieren, werden die Ausführungen abgebrochen, sobald der Event ausgelöst wird, und die Event-Handler-Funktion wird vom Prozess ausgeführt. Wenn die Event-Handler-Funktion beendet ist, arbeitet der Prozess an derjenigen Stelle weiter, wo er vorher seine Ausführungen unterbrochen hat.

Auslösen eines Events - sendevent()

Mit Hilfe von `sendevent(event1,eventargs)` löst ein Prozess den Event `event1` aus. Der Event `event1` zusammen mit den Argumenten `eventargs` wird dem EDM-Scheduler übergeben, der die Meldung an alle EDM-Scheduler auf dem Netz weiterleitet. Jeder EDM-Scheduler kontrolliert seine Interest-Liste und aktiviert die Ausführung der Event-Handler-Funktion bei denjenigen Prozessen, welche ein Interesse an Event `event1` ausgedrückt haben.

Löschen eines Interests - deleteinterest()

Mit `deleteinterest(event1)` hat ein Prozess die Möglichkeit, ein vorgängig mit
`declareinterest()` deklariertes Interesse an einer Event-Klasse `event1` in der
Interest-Liste des lokalen EDM-Schedulers wieder zu löschen.

Ein Beispiel

Die Verwendung des EDM unter UNIX und C soll hier an einem einfachen Beispiel
illustriert werden:

Ein Prozess A wartet auf das Event "schreibe". Bei Eintritt des Events schreibt er die
Meldung: `Hallo, hier ist Event "schreibe"` auf den Bildschirm. Ein zweiter
Prozess B löst das Event mit `sendevent("schreibe","Hallo, hier ist
Event \"schreibe\"")` aus.

Programm für Prozess A:

```c
#include "EDMdefs.h"
main()
{
  char *schreibfunc();
  declareinterest(NOBLK,"schreibe",schreibfunc);
  awaitevent("schreibe");
}


/* Eventhandler zu "schreibe" */
static char *schreibfunc(text)
char text[50]
{
  printf("%s\n",text);
}
```

Programm für Prozess B:

```
#include "EDMdefs.h"
main()
{
  sendevent("schreibe","Hallo, hier ist Event
\"schreibe\"");
}
```

5.3 Implementation des EDM mit NCS unter Sun's NFS

5.3.1 Implementation unter Verwendung von Apollo's NCS

Die hier besprochene Implementation des EDM-Service verwendet das Network Computing System (NCS) von Apollo [Din87][Apo87]. NCS ist ein Software-Entwicklungssystem für verteilte Anwendungen, das ursprünglich für das verteilte Betriebssystem Domain/IX der Apollo-Workstations entwickelt wurde. Um NCS ähnlich dem NFS als Standard auf dem Gebiet der Software-Entwicklungssysteme durchsetzen zu können, wurde die Spezifikation von NCS öffentlich zugänglich und eine (reduzierte) Version weitgehend betriebssystemunabhängig gemacht. Eine solches NCS, bestehend aus den drei Teilen

- *Network Computing System Kernel (NCK)*, dem Laufzeit-Unterstützungssystem, das auf UNIX BSD 4.2 Sockets basiert

- *Network Interface Definition Language (NIDL) Compiler*, der die einfache Verwendung von Remote Procedure Calls ähnlich dem Sun RPCgen ermöglicht und automatisch aus einem NIDL-Spezifikationsfile die nötigen Stub-Files erzeugt

- *Location Broker*, einer zusätzlichen Komponente im Client-Server-Modell, die den Client vom Aufenthaltsort des Servers unabhängig macht, indem der Client beim Broker nur die Art des Service, nicht aber einen speziellen Server verlangt

wurde als Ausgangslage für die EDM-Implementation auf einem Netzwerk von Sun Workstations unter SunOS 4.0 und NFS installiert.

Für die Implementation des EDM von besonderer Bedeutung ist der *Location Broker*. Dieser speichert aufgrund einer netzwerkweit eindeutigen Identifikation die am Netzwerk verfügbaren Server. Auf jeder Maschine kann auf diese Weise ein EDM-Scheduler registriert werden. Durch die Vergabe einer gemeinsamen Broadcast-Adresse können mit einem einzigen Aufruf sämtliche beim Location Broker registrierten EDM-Scheduler erreicht werden. Mit Hilfe von RPC's kann so auf einfache Weise die auf allen EDM-Schedulern replizierte Interest-Liste nachgeführt werden. (Für eine weitere Beschreibung des NCS siehe (1.2.2.).)

Initialisierung (Zufügen) eines EDM-Schedulers

Jeder EDM-Scheduler muss über die Existenz sämtlicher anderen EDM-Scheduler informiert sein, damit er weiss, ob seine Broadcast-Meldungen von allen anderen EDM-Schedulern empfangen worden sind. Deshalb muss sich ein neu gestarteter EDM-Scheduler bei den anderen EDM-Schedulern anmelden um die Adressen der anderen EDM-Scheduler erfahren können. Ebenfalls muss beim ordnungsgemässen Herunterfahren eines EDM-Schedulers sich dieser bei den anderen EDM-Schedulern abmelden können. Quittiert bei einer Broadcast-Meldung ein EDM-Scheduler den Empfang der Meldung nicht innerhalb einer gewissen Zeitspanne, so muss vom EDM-Scheduler, der die Broadcast-Meldung gesendet hat, der Zusammenbruch des nicht antwortenden EDM-Schedulers erkannt und den anderen EDM-Schedulern gemeldet werden.

Bei der Verwendung von NCS wird diese globale Registration dem EDM-Scheduler vom Location Broker abgenommen. Auch ist die ordungsgemässe Abmeldung von registrierten Servern bei einem Herunterfahren des Servers in das Protokoll des Location Brokers eingebaut. Der Location Broker übernimmt damit für den EDM-Scheduler sämtliche Aufgaben, die mit der Erkennung des globalen Status zusammenhängen und ermöglicht diesem den transparenten Verkehr mit dem Netzwerk, ohne sich um den Zustand der anderen EDM-Scheduler und die Übertragung der einzelnen Meldungen kümmern zu müssen.

5.3.2 Die Architektur des EDM

Der EDM-Scheduler soll grundsätzlich synchrone und damit einfach zu verwendende Mechanismen anbieten. Die Asynchronität wird in der Implementation des EDM-Schedulers versteckt. Bei der Realisation des EDM-Schedulers in UNIX ergeben sich deshalb grundsätzlich zwei Möglichkeiten:

- Für die Behandlung jedes neuen Events wird ein neuer Task erzeugt. Dies ist implementatorisch sicher einfacher, da ein Task dann nur für eine Aufgabe zuständig ist. Dieser Ansatz weist allerdings zwei gewichtige Nachteile auf: Zum einen wird durch die Verwendung eines bestimmten (maschinenabhängigen) Taskingsystems die Portabilität des EDM-Schedulers erheblich eingeschränkt. Gewichtigster Nachteil aber ist die Schwierigkeit der gegenseitigen Synchronisation der einzelnen Tasks. Dieses Problem tritt beim zweiten Ansatz nicht auf:

- Ein Prozess pro Maschine ist für die Abhandlung sämtlicher Events zuständig. Damit erfolgt die lokale Synchronisation (maschinenintern) durch die Erzwingung des sequentialisierten Zugriffs auf diesen EDM-Scheduler. Die globale Synchronisation erfolgt durch die Verwendung eines gemeinsamen Broadcast-Kanals, durch den nur eine Meldung zur gleichen Zeit gesendet werden kann.

Aus den oben erwähnten Gründen habe ich mich für den zweiten Ansatz entschieden. Der EDM-Scheduler ist als ein UNIX-Prozess pro Workstation implementiert, der die Event-Queue sequentiell abarbeitet (Fig. 5.5.) [Zel88]. Die EDM-Scheduler kommunizieren mit Hilfe von RPC's, wobei sämtliche Interprozesskommunikations-Aufgaben für die EDM-Scheduler transparent vom NCS-Kernel übernommen werden. Der EDM-Scheduler führt zwei lokale Datenstrukturen:

- *Interest-Liste:*
  In der Interest-Liste eines EDM-Schedulers sind enthalten:

  - die nichtblockierenden Event-Klassen, für die mit `declareinterest()` auf der Maschine des EDM-Schedulers ein Interest deklariert worden ist.

  - (netzwerkweit) alle blockierenden Event-Klassen.

  Der Inhalt der Interest-Liste ist damit bei den einzelnen EDM-Schedulern unterschiedlich. Ein Eintrag in der Interest-Liste besteht aus der Event-Klassen-Identifikation, der Identifikation des auslösenden Prozesses sowie zwei Flags, die angeben, ob es sich um ein blockierendes Event handelt, und, bei einem blockierenden Event, ob es sich gerade in der Ausführung befindet. Dieses zweite Flag wird benötigt, damit der EDM-Scheduler für ein blockierendes Event, dessen Event-Handler-Funktion gerade ausgeführt wird, weitere Auslöser mit `sendevent()` verzögern und statt dessen in die Event-Queue schreiben kann.

- *Event-Queue:*
  Falls die Event-Handler-Funktion eines blockierenden Events sich in Ausführung befindet, werden weitere, mit `sendevent()` ausgelöste Events der gleichen Event-Klasse in der Event-Queue in FIFO-Ordnung abgelegt. Nachdem die Ausführung der Event-Handler-Funktion beendet ist, wird das nächste Event der gleichen Event-Klasse aus der Event-Queue geholt und die Ausführung der Event-Handler-Funktion von neuem angestossen. Der Inhalt der Event-Queue ist damit gleich wie der Inhalt der Interest-Liste vom Zustand der lokalen Maschine abhängig

und nicht etwa eine netzwerkweit replizierte global gültige Tabelle. Ein Eintrag in
der Event-Queue besteht aus der Event-Klassen-Identifikation, den Argumenten,
die dem jeweiligen `sendevent()`, das den Event ausgelöst hat, mitgegeben
wurden, und der Identifikation des auslösenden Prozesses.

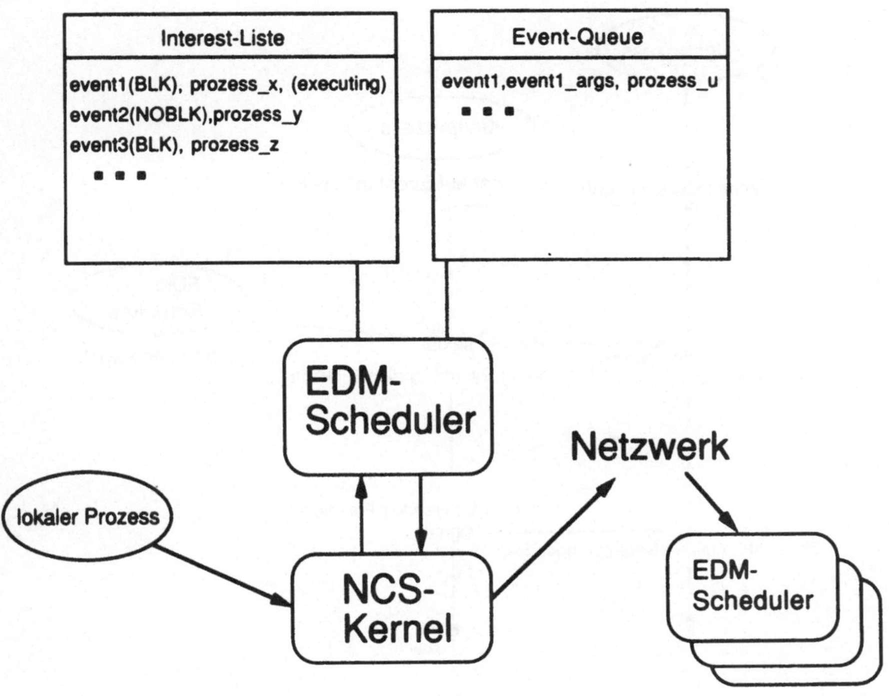

Fig. 5.5. Die Architektur des EDM

5.3.3 Die Event-Handler-Funktion

Nachdem ein Event von einem Prozess B mit `sendevent()` ausgelöst (getriggert)
worden ist, muss die Ausführung der Event-Handler-Funktion bei den Prozessen
angestossen werden, die mit `declareinterest()` ein Interesse für dieses Event
deklariert haben. Sobald ein Prozess A ein Interesse für ein Event X deklariert hat, wird
ein Kindprozess von A erzeugt, der mit Hilfe eines UNIX-Sockets auf eine Meldung des
lokalen EDM-Schedulers wartet, dass Event X ausgelöst worden sei. Wenn der

Kindprozess diese Meldung erhält, unterbricht er mit einem Signal die Ausführungen des Vaterprozesses A und führt selbst die Event-Handler-Funktion aus. Nach der Beendigung dieser Funktion wird der Vaterprozess A wieder aktiviert und fährt in seinen normalen Berechnungen fort. (Fig. 5.6.)

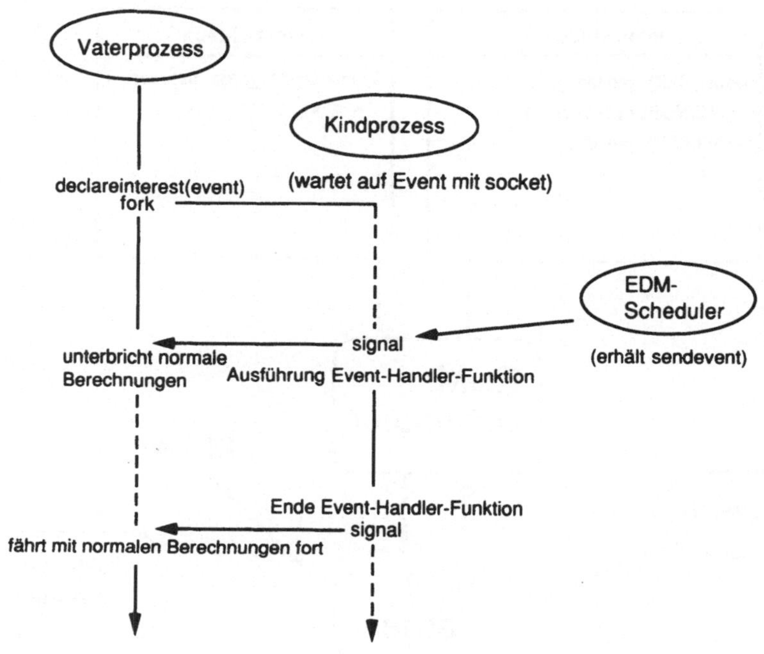

Fig. 5.6. Der Kontrollfluss bei der Event-Handler-Funktion

Der Kindprozess wird für den Fall benötigt, dass Prozess A Interests für verschiedene Events deklariert hat, da dann durch die zugehörenden Kindprozesse die (quasi) gleichzeitige Ausführung mehrerer Event-Handler-Funktionen für verschiedene Events gewährleistet ist.

Ein Problem, das bei der momentanen EDM-Implementation noch nicht befriedigend gelöst ist, ist die gleichzeitige Auslösung des gleichen (nichtblockierenden) Events auf verschiedenen Maschinen. Der Kindprozess führt für die erste vom EDM-Scheduler empfangene Aufforderung die Event-Handler-Funktion aus. Falls während dieser Ausführung weitere Aufforderungen eintreffen, so werden diese vom Kindprozess nicht beachtet und gehen verloren. Die (vorläufige) Implementation des EDM ist in dieser Hinsicht dem UNIX-Signalmechanismus ähnlich, der auch keine Zwischenspeicherung (queuing) vom Signalen erlaubt und während der Ausführung von Signal-Handler-Funktionen weitere gleiche Signale vernachlässigt. Für blockierende Events wird dieser Fall korrekt abgehandelt, da mehrere gleichzeitig ausgelöste blockierende Events der gleichen Event-Klasse bereits vom EDM-Scheduler zwischengespeichert und sequentialisiert werden.

5.3.4 Die Implementation von blockierenden Events

Bei der Implementation von blockierenden Events muss die *Netzwerkverzögerung* berücksichtigt werden. Ein blockierendes Event, d.h. ein Event, das netzwerkweit gleichzeitig nur einmal mit `sendevent()` ausgelöst und ausgeführt werden darf, kann gleichzeitig von mehreren EDM-Schedulern ohne gegenseitiges Wissen auf verschiedenen Maschinen initiiert werden. Zur korrekten Behandlung dieses Extremfalles gibt es zwei Möglichkeiten:

- Eine Kollision wird zur Laufzeit erkannt und eines der beiden Events so lange verzögert, bis das andere beendet ist. Das bedeutet allerdings, dass jeder EDM-Scheduler, der ein blockierendes Event ausgelöst hat, mit der Ausführung der dazugehörenden Event-Handler-Funktionen so lange warten muss, bis er sicher sein kann, dass kein anderer EDM-Scheduler ebenfalls ein gleichartiges blockierendes Event ausgelöst hat. Die Anwendung dieses Verfahrens führt daher zu einer relativ ineffizienten Implementation.

- Nachdem eine Kollision erkannt wurde, werden beide Events mit einer Fehlermeldung abgebrochen. Die Fehlerbehandlung für eine Kollision zweier gleichzeitiger Events wird auf diese Weise dem Anwender des EDM überbunden. Ausserdem setzt dieser Ansatz voraus, dass die durch das Netzwerk entstehende Übertragungsverzögerung kleiner ist als die Zeit, welche zur Ausführung der Event-Handler-Funktion benötigt wird. Dafür hat dieses Verfahren den Vorteil einer bedeutend effizienteren Implementation, da ein EDM-Scheduler sofort nach dem Auslösen eines blockierenden Events die Ausführung der dazugehörenden Event-Handler-Funktionen initiieren kann[1].

---

[1]Falls die zum blockierenden Event gehörenden Aktionen *idempotent* sind (d.h. der Effekt einer Aktion ist derselbe, unabhängig davon, ob die Aktion ein oder mehrere Male ausgeführt wird), so muss der Anwender das Event lediglich solange wiederholen, bis es erfolgreich zu Ende geführt werden konnte.

Da die zweite Möglichkeit für den Endbenutzer viel komplizierter anzuwenden ist, kann sie nicht ernsthaft in Betracht gezogen werden, auch wenn der gesteigerte Benutzerkomfort bei der Realisation der ersten Variante mit einer gewissen Leistungseinbusse erkauft werden muss.

Im Prinzip könnte zur Gewährleistung des gegenseitigen Ausschlusses in diesem Fall irgend ein Mutual-Exclusion-Algorithmus wie z.B. [Lel77] oder [Lam78] verwendet werden. Diese Algorithmen verlangen indessen ein Wissen über den globalen Status, d.h. Anzahl und Adressen aller aktiven EDM-Scheduler müssen jederzeit vorhanden sein, das in der Regel schwer zu erhalten und noch schwieriger konsistent zu halten ist. Der NCS Location Broker stellt nun aber genau diese Informationen (Adressen aller aktiven EDM-Scheduler) zur Verfügung. Zur Implementation von blockierenden Events wird daher ein Token-basierter Algorithmus verwendet, der im Normalfall mit weniger Meldungen auskommt als ein Queue-basierter Algorithmus. Der hier benützte Mechanismus ist im wesentlichen eine Variation des in LOCUS [Pop85] zur Implementation von replizierten Filesystemen verwendeten Algorithmus.

Prinzip:

Für jede blockierende Event-Klasse gibt es netzwerkweit ein Token. Jeder EDM-Scheduler, der ein blockierendes Event auslösen will, muss dieses Token zuerst erhalten. Es wird vorausgesetzt, dass die Meldungsübertragung zuverlässig ist (reliable broadcast), d.h. dass das Betriebssystem garantiert, dass ein korrekt arbeitender EDM-Scheduler auch die korrekten Meldungen empfängt.

Ablauf im Normalfall (Fig. 5.7.):

1. Ein EDM-Scheduler X, der ein Event auslösen will, verlangt mit einem Broadcast das entsprechende Token.

2. Derjenige EDM-Scheduler, welcher das Token besitzt, sendet es an den anfordernden EDM-Scheduler X.

3. EDM-Scheduler X löst das Event netzwerkweit aus.

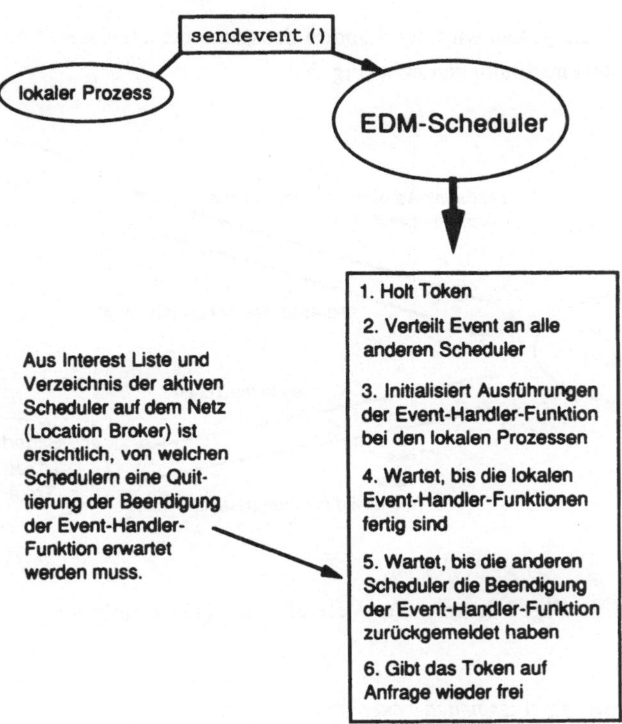

Fig. 5.7. Ablaufschema bei einem blockierenden Event

Erzeugung und Vergabe eines Tokens

Um die Verwendung eines Timeout-Mechanismus zu umgehen, wird zur Vergabe eines Tokens (in der momentanen Implementation) zur System-Initialisierungszeit statisch eine Maschine zum Token-Master bestimmt[2]. Sämtliche Maschinen führen eine Token-Liste, in der sie die Token eintragen, die sie gerade verwalten. Der Token-Master führt ausserdem ein Verzeichnis, in dem der momentane Standort aller Tokens eingetragen ist. Bei der

---

[2]In einer späteren Implementation ist es dann ein Leichtes, den Master dynamisch mit Hilfe eines aus der Literatur bekannten Algorithmus wie z.B. [Gar85] zu bestimmen. Zur Erkennung des Zusammenbruchs des Masters kann z.B. das Zerfallsprinzip, wie es in Kapitel 6 beim Decaying Lock vorgeschlagen wird, verwendet werden: Falls sich der momentane Token-Master auf eine Anfrage nicht innerhalb einer bestimmten Timeout-Zeit meldet, so wird dynamisch ein neuer Netzwerkknoten zum Master bestimmt.

Anfrage nach einem Token wird der Standort des momentanen Token-Inhabers mit Hilfe des Token-Masters ausfindig gemacht (Fig. 5.8.).

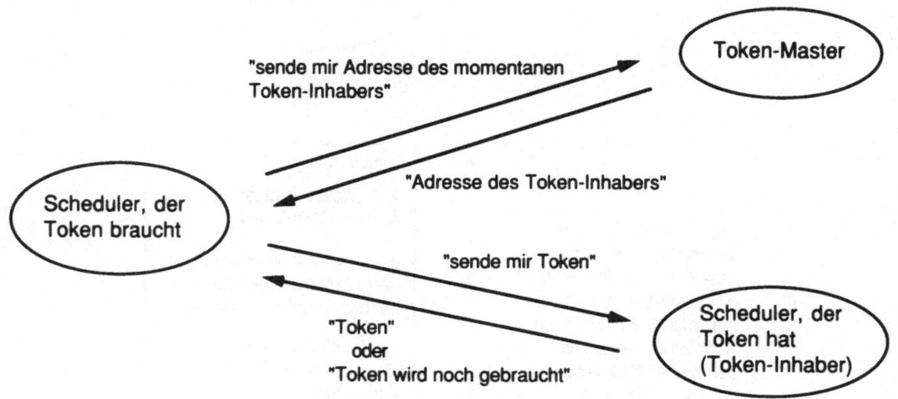

Fig. 5.8. Normaler Verlauf einer Token-Anfrage

Erstmalige Erzeugung eines neuen Tokens:
Wenn ein blockierendes Event deklariert wird, kontrolliert der lokale EDM-Scheduler zuerst, ob für dieses Event in seiner Token-Liste bereits ein Token vorhanden ist. Falls noch kein Token vorhanden ist, wird der Token-Master angefragt, ob zu diesem Event bereits ein Token existiere und im negativen Fall der Token-Master beauftragt, ein solches zu erzeugen. Der EDM-Scheduler, der das Event deklariert hat, wird dann Inhaber des neu erzeugten Tokens (Fig. 5.9.). Da der Master-EDM-Scheduler gleichzeitig nur einen Auftrag zur Erzeugung eines neuen Tokens entgegen nehmen kann, wird die mehrfache Erzeugung eines Tokens für das gleiche Event durch verschiedene EDM-Scheduler zur gleichen Zeit verhindert.

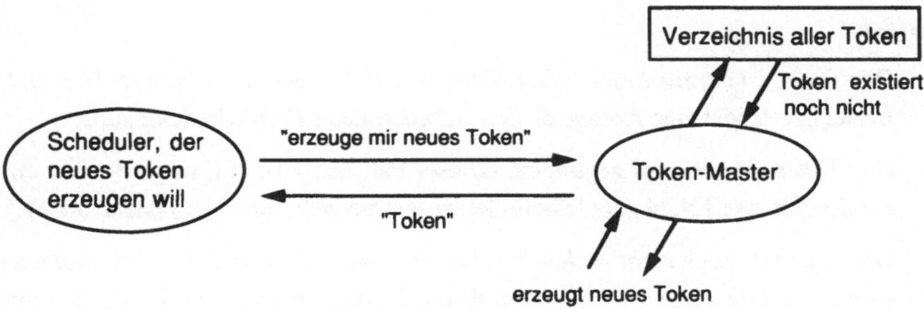

Fig. 5.9. Erzeugung eines neuen Tokens

Erkennen eines verlorengegangenen Tokens:
(Dieser Fall tritt ein, wenn die Maschine, auf der sich das Token gerade befindet,
zusammengebrochen ist.) Jeder Prozess, der ein blockierendes Event auslösen will, muss
zuerst vom vorhergehenden Besitzer des Tokens das zu diesem Event gehörende Token
anfordern. Falls das Token nicht mehr existiert, weil die Maschine, auf der das Token sich
zuletzt befand, abgestürzt ist, so wurde dieser Zustand vom Location Broker erkannt. Der
Token-Master wird vom Location Broker, der sich auf seiner Maschine befindet, darüber
informiert, dass sich die betreffende Maschine momentan nicht am Netz befindet und kann
ein neues Token erzeugen (Fig. 5.10.). Durch die Verwendung eines Masters werden
mehrere gleichzeitige Anforderungen zur Erzeugung eines neuen Tokens serialisiert, so
dass der Token-Master nur der ersten Anforderung nachzukommen braucht.

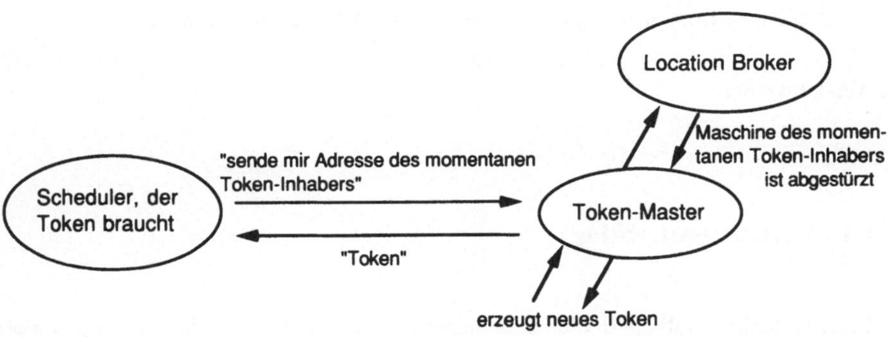

Fig. 5.10. Erzeugung eines verlorengegangenen Tokens

Sonderfälle:

- *Das Token ist bereits besetzt.* Der EDM-Scheduler, der das Token im Moment im Besitz hat, sendet eine Absage an den anfordernden EDM-Scheduler zurück.

- *Das Token ist verloren gegangen.* (Dieser Fall tritt z.B. ein, wenn die Maschine, auf der sich das Token gerade befindet, zusammengebrochen ist.) (siehe oben)

- *Das Token ist noch nicht vorhanden.* Die erstmalige Deklaration eines Interests mit `declareinterest()` für eine Event-Klasse erzeugt das Token. Derjenige EDM-Scheduler, auf dessen Maschine das Event zum ersten Mal deklariert wurde, ist der erste Besitzer des Tokens.(siehe oben)

5.4 Exemplarische Anwendungen des EDM

Aufgrund seiner Synchronisationseigenschaften eignet sich der EDM grundsätzlich, um eine instabile Umgebung wie z.B. ein Netzwerk von UNIX-Workstations auf der Anwendungsebene stabiler zu machen. Der EDM kann so zur Erlangung von Stabilität (fault tolerance) auf der Software-Stufe z.B. durch

- Implementation eines Locking-Service in einer Netzwerk-Umgebung zur Gewährleistung von Synchronisation und Serialisierbarkeit

- Verteilte atomare Transaktionen für unteilbare "alles oder nichts"-Operationen

- Replizierte Kopien eines Files für verbesserte Stabilität und Leistung

verwendet werden.

5.4.1 Ressourcen-Locking

In diesem Abschnitt soll die Implementation eines verteilten Locking-Service beschrieben werden. Dieser Locking-Service kann dann unter anderem zur Implementation von verteilten atomaren Transaktionen verwendet werden, wie dies in Abschnitt 5.4.2. beschrieben wird.

Bei der Programmierung unter Verwendung des Modells des "aktiven Objekts" ergeben sich neue Locking-Konzepte. Das Locking einer Ressource im konventionellen Sinne gibt einem Prozess die ausschliessliche Kontrolle über diese Ressource. Im Unterschied dazu ist ein aktives Objekt keine Ressource im herkömmlichen Sinne, sondern behält immer die ausschliessliche Kontrolle über seinen internen Status, d.h. *die Verantwortung für die Konsistenz der Daten wird den Daten selber übertragen.* Die Zuständigkeit für die Gewährleistung des ausschliesslichen Zugriffs, d.h. für das Locking, wird auf die Seite des Objekts, auf das zugegriffen wird, gelegt. Dieses Konzept ist damit ausgezeichnet geeignet für das *statuslose Client-Server-Modell*, da in einer statuslosen Umgebung jedes Objekt (in diesem Fall: jeder Client und jeder Server) selbst für die Konsistenz der von ihm verwalteten Daten zuständig ist und damit auch seine Statusinformationen selbst verwaltet.

Durch die Verwendung von *blockierenden* Events zur Implementation eines netzwerkweiten Locking-Service wird eine globale Synchronisation der Lock-Requests erreicht. Falls mehrere Lock-Requests gleichzeitig abgeschickt werden, so werden diese durch den EDM-Scheduler serialisiert, da nur ein globales Event aufs Mal abgehandelt werden kann, d.h. diejenigen Prozesse, die "zu spät" gekommen sind, blockieren so lange, bis ihr Event vom EDM-Scheduler abgearbeitet wird. Die Verwendung der `lock`-Events und des EDM kann für den Endbenutzer transparent in Bibliotheksfunktionen versteckt werden. Im folgenden wird eine mögliche Implementation einer `lock()`-Bibliotheksfunktion beschrieben:

Es gibt im ganzen Netzwerk eine (logische) Lock-Tabelle, welche auf jeder Client-Maschine repliziert wird. Ein Lock-Server-Prozess, der die lokale Kopie der Lock-Tabelle verwaltet, wird ebenfalls auf jeder Maschine repliziert. In der folgenden Diskussion wird angenommen, dass jeder Server beim Hochfahren eine aktuelle Kopie der Lock-Tabelle erhält, indem er sich diese von einer anderen Maschine, die bereits am Netz ist, kopiert. Der Zugriff der Clients zum Locking-Service geschieht nun mit Hilfe der beiden Event-Klassen `lock` und `unlock`, die vom EDM-Scheduler über das Netzwerk gesendet werden. Jeder Client-Prozess, der einen Lock verlangt, modifiziert die globale Lock-Tabelle. Der Zugriff auf die (logisch) globale Lock-Tabelle muss deshalb sequentialisiert werden. Dies wird erreicht, indem die `lock`-Event-Klasse als *blockierendes Event* deklariert wird. Damit kann gleichzeitig netzwerkweit nur ein `lock`-Event abgehandelt werden, d.h. netzwerkweit erhält nur ein Client-Prozess zur gleichen Zeit Zugang zur Lock-Tabelle. Jeder Client-Prozess, der einen Lock wünscht, muss das Event `lock` auslösen. Um auf den Empfang des Events `lock` reagieren können, müssen die Lock-Server-Prozesse mit `declareinterest()` ein Interest für diesen Event deklarieren.

Damit die Lock-Server-Prozesse hängende Locks, d.h. Locks, die von abgestürzten Maschinen gehalten werden, erkennen können, wird das Prinzip des *zerfallenden Locks* benützt (siehe auch (6.4.2.b)): Jeder Eintrag in der Lock-Tabelle wird zusätzlich mit einer

Zeitmarke (Timestamp) versehen. Falls für eine von neuem zu lockende Ressource bereits ein Lock vorhanden ist, kontrolliert der Lock-Server, ob die Zerfallszeit (*Decaytime*) schon abgelaufen ist. Ist die Zerfallszeit bereits abgelaufen, kontrolliert der Lock-Server, ob der Prozess, der den alten Lock innehält, noch existiert. Falls der ältere Prozess nicht mehr existiert, wird der Eintrag zugunsten des neuen Lock-Initiator-Prozesses (der sich auf **Maschine I** befindet) überschrieben. Eine andere Fehlermöglichkeit ist ein Absturz der Maschine (**Maschine H**), auf der sich der (Lock-Holder-)Prozess, der den Lock zuvor gehalten hat, befindet. In diesem Fall kann natürlich der Lock-Server-Prozess auf Maschine H ebenfalls nicht mehr reagieren. Es ist die Aufgabe des Lock-Server-Prozesses auf Maschine I, durch Verwendung eines gewöhnlichen Timeout-Protokolls einen solchen Maschinenzusammenbruch zu entdecken.

Die Event-Handler-Funktion `lock_handler` muss von allen Lock-Server-Prozessen jedesmal ausgeführt werden, wenn das Event `lock` ausgelöst wird. Um den Spezialfall eines zerfallenden Locks richtig zu behandeln, werden zwei zusätzliche gewöhnliche (nicht-blockierende) Hilfs-Events definiert:

- Falls der Lock zerfallen ist und der Prozess, der den Lock gehalten hat, nicht mehr existiert, sendet der Prozess auf Maschine H (falls der Prozess, der den Lock gehalten hat, "tot" ist) bzw. der Prozess auf Maschine I (falls die Maschine H zusammengebrochen ist), ein Event `overwrite` zu den anderen Lock-Server-Prozessen, welche ein Event `overwrite` oder `lock_still_valid` (siehe unten) abwarten. Nach dem Empfang von `overwrite` überschreiben alle Lock-Server-Prozesse den ungültigen Eintrag für den ehemaligen Lock-Holder-Prozess auf Maschine H mit dem neuen Eintrag für den Prozess auf Maschine I.

- Falls der zerfallene Lock immer noch gültig ist (der alte Lock-Holder-Prozess auf Maschine H existiert immer noch), benachrichtigt der Lock-Server auf Maschine H die Lock-Server der anderen Maschinen mit Hilfe des Events `lock_still_valid`. Der Lock-Server auf Maschine I muss in einem solchen Fall die Lock-Anfrage verneinen und dem Prozess, der den neuen Lock verlangt hat, eine "already locked"-Meldung zurückschicken.

Die Spezifikation der Event-Handler-Funktion `lock_handler` für das Event `lock` sieht folgendermassen aus:

```
/* the auxiliary interests have to be declared once at the
   initialization of the lock server */
declareinterest(NOBLK,"overwrite", overwrite_handler);
declareinterest(NOBLK,"lock_still_valid",
                lock_still_valid_handler);
```

```
/* event handler "lock_handler" for event "lock" */
{
check(lock-table);
/* normal case */
```

```
IF resource not in lock-table THEN
    make  lock-table  entry  (client_id,  resource_id,  timestamp);
    RETURN (lock ok) to lock initiating process;
ELSE
    IF resource in lock-table AND timestamp younger than decaytime
    THEN
          RETURN (already locked) to lock initiating process;
    END IF;
END IF;
```

```
/* special case of decayed lock */
IF resource in lock-table AND timestamp older than decaytime
    THEN
/* this part is only executed by the lock server on the lock holder's
machine (machine H)*/
```

```
    IF old lock holding process is on my machine THEN
        check if old lock holding process is still alive;
        IF lock holder still alive THEN
            sendevent ("lock_still_valid");
        ELSE
            sendevent  ("overwrite",  new_client-id,  new_
            resource-id);
        END IF;
```

```
/* this part is only executed by the lock server on the lock
initiator's machine (machine I) */
```

```
    ELSE
        IF new lock initiating process is on my machine THEN
            FOR some short time  /* give lock server on
                                    machine H time to react */
                awaitevent("lock_still_valid","overwrite");
            END FOR
            IF no reply THEN
                sendevent ("overwrite", new_client-id, new_
                resource-id);
            END IF;
        END IF;
```

```
/*this part is executed by the lock servers on all other machines*/
```

```
    ELSE awaitevent ("lock still valid","overwrite");
    END IF;
END IF;
}


/* event handler for event "overwrite" */
{
update  (overwrite)  lock-table  with  entry  (new_client-id,
    new_resource-id, timestamp);
}


/* event handler for event "lock_still_valid" */
{
IF lock initiating process is on my machine THEN   /* machine I */
    RETURN (already locked) to lock initiating process;
END IF;
}
```

Nachdem die Event-Handler-Funktionen für die Events `lock` und `unlock`[3] einmal
spezifiert sind, ist die Struktur des Lock-Server-Prozesses sehr einfach: Der Server wartet
in einer Haupt-Schleife, in der er lediglich auf den Empfang der zwei Events `lock` und
`unlock` zu reagieren hat:

```
declareinterest (BLK,"lock",  lock_handler);
declareinterest (NOBLK,"unlock",  unlock_handler);


/* main loop */
for (;;) {
    awaitevent ("lock","unlock")
}
```

Nachdem die Lock-Server-Prozesse auf allen Maschinen des Netzwerks installiert worden
sind, kann das Event `lock` von jedem Prozess, der einen Lock wünscht, durch die
Ausführung der folgenden Befehle ausgelöst werden:

---

[3]Die Spezifikation der Event-Handler-Funktion für das Event `unlock` wird hier ausgelassen. Diese Event-
Handler-Funktion kann durch eine vereinfachte Version der Event-Handler-Funktion für das Event `lock`
realisiert werden.

```
sendevent(lock, resource-id, client-id)
```
wait upon notification of lock server.

5.4.2 Atomare Transaktionen

Es hat sich gezeigt, dass atomare Transaktionen für verteilte Datenbanken ausserordentlich schwierig mit befriedigender Leistung und Zuverlässigkeit zu realisieren sind. Durch die Verwendung des EDM kann der Begriff der *atomaren Transaktion*, der in der konventionellen Datenbank-Theorie für den konsistenten Datenzugriff von fundamentaler Bedeutung ist, auf der Betriebssystem-Ebene aufbauend implementiert werden. Es soll hier nicht im Detail gezeigt werden, wie atomare Transaktionen zu implementieren sind. Dazu gibt es bereits zahlreiche Arbeiten, wie z.B. die Implementation von atomaren Transaktionen in Eden [Pu87] unter Verwendung objektorientierter Konzepte direkt auf Betriebssystem-Ebene oder in Argus [Lis87], wo das Transaktionskonzept ins Laufzeitsystem der Programmiersprache eingebaut worden ist.

Vielmehr wird an dieser Stelle kurz die Verwendung des EDM zur Realisation verteilter Transaktionen skizziert. Der EDM soll zur Implementation des synchronisierten Schreibzugriffs auf die Daten verwendet werden. Das Problem des Deadlocks, der auftritt, falls mehrere Transaktionen in einer zirkulären Beziehung auf gelockte Ressourcen warten, wird hier nicht behandelt. Dieses Problem muss zusätzlich, etwa durch Erkennung von Zykeln in einem Wait-For-Graphen, behandelt werden. Auch auf das Problem der *nested transactions* mit der Gefahr des *cascading aborts,* d.h. von ineinander geschachtelten Transaktionen, bei denen der Abort einer Subtransaktion den Abort der ganzen Transaktion auslöst, wird nicht näher eingegangen. Lösungsansätze hierzu sind ebenfalls in [Pu87] oder [Lis87] zu finden.

Das Modell des aktiven Objektes, das schon Ausgangslage des im vorhergehenden Kapitel beschriebenen Locking-Service bildete, wird auch hier wieder als Basis verwendet. Dazu wird die Kontrolle über erfolgreich ausgeführte Transaktionen vom Transaktionsmanager zu den aktiven Objekten verlagert. Ein aktives Objekt merkt sich die Tatsache, dass eine Transaktion (lesend oder schreibend) auf es zugegriffen hat und verweigert weiteren Transaktionen solange den Zugriff, bis es vom Transaktionsmanager über die Beendigung der Transaktion informiert wird. Um Stabilität in Bezug auf Maschinen-Crashes zu erreichen, kann das Konzept des zerfallenden Locks des vorhergehenden Kapitels zum Konzept der *zerfallenden Transaktion* erweitert werden. Das bedeutet, dass bei einem weiteren Zugriff einer anderen Transaktion nach Ablauf einer konstanten Zeitdauer sich das

aktive Objekt beim lokalen Transaktionsmanager erkundigt, ob die Transaktion, für die das
Objekt gesperrt wurde, noch existiert. (Fig. 5.11.)

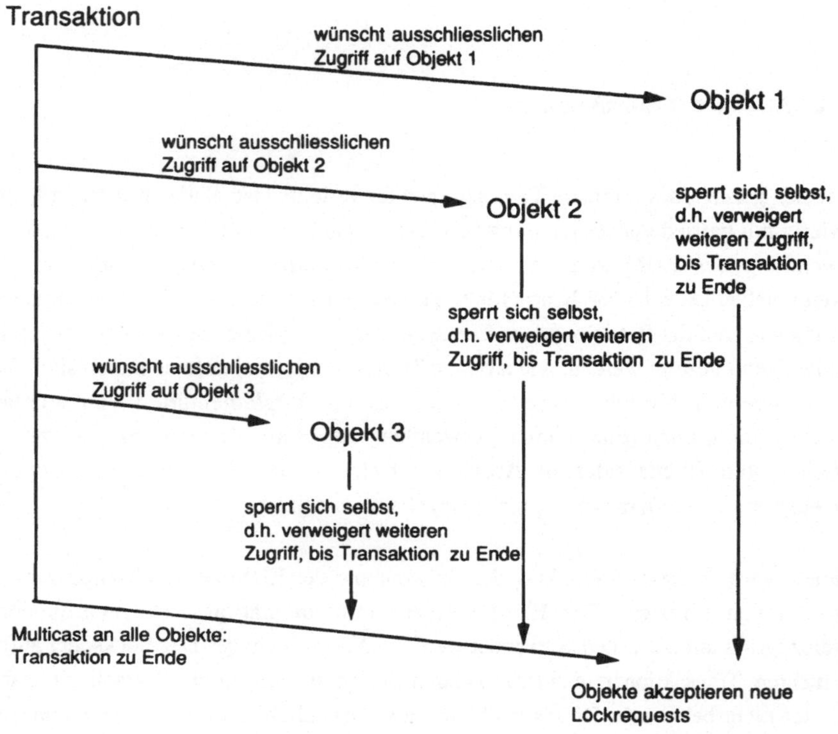

Fig. 5.11. Serialisierbare Transaktion mit Hilfe von aktiven Objekten

Der in Fig. 5.11. beschriebene Mechanismus zur Realisation einer Transaktion entspricht
dem Verfahren des *two phase locking* [Ber87]. Dieses besagt im wesentlichen, dass kein
Lock freigegeben werden darf, bis nicht sämtliche für die Transaktion nötigen Locks
zugesichert worden sind. Damit wird die Serialisierbarkeit einer Transaktion erreicht
(mehrere gleichzeitige Transaktionen führen zum gleichen Resultat wie die gleichen
Transaktionen hintereinander ausgeführt.)

Zur Implementation des Transaktionsmanagers, der auf allen Maschinen des Netzwerkes
repliziert werden muss, werden vier Events spezifiziert, die von den Client-Prozessen, die
den Transaktionsservice verwenden wollen, ausgelöst werden müssen. Der
Transaktionsmanager wartet ähnlich dem Lock-Server des vorhergehenden Kapitels in

einer Hauptschleife auf den Eintritt der vier Events. Diese Events können als nicht-blockierende Events deklariert werden, da die Synchronisation des Zugriffs auf die gemeinsamen Ressourcen mit Hilfe von Locks erfolgt.

- *begin_trans*
  Nach Eintritt des Events `begin_trans` muss die (neu gestartete) Transaktion in einer auf jeder Maschine replizierten Transaktionstabelle vom Transaktionsmanager registriert werden.

- *read_trans*
  Beim Zugriff auf eine gemeinsame Ressource muss zwischen Lese- und Schreib-zugriff unterschieden werden. Deshalb muss auch zwischen Lese- und Schreib-Locks unterschieden werden, die z.B. mit Hilfe des Locking-Service vom vorhergehenden Kapitel realisiert werden können. Um eine Leseoperation durchführen zu können, muss der lesende Prozess mit Hilfe des Events `read_trans` warten, bis kein Schreib-Lock mehr für die zu lesende Ressource vorhanden ist.

- *write_trans*
  Zur Durchführung einer Schreiboperation wird ein Transaktions-Log benötigt, in das die Schreiboperationen während der Transaktion geschrieben werden. Erst bei Beendigung der Transaktion werden die Operationen, die im Transaktions-Log stehen, auch tatsächlich am definitiven Ort durchgeführt. Bei der Ausführung der Event-Handler-Funktion zur Event-Klasse `write_trans` wird ein Schreib-Lock für die zu modifizierende Ressource verlangt und die beabsichtigte Operation ins Transaktions-Log geschrieben.

- *end_trans*
  Die Event-Handler-Funktion der Event-Klasse `end_trans` schreibt die beabsichtigten Modifikationen aus dem Transaktions-Log auf den Massenspeicher, gibt alle Locks, die von dieser Transaktion gehalten werden, wieder frei und löscht die Registration für die Transaktion in der Transaktionstabelle. Dabei können keine Kollisionen durch parallele Transaktionen auftreten, da der Zugriff auf die geteilten Ressourcen bereits bei der Ausführung der `read_trans` und `write_trans` Event-Handler-Funktionen synchronisiert worden ist.

Der Ablauf einer Transaktion, wie sie von einem Client-Prozess durchgeführt wird, stellt eine Folge von `read_trans` und `write_trans` Events dar, die von den beiden Events `begin_trans` und `end_trans` eingeschlossen wird (Fig. 5.12.).

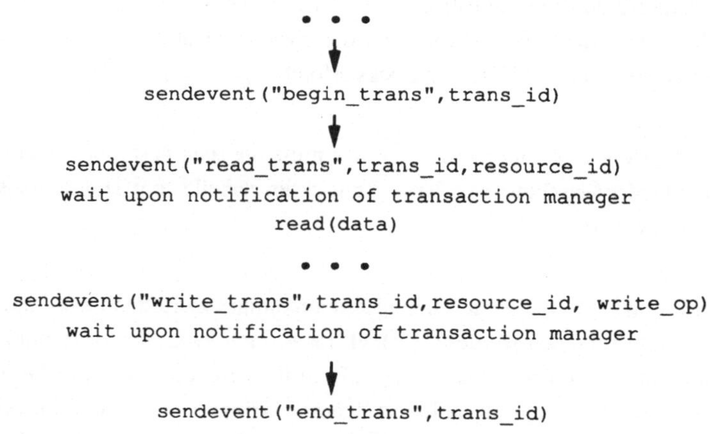

Fig. 5.12. Ablauf einer Transaktion

Die Event-Handler-Funktionen, die vom Transaktionsmanager bei Empfang der entsprechenden Events ausgeführt werden müssen, sind folgendermassen spezifiziert:

```
/* event handler "begin_trans_handler" for event "begin_trans") */
   {
   register (trans_id);
   }
```

Bei der Synchronisation einer Transaktion wird zwischen Read-Lock und Write-Lock unterschieden[4]. Deshalb wird die für das Locking verwendete, auf allen Clients replizierte Lock-Tabelle um einen zusätzlichen Eintrag erweitert, in dem festgehalten wird, ob es sich um einen Write-Lock oder um einen Read-Lock handelt.

Bei der Ausführung eines Lesezugriffs wird zuerst mit Hilfe des Events read_trans der Zugriff auf die Ressource synchronisiert und danach mit Hilfe des Betriebssystems das tatsächliche Lesen der Daten durchgeführt.

---

[4] Auf eine Ressource können zur gleichen Zeit beliebig viele Read-Locks angelegt werden, jedoch nur ein Write-Lock aufs Mal.

```
/* event handler "read_trans_handler" for event "read_trans") */
    {
    check(lock-table, resource_id);
    WHILE writelock DO
            wait until unlock(resource_id);
            check(lock-table, resource_id);
    END WHILE
    make lock-table entry (readlock,trans_id,resource_id);
    IF transaction initiating process is on my machine THEN
            send notification to transaction initiating process;
    END IF
    }
```

Das Zurückschreiben von modifizierten Daten darf erst am Ende einer Transaktion in einem
einzigen, atomaren Schritt geschehen. Deshalb wird nach der Synchronisation des
Schreibzugriffs mit Hilfe des Events `write_trans` kein tatsächliches Zurückschreiben
durchgeführt, sondern das Schreiben erfolgt innerhalb der Abhandlung des Events. Dabei
werden die Daten nicht an den endgültigen Standort zurückgeschrieben, sondern die
`write_op` wird erst in das Transaktions-Log geschrieben.

```
 /* event handler "write_trans_handler" for event "write_trans") */
    {
    check(lock-table, resource_id);
    WHILE readlock OR writelock DO
            wait until unlock(resource_id);
            check(lock-table, resource_id);
    END WHILE
    make lock-table entry (writelock,trans_id,resource_id);
    write "write_op" into transaction log;
    IF transaction initiating process is on my machine THEN
            send notification to transaction initiating process;
    END IF
    }
```

Erst am Ende der Transaktion werden sämtliche Modifikationen in einem letzten Schritt
definitiv gültig gemacht, indem alle im Transaktions-Log enthaltenen Transaktionen mit
Hilfe der Event-Handler-Funktion der Event-Klasse `end_trans` an den definitiven
Speicherplatz geschrieben werden.

```
 /* event handler "end_trans_handler" for event "end_trans") */
```

```
{
make all writes definitive which are stored in intention log;
FOR all entries of this transaction in the lock-table DO
    delete entry in lock-table;
    wake up all transactions waiting on this lock;
END FOR
}
```

Um die Implementation so einfach und übersichtlich wie möglich zu halten, wird angenommen, dass die Event-Handler-Funktion für die Event-Klasse `end_trans` in einem atomaren Schritt ausgeführt werden kann. Falls die Maschine während der Ausführung dieser Funktion "abstürzt", können Daten in einem inkonsistenten Zustand zurückbleiben.

Der Transaktionsmanager muss zuerst einen Interest für die vier benötigten Events deklarieren und wartet dann in einer Hauptschleife, in der er auf den Empfang der vier Events reagiert:

```
declareinterest(NOBLK,"begin_trans",begin_trans_handler)
declareinterest(NOBLK,"read_trans",read_trans_handler)
declareinterest(NOBLK,"write_trans",write_trans_handler)
declareinterest(NOBLK,"end_trans",end_trans_handler)


/* main loop */
for (;;) {
    awaitevent("begin_trans","read_trans","write_trans","end_trans")
}
```

5.4.3 Konsistenzerhaltung replizierter Kopien eines Files

Mehrere Kopien des gleichen Files werden hauptsächlich aus zwei Gründen an verschiedenen Orten gleichzeitig gespeichert:

- Die *Zugriffszeit* auf das File soll verkürzt werden, indem eine Kopie des Files direkt beim Anwender zwischengespeichert wird (Erhöhung der Leistung).

- Die *Verfügbarkeit* des Files soll erhöht werden, indem mehrere gleichberechtigte Kopien des Files auf mehrere Maschinen verteilt werden, so dass bei Absturz einer

Maschine immer noch weitere Kopien auf anderen Maschinen verfügbar sind.
(Erhöhung der Zuverlässigkeit (reliability).)

Dieses sog. *Cacheing*-Prinzip wird von den meisten Betriebssystemen in der einen oder
anderen Form angewendet. Besonders schwierig wird das Cacheing auf Filesystem-
Ebene, wenn die Master-Kopie des Files sich auf einem entfernten Fileserver befindet und
mehrere Client-Maschinen gleichzeitig auf das gleiche File zugreifen wollen. Cacheing
lässt sich nur bei einem *statusbehafteten* Server direkt implementieren, da der Server für
den Fall eines Update immer wissen muss, welche Clients eine Kopie des Files in ihrem
eigenen Cache-Speicher zwischengespeichert haben [Bac87] (Fig. 5.13.).

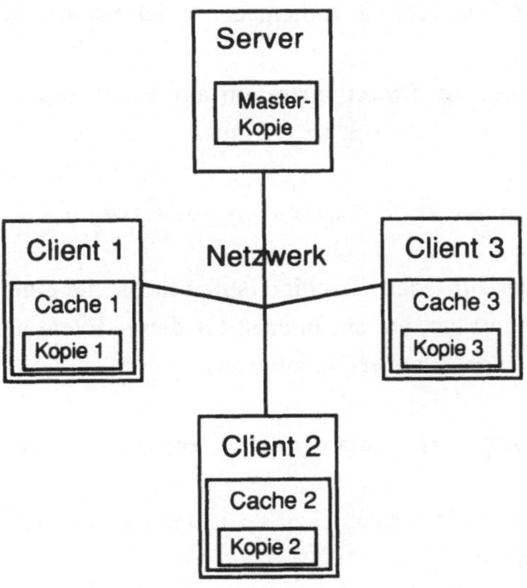

Fig. 5.13. Cacheing replizierter Kopien eines Files bei mehreren Clients

Grundsätzliches Problem bei mehreren verteilten Kopien eines Files ist die
Konsistenzerhaltung dieses Files bei Modifikationen (write). Ein Lesezugriff auf eine
Kopie berührt die Kopien in den anderen Caches nicht. Falls andererseits eine Kopie eines
Files beim Zurückschreiben modifiziert wird, muss diese Modifikation an alle anderen
Kopien weitergegeben werden. Zur Weitergabe dieser Modifikation kann z.B. der EDM
verwendet werden. Der Vorteil der Verwendung des EDM zur Weitergabe eines Update
liegt in der Tatsache, dass zur Speicherung der Files *kein statusbehafteter Fileserver*
benötigt wird, da bei der Verteilung eines Events ein Update an sämtliche Clients

weitergegeben wird, ohne dass sich der Server explizit merken muss, welche Clients eine Kopie des Files in ihrem Cache-Speicher haben.

Der Update eines Files, das auf verschiedenen Maschinen repliziert gespeichert ist, kann direkt mit Hilfe eines *blockierenden Events* implementiert werden, in dessen Event-Handler-Funktion die Schreiboperation eingebettet wird. Durch die Einbettung der Schreiboperation in die Event-Handler-Funktion eines blockierenden Events `replicated_write` wird sichergestellt, dass mehrere simultane Schreiboperationen auf verschiedenen Maschinen synchronisiert werden und nicht zu inkonsistenten Kopien führen können.[5] Da die Schreiboperation innerhalb des EDM-Schedulers abläuft, ist damit gewährleistet, dass netzwerkweit die nächste Schreiboperation erst gestartet wird, nachdem sämtliche lokalen EDM-Scheduler die vorhergehende Schreiboperation beendet haben.

Ein Client-Prozess, der eine Schreiboperation auf einem replizierten File ausführen möchte, löst das Event `replicated_write` aus:

```
sendevent("replicated_write",resource_id,write_op)
```

Der Server-Prozess, der auf jeder Maschine laufen muss, die eine replizierte Kopie des Files zwischengespeichert hat, hat ein Interest für dieses Event deklariert und führt bei Eintritt des Events die Event-Handler-Funktion aus:

```
declareinterest(BLK,"replicated_write",replicated_write_handler)

/*    event    handler    "replicated_write_handler"    for    event
"replicated_write" */
    {
    make  with  "write_op"  specified  update  on  local  copy  of   file
        resource_id
    }
```

Nach diesem Vorschlag zur Synchronisation mehrerer Prozesse in einem verteilten System mit Hilfe von Events wird nun im letzten abschliessenden Kapitel ein Anwendungsbeispiel des EDM, nämlich das verteilte Locking, mit Hilfe eines statuslosen Algorithmus von neuem implementiert. Gegenüber statusbehafteten Algorithmen haben statuslose

---

[5]Diese Eigenschaft blockierender Events wurde bereits bei der Implementation des Locking-Service von Kapitel 4.1. verwendet. Die Konsistenz der replizierten Lock-Tabelle wurde auf diese Weise gewährleistet.

Algorithmen den Vorteil der grösseren Stabilität im Falle von Maschinenzusammenbrüchen auf Kosten einer schlechteren Leistung. Da die heutigen Systeme immer komplexer und die Netzwerkverbindungen immer leistungsfähiger werden, sind einerseits globale Statusinformationen immer schwieriger auf dem neuesten Stand zu halten und ist andererseits die verschlechterte Leistung vernachlässigbar, so dass statuslosen Systemen eine immer grössere Bedeutung zukommen wird.

6 Dynamisch synchronisiertes Locking - Ein Locking-Protokoll für Ressourcen-Locking in einer statuslosen Umgebung

6.1 Einleitung und Zielsetzungen

In einer gemäss dem Client-Server-Modell aufgebauten Umgebung wird unterschieden zwischen Client-Prozessen, welche Dienstleistungen verlangen, und Server-Prozessen, welche diese Dienstleistungen den Client-Prozessen anbieten.

Client-Server-Modelle wiederum können in zwei Klassen aufgeteilt werden: Im *statusbehafteten Client-Server Modell* wird für die Dauer der Dienstleistung eines Servers für einen Client eine Verbindung mit dem Server aufgebaut (*virtual circuit*). Ein statusbehafteter Fileserver zum Beispiel speichert sich für die Dauer einer Verbindung sämtliche für die Verbindung nötigen Daten über den Client, so dass im folgenden Verkehr zwischen Client und Server nur noch die im Moment benötigten Daten übertragen werden müssen.

Im Gegensatz dazu speichert sich der Server im *statuslosen Client-Server-Modell* keine Daten über den Client. Das bedeutet, dass keine länger dauernden (virtuellen) Verbindungen zwischen Client und Server eröffnet werden. Vielmehr werden sämtliche für den Verbindungsaufbau nötigen Daten, wie z.B. Identifikation des Clients gegenüber dem Server, mit jedem Datenaustausch von neuem übertragen.

Grosser Vorteil des statuslosen Client-Server-Modells ist seine Stabilität gegenüber Client- und Server-Crashes: Für einen Client ist ein zusammengebrochener und wieder hochgekommener Server nicht von einem langsam, aber korrekt arbeitenden Server zu unterscheiden. Der Server andererseits braucht sich nicht um aufgrund eines Client-

Zusammenbruchs unkorrekt gewordene Client-Informationen zu kümmern, da er sich gar keine Informationen über seine Clients speichert.

Hauptsächlichstes Problem im statuslosen Modell ist die Implementation statusbehafteter Dienstleistungen wie File- und Record-Locking. Da viele Anwendungen von Locking-Mechanismen Gebrauch machen, sind die meisten verteilten Filesysteme gemäss dem statusbehafteten Modell aufgebaut. Bekannteste Ausnahme ist das NFS [San86], welches ein grundsätzlich statusloses Filesystem ist. So musste allerdings File- und Record-Locking mit Hilfe eines zusätzlichen Status-Servers eingebaut werden [Cha85]. Das anschliessend vorgestellte DSL-Protokoll soll einen Mechanismus für File- und Record-Locking für ein statusloses Filesystem ohne die Verwendung dieses zusätzlichen Status-Servers anbieten. Als Beispiel wird die Implementation einer Bibliotheksfunktion entsprechend dem UNIX-`lockf()`-System-Call [Roc85] für Sun's NFS [San86] beschrieben.

6.2 Das statuslose versus das statusbehaftete Client-Server Modell

6.2.1 Allgemeines

Wie schon in der Einleitung erwähnt, baut ein Client eines statusbehafteten Servers eine Verbindung zu seinem Server auf. Eine Beziehung zwischen einem statusbehafteten Server und seinem Client kann in der Netzwerk-Terminologie als *virtual circuit* oder *verbindungsorientiert (connection oriented)* bezeichnet werden [Tan81]. Beim Verbindungsaufbau meldet sich der Client beim Server an und übermittelt ihm sämtliche, für die Dauer der Verbindung benötigten Daten wie Zugriffsrechte, genaue Bezeichnung der Daten, auf die zugegriffen werden soll, etc.. Der Server speichert sich sämtliche für die Verbindung benötigten Daten, so dass im Verlauf des weiteren Datenaustauschs nur noch die für die momentane Anfrage relevanten Daten ausgetauscht werden müssen. Ein Datenaustausch zwischen einem statusbehafteten Fileserver und seinem Client sieht damit in der UNIX-Terminologie folgendermassen aus:

```
session_id = open(server,client_authentication,file,...)
            ↓

while (...) {
      read(session_id,&buffer)
      ....
      write(session_id,&buffer)
            ↓

} close(session_id)
```

Im Gegensatz zum statusbehafteten Server speichert der statuslose Server keine Daten über seine Clients. Ein Client ist damit nicht in der Lage, eine Verbindung mit einem statuslosen Server aufzubauen. Ein Datenaustausch zwischen einem statuslosen Server und seinen Clients ist in der Netzwerkumgebung vergleichbar mit einer *datagram* oder *verbindungslosen* Beziehung [Tan81]. Bei einem Datenaustausch mit einem statuslosen Server muss der Client mit jedem Datenpaket sämtliche Parameter, welche für die Verbindung wichtig sind, mitsenden:

```
            ↓

while (...) {
      read(server,client_authentication,file,&buffer...)
      ....
      write(server,client_authentication,file,&buffer...)
}
            ↓
```

Ein Datenaustausch mit einem statusbehafteten Server kann also bedeutend effizienter durchgeführt werden als ein Datenaustausch mit einem statuslosen Server, da nicht mit jedem Datenpaket sämtliche Statusparameter von neuem übertragen werden müssen. Ein noch gewichtigerer Vorteil des statusbehafteten Fileservers liegt in der Tatsache, dass bei einer statusbehafteten Verbindung Caching möglich ist: Ein Client eines statusbehafteten Servers muss damit nicht bei jedem write eines Benutzers die modifizierten Filedaten auf den Server zurückschreiben, wie dies beim statuslosen Client-Server-Modell erforderlich ist. Ein statusbehafteter Server weiss ja, welcher Client gerade ein bestimmtes File für den Schreibzugriff geöffnet hat und muss deshalb erst bei einem Zugriff eines weiteren Clients auf das gleiche File den ersten Client veranlassen, die modifizierten Fileblöcke auf den Server zurückzuschreiben. Würde andererseits dem Client eines statuslosen Servers Caching gestattet, so wäre die Konsistenz der Daten nicht mehr gewährleistet, da verschiedene Clients zur gleichen Zeit die gleichen Files in ihrem lokalen Cache modifizieren könnten, worauf beim Zurückschreiben auf den Server verschiedene Versionen des gleichen Files überschrieben würden.

6.2.2 Nachteile des statusbehafteten Servers in einer Netzwerk-Umgebung

Das statusbehaftete Servermodell weist einen gewichtigen Nachteil auf, der die Verwendung des a priori aufwendigeren statuslosen Servers vor allem in einer Netzwerk-Umgebung rechtfertigt: Der statusbehaftete Server muss immer über den Zustand seiner Clients informiert sein. In einer Ein-Prozessor-Umgebung ergeben sich dabei keine Probleme, da bei einem (durch die Hardware verursachten) Crash des Client-Prozesses der Server-Prozess auch zusammenbricht. Ganz anders in einem verteilten Betriebssystem oder einem Netzwerk-Betriebssystem: Da Client- und Server-Prozesse meist auf verschiedenen Prozessoren oder gar verschiedenen Maschinen lokalisiert sind, kann die Ueberwachung des Zustands der Client-Prozesse für den Server zu einem grossen Problem werden. Der Entwerfer eines auf dem statusbehafteten Client-Server-Modell basierenden Netzwerk-Services muss deshalb zusätzliche Protokolle einbauen sowohl für den Server-Prozess zur Erkennung von Client-Crashes als auch für die Client-Prozesse zur Erkennung von Server-Crashes.

Beim statuslosen Client-Server-Modell ergeben sich keine solchen Schwierigkeiten. Sowohl bei einem Client- als auch bei einem Server-Crash wird das korrekte Weiterarbeiten nach einem Absturz (*error recovery*) ohne zusätzliches Protokoll ermöglicht:

- *Client-Crash:* Ein Crash eines Clients hat auf den Server und die anderen Clients keine Auswirkung. Nachdem der Client wieder hochgefahren wurde, kann er direkt ohne zusätzliches Recovery-Protokoll weiterarbeiten. Da der Server keine Informationen über seine Clients speichert, kann er auch nicht durch nicht mehr aktuelle oder sogar fehlerhafte Statusinformationen über seine Clients das korrekte Funktionieren des Netzwerk-Services verunmöglichen.

- *Server-Crash:* Für einen Client eines statuslosen Servers ist ein langsam, aber korrekt arbeitender Server nicht von einem abgestürzten und wieder hochgekommenen Server zu unterscheiden, da der Client mit jeder Anfrage an den Server sämtliche zur Behandlung der Anfrage nötigen Parameter mitsendet, und vom Server keine Parameter über seine momentanen Clients zwischengespeichert werden.

6.2.3 Die Locking-Problematik für statuslose Server

Da ein statusloser Server sich keine Daten über seine Clients speichert, können grundsätzlich statusbehaftete Dienstleistungen wie Locking im statuslosen Client-Server-Modell nicht direkt implementiert werden. File- und Record-Locking, so wie es z.B. in UNIX durch den `lockf()` System Call implementiert wird, ist die meistverwendete Möglichkeit, um für Datenbank-Anwendungen auf Fileebene die Konsistenz der Daten zu gewährleisten. Mit Hilfe von Locking wird das Konzept der atomaren Transaktion [Ber87] realisiert, welches einerseits Unteilbarkeit, ("alles oder nichts"-Ausführung einer Transaktion) und andererseits Serialisierbarkeit (der Endeffekt mehrerer Transaktionen ist unabhängig davon, ob die Transaktionen parallel oder in beliebiger Reihenfolge sequentiell ausgeführt werden) garantiert.

Bei einem statusbehafteten Server ist die Implementation eines Locking-Service mit wenig zusätzlichem Aufwand verbunden. Clients senden ihre Lock-Requests zusammen mit den Daten-Requests an den Server, welcher die gewährten Locks in einer global gültigen Tabelle speichert. In einem fehlerfrei funktionierenden statusbehafteten System ist der durch das Locking entstehende zusätzliche Aufwand vernachlässigbar klein. Der Server muss allerdings zu jeder Zeit über den Zustand seiner Clients informiert sein, da sonst eine Ressource durch einen zusammengebrochenen Client für immer blockiert sein kann. Da das Nachführen der korrekten Statusinformationen über seine Clients aber a priori zu den Aufgaben eines statusbehafteten Servers gehört, entsteht durch die Implementation eines Locking-Service im statusbehafteten Client-Server-Modell kein zusätzlicher Aufwand.

Im Gegensatz dazu muss die für das Locking benötigte Statusinformation über den Zustand der Clients für einen statuslosen Server durch ein zusätzliches Protokoll beschafft werden. Beim einfachsten Ansatz führt der Server die globale Lock-Tabelle, wobei die Übereinstimmung der Einträge in der Lock-Tabelle mit dem tatsächlichen Zustand der Clients durch das Locking-Protokoll sichergestellt werden muss. Im nächsten Abschnitt werden einige existierende Ansätze für das statuslose Locking-Problem beschrieben.

6.3 Existierende Lösungen für das statuslose Locking-Problem

6.3.1 Sun's Lock-Manager

Der im Rahmen des Sun Betriebssystems angebotene Locking-Service für File- und Record-Locking ist vom statuslosen Filesystem NFS getrennt. Die Realisation von Locking geschieht mit Hilfe von zwei zusätzlichen Servern [Cha85]:

- Der *Status-Monitor* überwacht den Zustand sämtlicher Maschinen auf dem Netzwerk. Dazu werden die Client-Maschinen, d.h. im allgemeinen die Workstations ohne Harddisk, in Gruppen unterteilt. Auf jeder Client-Maschine läuft ein Status-Dämonprozess. Jede Clienten-Gruppe wird durch einen Master-Prozess überwacht, der sich auf einer besonders stabilen Maschine, meist einem Fileserver, befindet. Der Master-Prozess sendet der von ihm überwachten Clienten-Gruppe periodisch eine Multicast-Meldung, welche von allen Dämonprozessen auf den Client-Maschinen beantwortet werden muss.

- Der *Lock-Manager* ist ein weiterer Prozess, der auf allen Client-Maschinen läuft. Der Lock-Manager verwendet den Status-Monitor, um den Crash einer Client-Maschine zu erkennen und alle Locks einer abgestürzten Maschine in der Lock-Tabelle des Servers zu löschen. Um auch einen Server-Crash korrekt behandeln zu können, wird ein sog. *grace recovery protocol* verwendet. Nach einem Server-Crash und dem Wiederhochkommen des Servers werden während der *grace period* bevorzugt Lock-Requests von Clients akzeptiert, die den Lock für die betreffende Ressource bereits vor dem Absturz des Servers gehalten haben.

Das von Sun verwendete Locking-Protokoll führt durch die Verwendung des Status-Monitors das Konzept des statusbehafteten Servers auf der Benutzerebene wieder ein, da jeder Status-Monitor-Master-Prozess einem statusbehafteten Server entspricht. Ein weiterer Nachteil des Sun-Locking-Protokolls liegt in der Tatsache, dass ein abgestürzter Client erst erkannt werden kann, wenn er wieder hochkommt. Damit kann eine unkorrekt abgeschaltete (abgestürzte) Maschine den Zugriff auf eine Ressource so lange blockieren, bis sie zum nächsten Mal eingeschaltet wird.

6.3.2 Weitere theoretische Ansätze

Weitere Möglichkeiten zur Implementation eines verteilten Locking-Service ergeben sich aus der Verwendung eines Algorithmus zur Gewährleistung des gegenseitigen Ausschlusses in kritischen Bereichen (mutual exclusion). Hier gibt es vor allem queuebasierte Algorithmen wie z.B. [Lam78], die sich für Netzwerke mit einer einfachen Broadcast-Möglichkeit eignen und tokenbasierte Algorithmen, z.B. [LeL77], die für Token-Ring-Netzwerke geeignet sind. Da der hier beschriebene Locking-Service auf einem CSMA/CD Netzwerk, nämlich dem Ethernet [Tan81], das über einen effizienten Broadcast-Mechanismus verfügt, implementiert werden soll, wird im folgenden eine Realisation des Locking-Service unter Verwendung des Lamport-Algorithmus [Lam78] skizziert.

Grundlage des Lamport-Algorithmus ist eine Queue, die auf jedem Netzwerk-Knoten repliziert wird. Jeder Client, der einen Lock wünscht, meldet dies mit einem Broadcast sämtlichen anderen Clients, worauf dieser Request in der auf jedem Client replizierten FIFO-Queue abgelegt wird. Jeder Client, der einen solchen Lock-Request erhält, bestätigt den Empfang des Lock-Requests durch Zurücksenden einer Bestätigung an den Sender des Lock-Requests. Der Sender des Lock-Requests kann die Ressource als für ihn gesperrt betrachten, falls er von sämtlichen anderen Clients eine Bestätigung seines Lock-Requests erhalten hat. Diese kurze Skizzierung der Anwendung des Lamport-Algorithmus zeigt bereits zwei gravierende Nachteile, die seine weitere Verwendung zur Lösung des statuslosen Locking-Problems so kompliziert machen, dass er nicht weiter in Betracht gezogen werden kann:

- Um den Empfang der Broadcast-Meldungen bestätigen zu können, muss jeder Client über die Anzahl und die Adressen sämtlicher anderer Clients auf dem Netzwerk informiert sein, eine Information, die sehr schwer immer auf dem neuesten Stand zu halten ist.

- Der Lamport-Algorithmus bietet keine Hilfe bei der Erkennung von Client-Crashes. Damit muss ein Client-Crash mit Hilfe zusätzlicher Mechanismen, z.B. mit Hilfe eines Status-Monitors (siehe oben) erkannt werden, was das ganze Locking-Protokoll sehr kompliziert macht.

Im folgenden Abschnitt wird das DSL-Protokoll eingeführt, welches keine globalen Statusinformationen, wie z.B. Anzahl der Clients, benötigt und bei welchem auch die Erkennung eines Client-Crashes in das Protokoll eingebaut ist.

6.4 Dynamisch Synchronisiertes Locking - Das DSL-Protokoll

6.4.1 Die grundlegende Idee

Das DSL-Protokoll verwendet eine (logisch) globale Lock-Tabelle, die (physisch) auf allen aktiven Clients repliziert wird. Jeder Client ist selbst für die Konsistenz seiner lokalen Kopie der globalen Lock-Tabelle verantwortlich. Die verteilten Kopien sind in einer schwachen Form konsistent, indem sie bei keinen neuen Einträgen mit Hilfe des DSL-Protokolls gegen den konsistenten Zustand konvergieren.

In einem neu initialisierten System beginnen sämtliche Clients mit einer leeren Lock-Tabelle. Falls ein Client eine Ressource sperren will (der *Lock-Initiator*), kontrolliert er seine lokale Kopie der Lock-Tabelle. Falls dort noch kein Eintrag für die entsprechende Ressource vorhanden ist, so gewährt er diesen Lock und macht einen Eintrag für die entsprechende Ressource in seiner Lock-Tabelle. Ferner teilt er diese Tatsache mit einem Broadcast (der *Lock-Notification*) sämtlichen anderen Clients mit, worauf diese ebenfalls einen Eintrag in ihre Kopie der Lock-Tabelle machen[1] (Fig. 6.1.) [Glo89].

---

[1]Falls durch einen Uebertragungsfehler ein älterer (ungültiger) Eintrag für die gleiche Ressource nicht richtig von allen Clients gelöscht wurde, so wird der ältere Eintrag durch den neuen Eintrag überschrieben.

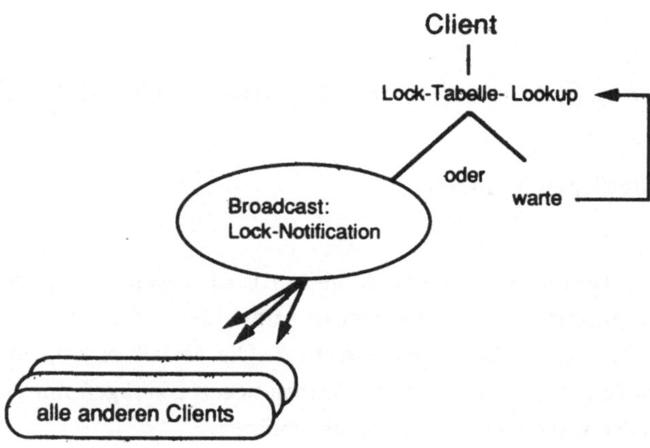

Fig. 6.1. Ausführung eines DSL-Lockrequests

Falls für die zu sperrende Ressource schon ein Eintrag in der Lock-Tabelle vorhanden ist, wartet der Client, bis die Ressource wieder freigegeben wird, oder aber er bricht die Lock-Operation ab. Um einen Lock wieder freizugeben, löscht der Client den Eintrag in der lokalen Lock-Tabelle und meldet diese Tatsache mit einem Broadcast den anderen Clients, welche den Eintrag für die zu sperrende Ressource ebenfalls in ihrer Lock-Tabelle löschen.

Damit das DSL-Protokoll auch bei Systemunterbrüchen noch korrekt arbeitet, müssen drei Probleme gelöst werden:

- Ein Client-Crash muss von den anderen Clients bemerkt werden. Dieses Problem wird mit Hilfe von Timestamps gelöst.

- Die Netzwerk-Verzögerung muss berücksichtigt werden, d.h. es existiert eine endliche Verzögerung zwischen dem Abschicken einer Broadcast-Meldung und dem Empfang der Meldung durch die anderen Clients.

- Falls der Broadcast nicht hundertprozentig zuverlässig ist, muss die Konsistenz der Lock-Tabellen mit zusätzlichen Mitteln gewährleistet werden.

In den folgenden Abschnitten wird das DSL-Protokoll sukzessive erweitert, um auch bei Eintritt der oben erwähnten Schwierigkeiten weiterhin einen korrekten Ablauf zu gewährleisten.

6.4.2 Berücksichtigung von Client-Crashes

In einem nicht-idealen Netzwerk muss mit Client- und Server-Crashes gerechnet werden. Server-Crashes brauchen nicht behandelt zu werden, da der Server, der die von den Clients gewünschten Ressourcen zur Verfügung stellt, am DSL-Locking-Protokoll nicht beteiligt ist. Ein Client-Crash andererseits wird höchstwahrscheinlich einige Ressourcen blockieren und damit zu inkonsistenten Lock-Tabellen führen. Um dieses Problem umfassend behandeln zu können, sind vier verschiedene Fälle von Client-Crashes zu unterscheiden:

a) *Ein Client, der keine Ressource gesperrt hat, ist zusammengebrochen und wird von neuem hochgefahren.*
   Ein frisch initialisierter Client beginnt mit einer leeren Lock-Tabelle. Verlangt er nun eine Ressource, die bereits anderweitig gesperrt wurde, so meldet sich derjenige Client, der die Ressource bereits gesperrt hat (der *Lock-Holder*) mit einem *Lock-Protest*, worauf der neu hochgefahrene Client (und alle weiteren Clients, welche keinen Eintrag für diese Ressource in ihrer Lock-Tabelle aufweisen) einen Eintrag für die vom Lock-Holder gesperrte Ressource in ihrer Lock-Tabelle vornehmen. (Fig. 6.2.)

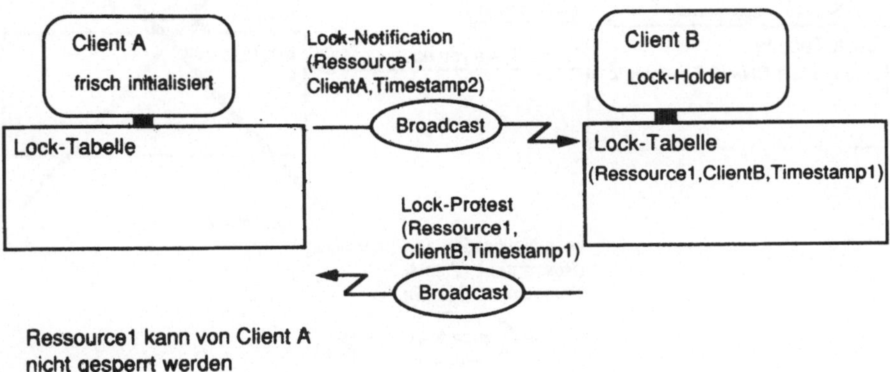

Fig. 6.2. Ein neuer Client (Client A) wird dem laufenden System zugefügt und verlangt einen Lock für eine bereits von Client B gesperrte Ressource.

b) *Ein Client, der Ressourcen gesperrt hat, ist zusammengebrochen und wird nicht mehr hochgefahren.*

Da das Locking-Protokoll ohne einen zusätzlichen Statusserver von der Art des Status-Monitor von Sun auskommen soll, werden abgestürzte Clients mit Hilfe des Konzeptes des *zerfallenden Locks* (*decaying lock*) erkannt: Ein Lock ist unbesehen nur für eine bestimmte Zeitdauer gültig, nach Ablauf dieser Gültigkeitsdauer wird der Lock-Holder vom neuen Lock-Initiator angefragt, ob er den Lock noch brauche. Falls der Lock-Holder auf diese Anfrage nicht reagiert, weiss der Lock-Initiator, dass der Lock-Holder abgestürzt ist. In einem Broadcast meldet er diese Tatsache sämtlichen anderen Clients, welche daraufhin alle Einträge für den abgestürzten Lock-Holder in ihrer Lock-Tabelle löschen.

Die Zeit, für die ein Lock unbesehen gültig ist (die *Decaytime*), ist eine für die Leistung des DSL-Locking-Algorithmus zentrale Grösse. Ist die Decaytime zu gross, so werden abgestürzte Maschinen zu spät erkannt, ist sie zu klein, so wird durch Lock-Requests für zu Recht gesperrte Ressourcen zusätzlicher Netzwerk-Verkehr erzeugt, der im Prinzip unnötig ist. (Fig. 6.3.)

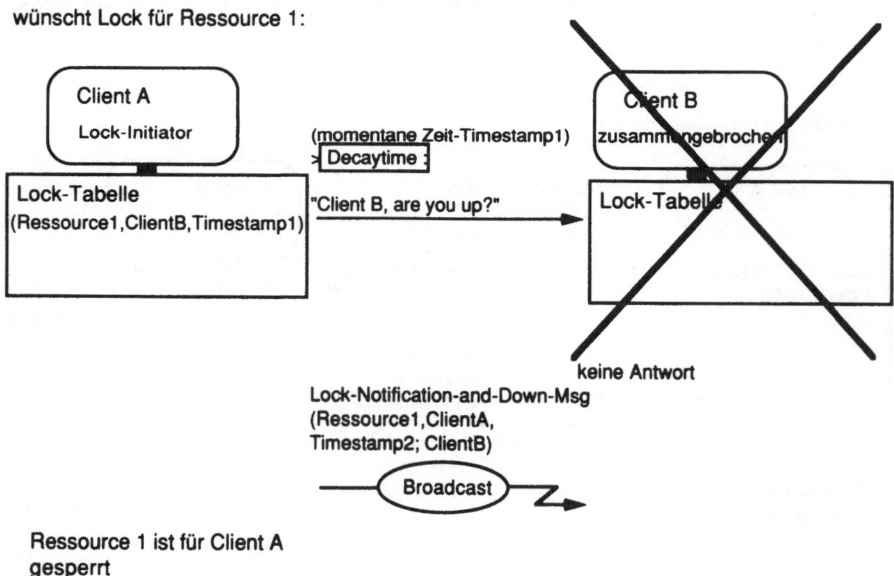

Fig. 6.3. Client A wünscht einen Lock für eine Ressource, die von einem Client (Client B) gesperrt wurde, der momentan zusammengebrochen ist.

c) *Ein Client, der Ressourcen gesperrt hat, ist zusammengebrochen und wird "nach einer langen Zeitspanne" wieder hochgefahren.*

"Nach einer langen Zeitspanne" bedeutet, dass alle Locks, die der Client vor seinem Absturz gehalten hat, durch das in b) beschriebene Verfahren entdeckt worden sind. Damit sind keine "alten" Lock-Einträge mehr für den neu hochgefahrenen Client in den Lock-Tabellen der anderen Clients vorhanden, so dass dieser mit einer leeren Lock-Tabelle gemäss a) verfahren kann.

d) *Ein Client, der Ressourcen gesperrt hat, ist zusammengebrochen und wird sofort wieder hochgefahren.*

Hier soll der Fall behandelt werden, wo ein Client A nach einem Absturz sofort wieder hochgefahren wird, so dass in den Lock-Tabellen der anderen Clients noch Einträge für Ressourcen vorhanden sind, die Client A vor dem Absturz gesperrt hatte. Da nun Client A mit einer leeren Lock-Tabelle neu initialisiert wird, weiss er nichts mehr von seinen vorherigen Locks. Wird er aber von einem anderen Client B gefragt, ob er noch "lebe", so beantwortet er diese Anfrage positiv, so dass Client B annimmt, dass Client A die Ressource noch gesperrt habe. Damit kann eine Ressource auf ewig gesperrt bleiben.

Es kann aber auch das gegenteilige Extrembeispiel eintreten: Client A ist abgestürzt und kommt sofort wieder hoch. Während Client A abgestürzt war, hat Client B diese Tatsache festgestellt. Bevor aber Client B den Absturz von Client A weitermelden kann, hat Client A bereits von neuem eine Ressource gesperrt. Da Client B erst jetzt den Absturz von Client A meldet, wird auch der neue und damit gültige Lock in den Lock-Tabellen der anderen Clients gelöscht.

Um in den hier erwähnten Spezialfällen weiterhin den korrekten Ablauf des DSL-Protokolls sicherzustellen, wird eine weitere Grösse mit jedem Eintrag in der Lock-Tabelle abgelegt: Der *Bootcount* des Lock-Holders. Der Bootcount wird bei jedem Hochfahren ("booten") eines Clients vom stabilen Speicher gelesen, um Eins erhöht und wieder auf den stabilen Speicher zurückgeschrieben. Bei jeder Anfrage eines nach b) verfahrenden Clients, der wissen will, ob der Lock-Holder noch "lebe", wird nun zusätzlich der Bootcount des Locks, dem die Anfrage gilt, mitgeschickt. Der Lock-Holder meldet sich nur zurück, wenn der Bootcount der Anfrage seinem aktuellen Bootcount entspricht. Andernfalls ist er vorher einmal abgestürzt, so dass alle seine Locks mit dem alten Bootcount in den Lock-Tabellen der anderen Clients gelöscht werden können. In seiner eigenen Lock-Tabelle braucht er nichts zu löschen, da er beim Hochfahren mit einer leeren Lock-Tabelle begonnen hat und seine eigene Lock-Tabelle somit sicher keine eigenen alten Locks enthalten kann. (Fig. 6.4.)

wünscht Lock für Ressource 1:

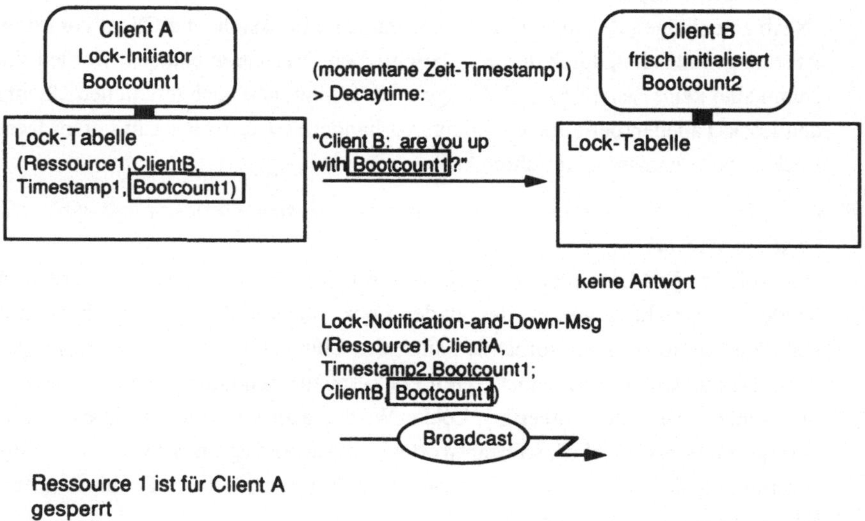

Fig. 6.4. Client A wünscht einen Lock für eine Ressource, die von einen Client
(Client B) gesperrt worden war, bevor dieser zusammengebrochen und wieder
hochgekommen ist.

6.4.3 Berücksichtigung der Netzwerk-Verzögerung - Kollision von Lock-Requests

Für diese Betrachtungen kann angenommen werden, dass in der Regel die lokale
Verarbeitung des Locking-Protokolls auf der Maschine viel schneller ablaufen wird als die
Uebertragung der Meldungen über das Netzwerk. Es kann deshalb der Fall eintreten, dass
auf verschiedenen Maschinen gleichzeitig[2] die gleiche Ressource gesperrt werden soll.
Zur Behebung dieses Problems wird eine auf der Entdeckung von Kollisionen basierende

---

[2]Damit stellt sich das Problem der Gleichzeitigkeit: Aktionen werden als *gleichzeitig* bezeichnet, wenn sie
zu Beginn ihrer Ausführung von ihrer gegenseitigen Existenz auf Grund der Netzwerkverzögerung nichts
wissen.

Methode vorgeschlagen:

Nachdem der Lock-Initiator die Lock-Notification mit einem Broadcast an die anderen Clients abgesendet hat, suspendiert er weitere Aktionen für eine gewisse Zeitspanne (den *Networkdelay*). Nach Ablauf des Networkdelays kontrolliert er, ob für die gleiche Ressource eine Lock-Notification eines anderen Clients eingetroffen ist. Ist dieser Fall eingetreten, d.h. haben sich zwei Lock-Notifications gekreuzt, so wartet der Lock-Initiator eine zufällig bestimmte Zeitspanne und initiiert seinen Lock-Request von neuem. Da die zu wartende Zeitspanne zufällig bestimmt wird, werden sich die Lock-Notifications mit grosser Wahrscheinlichkeit nicht mehr kreuzen, d.h. einer der beiden Clients, die einen Lock für die gleiche Ressource wünschen, wird seinen Lock-Request erfolgreich zu Ende führen können, während der andere Client die Ressource bei seinem nächsten Versuch bereits gesperrt vorfindet. Sollten sich die beiden Lock-Notifications erneut kreuzen, so wird das gleiche Verfahren von neuem durchlaufen. (Fig. 6.5.)

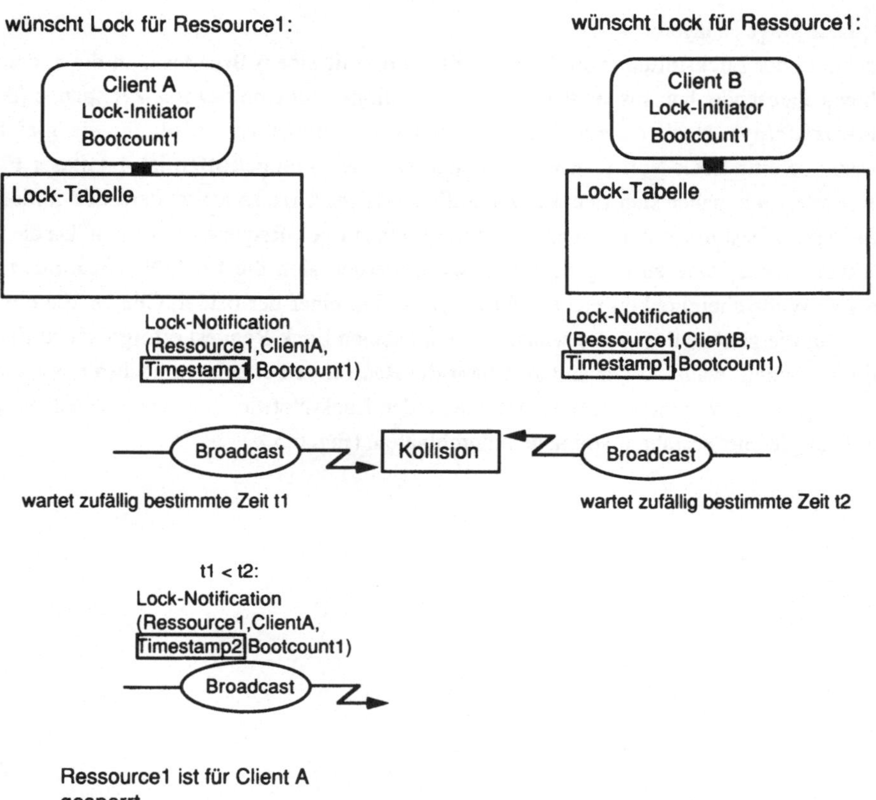

Fig. 6.5. Client A und Client B versuchen zur gleichen Zeit, einen Lock für die gleiche Ressource zu erhalten (Kollision von Lock-Requests).

6.4.4 Unzuverlässiger Broadcast

Bei der Implementation des Locking-Service wurde der Broadcast bis jetzt als hundertprozentig zuverlässig vorausgesetzt. Bei einem lokalen Netzwerk wie z.B. dem Ethernet ist das zwar weitgehend der Fall, aber es lassen sich trotzdem Situationen konstruieren, bei denen eine einzelne Meldung verloren gehen kann. Eine gewisse Sicherheit für den Fall des Verlustes einer Meldung wird durch die bereits in (6.4.2.a) und (6.4.3) vorgeschlagenen Verfahren erreicht:

Falls ein einzelner Client B eine Lock-Request-Meldung eines anderen Clients A verloren hat, weiss er nicht, dass die betreffende Ressource bereits gesperrt ist. Initialisiert Client B nun einen Lock-Request für die betreffende Ressource, so wird er in seiner Kopie der Lock-Tabelle keinen Eintrag für diese Ressource finden und deshalb mit einem Broadcast die Lock-Notification an sämtliche anderen Clients senden. Mit diesem Broadcast erhält aber auch der ursprüngliche Lock-Holder Client A die Lock-Notification des neuen Lock-Initiators Client B. Client A hat nun eine Networkdelay (siehe 6.4.3) lange Zeitspanne zur Verfügung, um mit einem Lock-Protest seine älteren Rechte an dieser Ressource zu verteidigen und mit einer Protest-Meldung dem neuen Lock-Initiator Client B mitzuteilen, dass die Ressource bereits für ihn (Client A) gesperrt sei. (Fig. 6.6.)

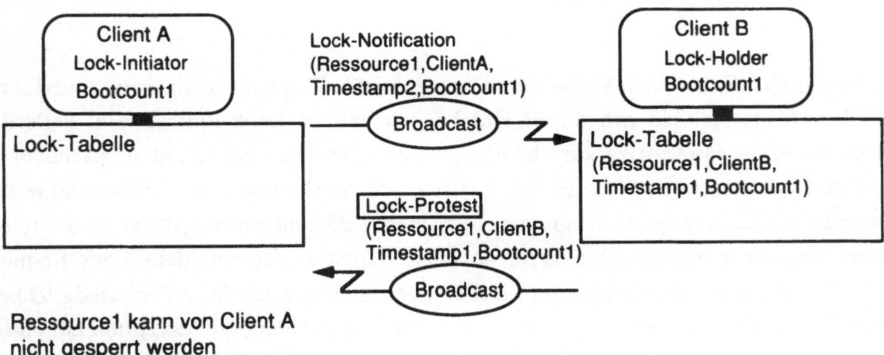

Fig. 6.6. Client A versucht, eine Ressource zu sperren, die bereits von Client B gesperrt wurde, da in der Lock-Tabelle von Client A der Eintrag für Client B aufgrund einer verlorenen Broadcast-Meldung fehlt.

Die Lock-Notification von Client B wird vor dem Lock-Protest von Client A von den anderen Clients empfangen. Damit wird zuerst der (in den Lock-Tabellen der meisten Clients vorhandene) Eintrag für Client A durch den neuen Eintrag von Client B überschrieben werden (siehe Fussnote in (6.4.1.)). Dieser wird aber sofort wieder durch die Lock-Protest-Meldung von Client A korrigiert, so dass sich schliesslich der korrekte und aktualisierte Eintrag für Client A im sämtlichen Lock-Tabellen befindet.

Wie schon in (6.4.3.) erwähnt, suspendiert der Lock-Initiator nach dem Absenden der Lock-Notification die Bestätigung des Locks für eine Networkdelay lange Zeitspanne. Die Grösse dieser Wartezeit Networkdelay ist für den erfolgreichen Ablauf des DSL-Protokolls von fundamentaler Bedeutung. Ist sie zu gross, so wird die Leistung des ganzen

Protokolls einschneidend verschlechtert. Viel schlimmer aber ist ein zu kurzer
Networkdelay. Falls die Zeit, um einen Lock-Protest zu starten, für einen anderen Client
zu kurz ist, so wird eine Ressource vom neuen Lock-Initiator als erfolgreich gesperrt
betrachtet, obwohl sie bereits früher von einem anderen Client gesperrt worden ist. Der
Networkdelay muss damit grösser sein als die doppelte Zeit, die eine Meldung braucht, um
auch den entferntesten Client zu erreichen plus die Zeit, die der langsamste Client braucht,
um eine Lock-Notification zu verarbeiten und einen Lock-Protest abzusenden.

6.4.5 Weitere Schwierigkeiten: Partitionierung des Netzwerks und mehrfache Client-Crashes

Es lassen sich Situationen konstruieren, wo das DSL-Protokoll nicht mehr zuverlässig
arbeitet. Hauptsächlich tritt dieser Fall bei verspäteten Lock-Protests ein. Falls die
Networkdelay-Wartezeit zu kurz bemessen wurde, so kann ein Client A, nachdem er
gewartet hat, annehmen, dass der Lock erfolgreich für ihn registriert wurde, und in der
weiteren Ausführung seines Programms fortfahren. Falls nun ein verspäteter Lock-Protest
eines langsamen Clients B eintritt, so muss Client A die seit dem Lock-Request
ausgeführten Aktionen rückgängig machen können. Um auch diese Fehlermöglichkeit
abdecken zu können, muss im Rahmen einer Ausnahmebedingung (*exception handling*)
Client A dieser Fall erkenntlich gemacht und entsprechendes Handeln ermöglicht werden.

Die Problematik der Partitionierung des Netzwerkes kann vom DSL-Protokoll nicht
befriedigend gelöst werden. Falls das Netzwerk unterteilt wird, so werden in den einzelnen
Teilen unabhängig voneinander Locks für die gleichen Ressourcen vergeben, da aufgrund
der weitgehend statuslosen Natur des Protokolls die Partitionierung des Netzwerkes gar
nicht erkannt werden kann. DSL ist damit hauptsächlich geeignet für lokale Netzwerke, bei
denen ein Unterbruch im Netzwerk meist ein Ausfall der betroffenen Maschinen zur Folge
hat.

Mehrfache Client-Crashes andererseits beeinflussen das DSL-Protokoll nicht, solange die
gegenseitige Kommunikation aller am Netzwerk angeschlossenen Maschinen nicht
beeinträchtigt wird, da die genaue Anzahl der am Netz befindlichen aktiven Clients für das
DSL-Protokoll nicht von Bedeutung ist. Jeder Client setzt immer voraus, dass sämtliche
anderen aktiven Clients seine Meldungen empfangen. Jeder Client beginnt nach der
Initialisierung mit einer leeren Lock-Tabelle, unabhängig davon, wieviele Clients gerade
gleichzeitig zusammengebrochen sind bzw. wieder hochgefahren werden.

6.4.6 Zusammenfassung des DSL-Protokolls

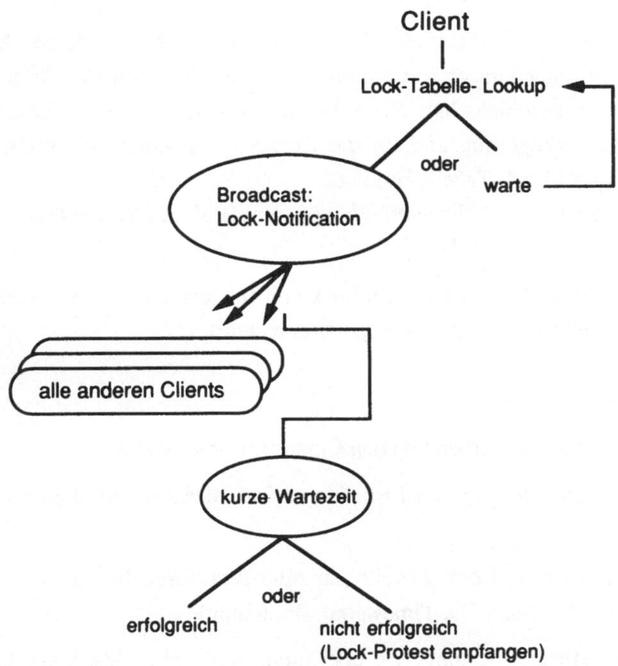

Fig. 6.7. Schematischer Ablauf des vollständigen DSL-Protokolls

Voraussetzungen:

- Eine ungefähr synchronisierte globale Uhr.[3]
- Ein zuverlässiger Broadcast-Kanal.

---

[3]Die Abweichung der Uhren der verschiedenen Clients muss kleiner als (Decaytime)/2 sein. Andernfalls werden Locks als zerfallen erkannt, sobald sie in die Lock-Tabellen der Clients eingetragen werden. Es wird hier angenommen, dass das Netzwerk eine grob synchronisierte globale Uhr zur Verfügung stellt. Auch werden keine zusätzlichen Massnahmen zur Erkennung von divergierenden Uhren getroffen. Im schlimmsten Fall (bei schlecht synchronisierten Uhren) wird jeder noch gültige Lock bei einem neuen Lock-Request als zerfallen angenommen und das Protokoll für einen zerfallenen Lock ausgeführt. Der korrekte Ablauf des DSL-Algorithmus ist aber weiterhin gewährleistet.

Das Protokoll verlangt nicht, dass die Clients einander kennen müssen.

Es müssen zwei Zeitkonstanten gesetzt werden:

- *Networkdelay*[4]: Die Dauer, für die ein *Lock-Initiator* seine Ausführungen unterbricht, nachdem er mit einem Broadcast den anderen Clients eine *Lock-Notification* geschickt hat. Diese Wartezeit wird für die Berücksichtigung der Netzwerk-Verzögerung und für die Korrektur falscher bzw. nicht vorhandener Einträge in der Lock-Tabelle benötigt.
  (Networkdelay >= 2 * Netzwerk-Verzögerung + Verarbeitungszeit des langsamsten Clients)[5]

- *Decaytime:* Die Dauer, für die ein Lock von den anderen Clients, die den Lock nicht besitzen, unbesehen als gültig angenommen wird.

Das DSL-Protokoll:

1. Die Lock-Tabellen werden von den Clients selbst verwaltet.

2. Jede Lock-Notification wird mit einem Broadcast sämtlichen anderen Clients mitgeteilt.

3. Ein Eintrag in die Lock-Tabelle für eine Ressource besteht aus dem 4-Tupel (Ressource-ID, Client-ID, Timestamp, Bootcount)

4. Um "abgestürzte" Clients zu erkennen, wird eine Methode basierend auf Timestamps in Kombination mit der Lock-Tabelle verwendet.

5. Um diejenigen Clients zu bemerken, die zwar abgestürzt, aber mit neuen Locks schon wieder hochgekommen sind, wird der Bootcount verwendet. Bei jedem Neustart (reboot) eines Clients wird der Bootcount von stabilem Speicher (Disk, EPROM o.ä.) gelesen, um Eins hochgezählt und wieder auf den Speicher geschrieben.

---

[4]Der Name der Konstanten heisst *Networkdelay*, der Effekt, zu dessen Behebung die Networkdelay-Konstante verwendet wird, wird als *Netzwerk-Verzögerung* bezeichnet.

[5]Die Bestimmung dieser Grösse ist für den korrekten Ablauf des Algorithmus von fundamentaler Bedeutung. Die Bestimmung muss experimentell erfolgen, indem mit einem Testprogramm solange experimentiert wird, bis die kleinste Grösse gefunden wird, mit der das Testprogramm noch 100% fehlerfrei arbeitet. Wird die Grösse zu klein angesetzt, so muss, wie in (6.4.5.) beschrieben, die Fehlerbedingung erkannt und das laufende Programm mit einer Fehlermeldung abgebrochen werden.

6. Um durch die Netzwerk-Verzögerung entstandene mehrfache Lock-Anfragen für die gleiche Ressource korrekt zu bearbeiten, wird bei Eintritt einer solchen Kollision nach Abwarten einer zufällig bestimmten Zeitdauer das ganze Protokoll von neuem gestartet.

7. Um anderen Clients Zeit zur Bearbeitung falscher Lock-Notifications zu geben, wartet der Lock-Initiator nach seinem Broadcast eine Networkdelay (siehe oben) lange Zeitdauer.

8. Bemerkt ein Client einen falschen Eintrag in seiner Lock-Tabelle, so schickt er eine Protest-Meldung an den Lock-Initiator zurück, falls er selbst schon einen gültigen Lock für diese Ressource besitzt. Auf jeden Fall korrigiert er den falschen (bzw. nicht existierenden) Eintrag in seiner Lock-Tabelle.

9. Ein neu initialisierter Client beginnt entweder mit einer leeren Lock-Tabelle, oder aber er kopiert sich diese von einem beliebigen anderen Client.

6.4.7 Informeller Korrektheitsbeweis des DSL-Protokolls

In der tatsächlichen Implementation von DSL wird der bis jetzt gebrauchte Begriff des Clients aufgespalten in einerseits den Lock-Server-Prozess, der die Lock-Tabelle verwaltet und auf jeder Client-Maschine läuft, und andererseits den Lock-Initiator, d.h. den eigentlichen Client-Prozess, der eine Ressource für sich zu sperren wünscht. (Fig. 6.8.)

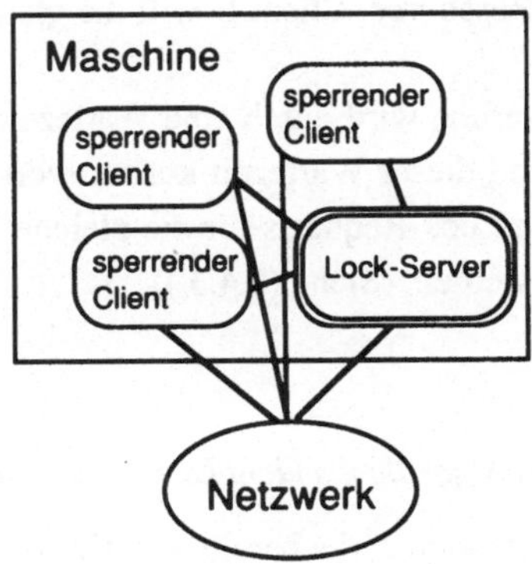

Fig. 6.8. Aufspaltung des DSL-Client-Begriffs in der Implementation

Von Netzwerk und Betriebssystem wird sichergestellt, dass sowohl der Zugriff anderer Lock-Server als auch lokaler Clients auf den lokalen Lock-Server-Prozess sequentialisiert wird. Der Lock-Server-Prozess empfängt Meldungen und führt als Reaktion auf diese Meldungen gewisse Aktionen aus, *wartet aber selbst nicht.* Die im DSL-Protokoll geforderte Wartezeit betrifft ausschliesslich die sperrenden Clients, welche nach dem Absenden der Lock-Notification eine Networkdelay lange Zeitspanne auf den Empfang eines Lock-Protestes warten. Jeder Client kann gleichzeitig nur auf einen Lock-Protest für *eine* Ressource warten, damit ist die *Synchronisation* mehrerer gleichzeitiger Lock-Requests auf der gleichen Maschine gewährleistet.

Grenzfälle, bei denen der DSL-Algorithmus korrekt arbeitet:

- Client A sperrt eine Ressource, die bereits von Client B gesperrt wurde, Client B arbeitet normal:
  Client B verteidigt seine älteren Rechte mit Hilfe eines *Lock-Protests*. (Siehe (6.4.2.a) und (6.4.4.))

- Client A sperrt eine Ressource, die bereits von Client B gesperrt wurde, Client B ist zusammengebrochen:
  Der Lock von Client B wird mit Hilfe des Konzepts des *decaying lock* als ungültig erkannt. (Siehe (6.4.2.b))

- Client A sperrt eine Ressource, die bereits von Client B gesperrt wurde, bevor Client B zusammengebrochen und erneut hochgekommen ist:
  Durch *decaying lock* und *Bootcount* von Client B wird erkannt, dass der Lock von Client B ungültig ist. (Siehe (6.4.2.d))

- Client A sperrt eine Ressource, Client B will die gleiche Ressource zur gleichen Zeit sperren:
  Die Netzwerk-Verzögerung wird durch eine Wartezeit nach jedem Lock-Request berücksichtigt, während dieser Wartezeit können von den verschiedenen Clients Kollisionen, die durch Lock-Requests für die gleiche Ressource entstanden sind, erkannt und behoben werden. (Siehe (6.4.3.))

Grenzfälle, bei denen der DSL-Algorithmus nicht korrekt arbeitet:

- Client A sperrt eine Ressource, die bereits von Client B gesperrt wurde, Client B arbeitet normal, aber die Verbindung zwischen Client A und Client B ist unterbrochen:
  Bereits bei den Voraussetzungen für das korrekte Funktionieren des Algorithmus wurde eine zuverlässige Verbindung zwischen den einzelnen Clients verlangt, bei

einer Partitionierung des Netzwerks arbeitet der Algorithmus nicht mehr zuverlässig. (Siehe (6.4.5))

6.4.8 Spezifikation in Pseudocode

```
my_lock:= F;      /* TRUE if the resource is already locked locally */
other_lock:= F;  /* TRUE if another lockholder sends a lock-protest*/
old_lock:= F;     /* TRUE if another client already holds a lock which
                     is older than decaytime for the same resource*/
conflict:= F;     /* TRUE if another lock-notification for the same
                     resource arrives */
```

On system initialization time

```
initialize send and receive port to broadcast channel;
initialize lock-table by copying it from any other client which is
already up (or initialize empty table);
get old bootcount, increment it by one and write it to stable storage;
```

Locking a resource

```
IF my_lock THEN
    RETURN(already_locked);
IF old_lock THEN
    broadcast(client x with bootcount b, please respond if up);
    wait(networkdelay);
    IF client_response THEN
        RETURN(already_locked);
    ELSE
        delete in lock-table all locks for client x with boot-
            count <= b;
        broadcast lock-notification;
        wait (networkdelay);
        IF ¬conflict ^ ¬other_lock THEN
            my_lock:= T; RETURN(lock_ok);
        ELSEIF ¬conflict ^ other_lock THEN
            other_lock:= F; RETURN(already_locked);
        ELSEIF conflict ^ ¬other_lock THEN
            conflict:= F; wait(randomtime);
WHILE ¬my_lock ^ ¬ other_lock DO
    broadcast lock-notification;
```

```
    wait (networkdelay);
    IF ¬conflict ^ ¬other_lock THEN
         my_lock:= T; RETURN(lock_ok);
    ELSEIF ¬conflict ^ other_lock THEN
         other_lock:= F; RETURN(already_locked);
    ELSEIF conflict ^ ¬other_lock THEN
         conflict:= F; wait(randomtime);
```

On receiving a lock-notification message

```
IF my_lock THEN
    broadcast lock-protest;
ELSE
    update lock-table;
```

To unlock a resource

```
IF my_lock THEN
    broadcast unlock;
    delete entry;
```

On receiving an unlock message

```
IF my_lock THEN
    delete entry;
```

On receiving the message "client x with bootcount b, please respond if up!"

```
IF I am client x with bootcount b THEN
    send to lock-initiator "client x for bootcount b is up";
```

On receiving the message "client x is down" &"lock-notification"

```
delete in lock-table all locks for client x with boot-
    count <= b;
IF my_lock THEN
    broadcast lock-protest;
ELSE
    update lock-table;
```

On receiving a "lock-protest" message (a lock-initiator demanded an already locked resource)

```
update lock-table;
```

6.5 Implementation von DSL unter Sun's NFS

6.5.1 Architektur des DSL-Services

Das DSL-Protokoll ist momentan auf einem Netzwerk von Sun-Workstations implementiert und wurde auch schon auf Sony-Workstations und Vaxstations ausgetestet [Glo88]. Der Lock-Service läuft auf Benutzerebene als ein zusätzlicher Lock-Server-Prozess pro Workstation. Als Broadcast-Kanal wurden UNIX-Datagram-Sockets benutzt. Im Test erwiesen sich diese als zuverlässig genug, um nicht ein zusätzliches Protokoll zur Gewährleistung des zuverlässigen Broadcasts einführen zu müssen. Der Benutzer verwendet den Locking-Service mit Hilfe der beiden zusätzlichen Bibliotheksfunktionen `lock_sl(resource)` und `unlock_sl(resource)`, die je zur Kommunikation mit dem Lock-Server einen zusätzlichen Datagram-Socket eröffnen und nach Gebrauch sofort wieder schliessen. (Fig. 6.9.)

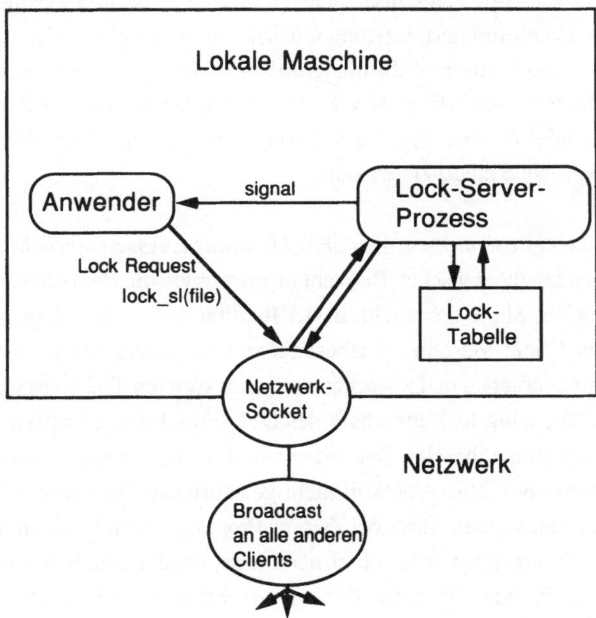

Fig. 6.9. Architektur des DSL-Services

Selbstverständlich arbeitet der hier beschriebene Locking-Service auf einer freiwilligen Ebene (advisory lock), da es jederzeit möglich ist, auf eine mit DSL gesperrte Ressource zuzugreifen, indem der DSL-Service nicht benutzt wird.

6.5.2 Einige technische Details

Synchronisation mehrerer lokaler Prozesse
Bis jetzt wurde die Anwendung von DSL in einem Netzwerk von Maschinen besprochen. Selbstverständlich muss DSL auch die Synchronisation mehrerer Prozesse auf der gleichen Maschine gewährleisten. Insbesondere die Synchronisation des Zugriffs auf die Lock-Tabelle für den lokalen Fall bereitete einige Schwierigkeiten, da die Lock-Tabelle anfänglich als normales File implementiert wurde, in das von den lokalen Prozessen direkt geschrieben werden konnte. Dies wurde vor allem für die Regelung von mehrfachen Lock-Requests für die gleiche Ressource innerhalb der gleichen Maschine verwendet, da eine Kollision von mehreren Prozessen auf der gleichen Maschine bei einem Eintrag in der Lock-Tabelle einfach hätte festgestellt werden können. Dazu hätte aber der Zugriff auf das Lock-Tabellen-File mit Hilfe eines zusätzlichen lokalen Synchronisationsmechanismus wie z.B. Semaphore synchronisiert werden müssen, eine Möglichkeit, die sowohl aus konzeptuellen wie auch aus Portabilitätsgründen nicht ernsthaft in Betracht gezogen werden konnte. Statt dessen erfolgt nun der lokale Zugriff zur Lock-Tabelle analog zum globalen Zugriff alleine über den Lock-Server-Prozess (vgl. Fig. 6.9.), welcher als Einziger die Lock-Tabelle modifizieren kann.

Unerwarteter Tod eines Client-Prozesses ohne Maschinenzusammenbruch
In den vorhergehenden theoretischen Betrachtungen wurden die Begriffe Client und Client-Maschine im gleichen Sinne gebraucht. In der Realität laufen allerdings mehrere Client-Prozesse auf einer Client-Maschine. Insbesondere muss unterschieden werden zwischen Maschinenzusammenbrüchen und zwischen dem unerwarteten Tod eines Client-Prozesses. Das Konzept des decaying lock innerhalb des DSL-Protokolls garantiert die Erkennung eines Maschinenzusammenbruchs. Das Erkennen des unerwarteten Todes eines Client-Prozesses aber wird vom DSL-Protokoll nicht gewährleistet und muss zusätzlich in den Lock-Server eingebaut werden: Ein Lock-Server-Prozess, der im Rahmen der Behandlung eines decaying lock angefragt wird, ob er noch lebe, muss zusätzlich feststellen, ob der betreffende Client-Prozess, der die Ressource gesperrt hat, noch existiert. Dazu beantwortet der Lock-Server-Prozess in einem ersten Schritt die an ihn gestellte Anfrage "Are You Up?" positiv und stellt in einen zweiten Schritt fest, ob der Prozess, der die Ressource gesperrt hat, noch lebt. Existiert der sperrende Prozess nicht mehr, so löscht der Lock-Server sämtliche Einträge für diesen Prozess in seiner Kopie der Lock-Tabelle

und meldet diese Tatsache mit einem Broadcast an alle anderen Lock-Server-Prozesse weiter.

Lose Synchronisation für überlastete Lock-Server-Prozesse
Ein weiteres Problem, das erst bei ausführlichen Tests unter Extrembedingungen auftrat, ist die Berücksichtigung von überlasteten Maschinen. Versuchen sehr viele Prozesse auf der gleichen Maschine (> 20) gleichzeitig eine Ressource zu sperren, so verschlechtern sich die Antwortzeiten des Lock-Servers drastisch aufgrund der allgemeinen Überlastung der Maschine. Dies führt insbesondere bei Lock-Requests für schon (korrekt) gesperrte Ressourcen zu echten Problemen, da der Client-Prozess, der den neuen Lock initiiert hat (der Lock-Initiator), nach Ablauf der Wartezeit (des Networkdelays) in der Verarbeitung der weiteren Befehle fortfährt, und eine verspätet eintreffende Rückmeldung des lokalen Lock-Servers, die besagt, dass die Ressource bereits anderweitig gesperrt sei, nicht berücksichtigt. Diese Rückmeldung trifft deshalb verspätet ein, weil der lokale Lock-Server mit dem Nachführen der Lock-Tabelle nicht nachkommt und so erst viel zu spät erkennt, dass die erneut verlangte Ressource bereits für einen anderen Client gesperrt ist. Um dieses Problem zu umgehen, muss der Lock-Initiator in der neuesten Version des DSL-Services nach jedem Lock-Request zusätzlich die Quittierung seines Auftrags durch den lokalen Lock-Server-Prozess abwarten. Dadurch wird netzwerkweit eine gewisse Synchronisation des Locking-Services erreicht, da durch den verwendeten Broadcast-Mechanismus sich sämtliche Lock-Server-Prozesse auf dem gleichen Stand befinden und durch den Netzwerk-Verkehr gleich ausgelastet sind, so dass auch der verzögerte Lock-Protest eines überlasteten Lock-Servers, der tatsächlichen Auslastung des Locking-Services angepasst, mehr Zeit hat, um vom Lock-Initiator einer bereits gesperrten Ressource empfangen zu werden.

6.6 Vergleich zwischen bereits existierenden Lösungen und DSL

6.6.1 Vergleich zwischen DSL und dem Sun-Lock-Manager

Um das statusbehaftete Locking Problem zu lösen, kann im Prinzip jeder *Mutual-Exclusion*-Algorithmus angewendet werden, wie dies bereits in (6.3.) besprochen wurde. Die konzeptuell einfachste Lösung des statuslosen Locking-Problems ist allerdings die Adaptierung des statusbehafteten Modells, d.h. das Führen einer zentralen Lock-Tabelle auf dem Server. Eine Abwandlung dieses Schemas wurde für den Sun-Lock-Manager angewandt, welcher an dieser Stelle mit der DSL-Implementation verglichen werden soll.

Es wurden einige Tests vorgenommen, um Geschwindigkeit und Effizienz von DSL mit dem originalen Lock-Manager von Sun zu vergleichen. Dabei wurde die Anzahl der Clients variiert, wobei jeder Client durch einen UNIX-Prozess dargestellt wurde. Es wurde darauf geachtet, dass immer mehrere Client-Prozesse gleichzeitig auf der gleichen Maschine aktiv waren, da dies, wie in Kapitel (6.5.2.) gezeigt wurde, eines der heikelsten Synchronisationsprobleme darstellt. Die Client-Prozesse versuchten, auf 10 gemeinsame Ressourcen zuzugreifen, und gaben eine erfolgreich gesperrte Ressource nach einer kurzen, zufällig bestimmten Zeit wieder frei, um von neuem einen Lock auf eine zufällig bestimmte Ressource innerhalb der 10 Ressourcen zu versuchen. Dabei zeigte es sich, dass der Sun-Lock-Manager etwa 60% schneller als DSL ist. Dies überrascht nicht, läuft doch einerseits der Sun-Lock-Manager innerhalb des Betriebssystem-Kerns und muss andererseits in DSL vom sperrenden Prozess für jede Ausführung eines Lock-Requests für eine noch nicht gesperrte Ressource eine Networkdelay lange Zeitspanne gewartet werden.

Andererseits waren dafür die mit DSL ausgeführten Lock-Requests etwa 70% erfolgreicher als die Lock-Requests, die mit Hilfe des Sun-Lock-Manager unternommen wurden. Dies liegt zumindest teilweise daran, dass mit dem schnelleren Sun-Lock-Manager mehr erfolglose Lock-Requests für bereits anderweitig gesperrte Ressourcen initiiert werden konnten. Damit hat sich gezeigt, dass für häufig gesperrte Ressourcen die Leistung des Sun-Lock-Managers und von DSL vergleichbar ist, während Locks auf weniger häufig gesperrten Ressourcen mit dem Sun-Lock-Manager deutlich schneller ablaufen. Dafür beinhaltet die aktuelle Implementation des Sun-Lock-Managers einige bedeutende Nachteile:

- Der Sun-Lock-Manager benötigt einen zusätzlichen Status-Monitor-Prozess, der auf jeder Client-Maschine zusätzlich laufen muss. Das korrekte Funktionieren des Status-Monitor ist abhängig von den aktuellen Statusinformationen des Status-Monitor-Master-Prozesses über seine Client-Maschinen (vgl. (6.3.1.)).

- Der Status-Monitor entdeckt einen Client-Zusammenbruch erst, wenn die Client-Maschine wieder hochkommt. Damit besteht die Gefahr, dass Ressourcen sehr lange gesperrt bleiben, nämlich solange, bis eine abgestürzte Client-Maschine wieder korrekt hochgefahren werden kann.

- Der Sun-Lock-Manager ist in den Betriebssystem-Kern eingebettet, während der DSL-Lock-Server als gewöhnlicher Benutzerprozess läuft, ohne dass dazu irgendwelche Modifikationen am Betriebssystem-Kern nötig sind. Damit wird einerseits ein komplexes Problem vom ohnehin schon komplexen Betriebssystem-Kern ferngehalten, und andererseits auch eine weitgehende Portabilität zwischen den

verschiedenen UNIX-Versionen ermöglicht. Indem für die Interprozess-
kommunikation lediglich die BSD4.3-Sockets verwendet wurden, und auf die
Benutzung exotischerer Mechanismen des Sun Betriebssystem verzichtet wurde,
kann der DSL-Locking-Service mit minimalem Aufwand auf die unterschiedlichsten
Maschinen portiert werden. So wurden die ersten Tests von DSL in einem
Netzwerk von Suns, einer Vaxstation und einer Sony-Workstation unternommen.

6.6.2 Vergleich zwischen dem DSL-Protokoll und anderen Algorithmen

Der Hauptvorteil des DSL-Algorithmus liegt in der Tatsache, dass keine globalen Client-
Statusinformationen benötigt werden. Insbesondere muss im Gegensatz zu den meisten
anderen Algorithmen wie z.B. [Lam78] oder [Lel77] die Gesamtanzahl aktiver Clients im
Netzwerk nicht bekannt sein. Die einzigen Statusinformationen, die die Clients speichern,
betreffen die gesperrten Ressourcen. Dadurch wird insbesondere die Verwendbarkeit des
Protokolls im Falle eines Missverhaltens von Clients gesteigert. Im Gegensatz dazu muss
beim Sun-Lock-Manager, einem Protokoll, das ebenfalls für statuslose Systeme gedacht
ist, der globale Client-Status im System bekannt sein. Falls der gespeicherte Client-Status
nicht mehr den tatsächlichen Gegebenheiten entspricht, so hat das für die Konsistenz und
damit die Stabilität des ganzen Systems verheerende Folgen.

Im DSL wird der Client (d.h. der lokale Lock-Server) (mit der seltenen Ausnahme von
kollidierenden Lock-Requests) nicht nach einem Lock für eine schon gesperrte Ressource
über das Netzwerk verlangen. Damit wird der Lock-Server auf einen Lock-Request für
eine schon gesperrte Ressource

*   die Already-Locked-Meldung ohne eine Netzwerk-Verzögerung zurückgeben und

*   wird keinen zusätzlichen Netzwerk-Verkehr verursachen.

Daraus wird sofort ersichtlich, dass das DSL-Protokoll für Ressourcen, auf die häufig
zugegriffen wird, besonders geeignet ist. DSL ist stabil im Falle von Client- und Server-
Zusammenbrüchen: Server-Zusammenbrüche werden trivialerweise vom Locking-
Protokoll gar nicht bemerkt. Im Falle eines Client-Zusammenbruchs erhält der Benutzer
durch die dynamische Selbstkorrektur, die in den DSL-Algorithmus mit Hilfe des decaying
locks und des Lock-Protests eingebaut ist, eine zu Beginn allenfalls etwas verschlechterte
Leistung, dies allerdings nur solange, bis die Lock-Tabelle wieder sämtliche Einträge über
netzwerkweit gesperrte Ressourcen enthält.

Da alle anderen Ansätze auf irgend einer Form von globaler Statusinformation beruhen, die schwierig zu erhalten und noch schwieriger konsistent zu halten ist, ist der DSL-Algorithmus, der lediglich lokale Statusinformationen verlangt, ein für das statuslose Locking-Problem optimierter Lösungsansatz, der den in diesem Zusammenhang gestellten Forderungen weitgehend entspricht.

6.7 Mögliche Modifikationen und Erweiterungen von DSL

Einbau von zuverlässigem Broadcast ins DSL-Protokoll
Unter dem Begriff *zuverlässiger Broadcast* soll sichergestellt werden, dass alle Maschinen, die sich gerade aktiv am Netz befinden, die Broadcast-Meldung empfangen. Dazu muss im Prinzip die Anzahl der aktiven Clients auf dem Netz dem Sender der Broadcast-Meldung bekannt sein. Da eine solche Voraussetzung der Zielsetzung des DSL-Protokolls wiederspricht, wird im folgenden ein Quittierungsmechanismus kurz beschrieben, der ohne diese Statusinformation auskommt:
Jeder Client, der eine Lock-Notification erhält, bereitet sich darauf vor, den Empfang dieser Botschaft dem Sender zu quittieren. Tatsächlich aber sendet nur der schnellste Client die Bestätigung zurück. Alle anderen Clients erfahren aufgrund der Broadcast-Eigenschaft von der Bestätigung und verzichten in der Folge darauf, die Lock-Notification selbst zu quittieren. Zusätzlich erfährt ein Client, der den Broadcast verpasst hat, diese Tatsache durch die Quittierung und kann nachfragen, welche Ressource gesperrt wurde. Damit das Netz nicht von kollidierenden Bestätigungen überschwemmt wird, erhalten alle Clients einen bestimmten Verzögerungsfaktor, nach dessen Ablauf sie den Empfang der Lock-Notifcation erst quittieren. Um das solchermassen erweiterte DSL-Protokoll möglichst effizient zu gestalten, erhält idealerweise der schnellste und stabilste Client den kleinsten Verzögerungsfaktor (gar keinen).

Nachführen einer zusätzlichen Kopie der Lock-Tabelle auf dem Server
DSL ist prinzipiell ein Protokoll, bei dem die Effizienz des Zugriffs auf eine Ressource nicht vom Speicherort der Ressource abhängig ist. Die Geschwindigkeit eines Lock-Requests ist also unabhängig davon, ob sich die zu sperrende Ressource auf der lokalen Maschine befindet, oder ob sie entfernt im Netzwerk gespeichert ist. Diese Eigenschaft soll auch bei der hier vorgeschlagenen Erweiterung beibehalten werden.

Ein Schwachpunkt des DSL-Protokolls, der die Leistung des ganzen Locking-Service wesentlich einschränkt, ist die Wartezeit (der Networkdelay), der bei der Ausführung jedes Lock-Requests nötig ist. Diese Eigenschaft unterstützt die Verwendung des DSL-Services für häufig gesperrte Ressourcen, macht ihn aber für selten gesperrte Ressourcen weniger geeignet. (Ein Lock-Request für eine bereits gesperrte Ressource kann lokal abgehandelt werden, da sich der Eintrag für die zu sperrende Ressource bereits in der lokalen Kopie der Lock-Tabelle des anfordernden Clients befindet.) Die Wartezeit wird benötigt, um einem "älteren" Lock-Holder Zeit für einen Lock-Protest zu geben. Könnte angenommen werden, (1) dass die Lock-Tabelle bereits von der Boot-Zeit eines Clients weg konsistent ist, und ist sichergestellt, (2) dass keine Broadcast-Meldungen verloren gehen, so könnte auf diese Wartezeit verzichtet und die Effizienz des Locking-Mechanismus wesentlich gesteigert werden. Der Broadcast kann innerhalb einer lokalen Netzwerk-Umgebung als so zuverlässig angenommen werden, dass Forderung (2) als erfüllt betrachtet werden darf. Um Forderung (1) zu erfüllen, muss innerhalb eines lokalen Netzwerkes die Kopie der Lock-Tabelle auf *einer* Maschine zur Master-Kopie erklärt werden. Innerhalb einer Sun-Umgebung wird als ausgezeichnete Maschine vorzugsweise ein Server verwendet, dies zum einen deshalb, weil die Server prinzipiell stabiler als die Client-Maschinen sind, und zum anderen, weil ohne einen Server die harddisklosen Clients ohnehin nicht mehr funktionsfähig sind. Innerhalb einer anderen Konfiguration kann aber ohne weiteres eine beliebige Maschine zum Platzhalter der Master-Kopie der Lock-Tabelle bestimmt werden.

Jeder frisch hochgefahrene Client kopiert sich nun als erstes die Lock-Tabelle vom Master, dessen Lock-Tabelle als immer korrekt und verbindlich für sämtliche Clients gilt. Das noch nicht gelöste Problem mehrfacher (kollidierender) Lock-Requests für die gleiche Ressource bleibt so allerdings offen. Zur Lösung dieses Problems kann z.B. weiterhin der alte Timeout-Mechanismus verwendet werden, indem jeder Client nach Absenden der Lock-Notification eine kurze Zeitspanne wartet. Diese Wartezeit ist nun aber bedeutend weniger kritisch für das Funktionieren das ganzen Algorithmus, da kein Lock-Protest mehr eintreffen kann, und kann deshalb viel kürzer gehalten werden. Auch bedeutet ein überlasteter Client, der mit der Behandlung seiner Lock-Requests in Verzug gerät, keine Störung des ganzen Systems mehr. Das Schlimmste, was einem überlasteten Client passieren kann, ist das Eintreffen einer Lock-Notification für die Ressource, die er gerade zu sperren wünscht, worauf er seinen Lock-Request von neuem starten muss. Das Konzept des decaying locks zur Feststellung von Client-Crashes kann weiterhin beibehalten werden.

Die Stabilität des ganzen Systems wird dafür beim modifizierten Verfahren in höchstem Masse abhängig von der Stabilität der Maschine, die die Master-Lock-Tabelle nachführt. Ist diese Maschine abgestürzt, kann keine Client-Maschine mehr frisch initialisiert werden. Auch muss die Master-Maschine nach ihrem Neustart die aktuelle Lock-Tabelle von irgend woher erhalten. So kann z.B. derjenige Client bestimmt werden, der am längsten ohne Unterbruch gelaufen ist, und von diesem die Lock-Tabelle auf die Master-Maschine kopiert werden. Durch eine einfache Modifikation dieses Schemas kann auch ganz auf einen fest bestimmten Master verzichtet und dynamisch immer derjenige Client, der am längsten ohne Unterbruch am Netz ist, zum Master bestimmt werden.

7 Schlussfolgerungen und Ausblick

In den letzten Jahren haben die Betriebssysteme für zentrale Mainframes einen stabilen und ausgereiften Zustand erreicht. Mehrbenutzersysteme mit mehreren Prozessen pro Benutzer wie UNIX haben sich als de facto Standard etabliert. Auf der anderen Seite hat der transparente Zusammenschluss mehrerer Maschinen zu einem einzigen logischen System mit Hilfe eines verteilten Betriebssystems bei weitem noch nicht diese Reife erreicht. Die Ziele wie *Transparenz in heterogenen Systemen* und *einfache Erweiterbarkeit* sind gesteckt, aber, den Produktankündigungen der verschiedensten Hard- und Software-Hersteller zum Trotz, noch lange nicht erreicht. Es gibt verschiedene experimentelle Systeme, die die obigen Anforderungen weitgehend erfüllen, doch haben diese experimentellen Systeme die nötige Reife noch nicht erreicht, um als serienmässige Produkte weite Verbreitung zu finden.

Der objektorientierte Ansatz, der bereits im Gebiet der Programmentwicklung und des Programmdesigns grosse Hoffnungen geweckt hat, eröffnet auch auf dem Gebiet der Betriebssysteme neue Perspektiven. Der Begriff darf aber nicht so ohne weiteres direkt aus der Programmierung übernommen werden, sondern die einzelnen Anforderungen, die sich unter dem Begriff, so wie er im Gebiet der objektorientierten Programmiersprachen verstanden wird, verbergen, müssen einzeln auf ihre Tauglichkeit und Bedeutung im Betriebssystem-Umfeld untersucht werden. Dabei zeigt sich, dass die verschiedenen Kriterien, die zusammen die Bedeutung des Begriffs *objektorientiert* ausmachen, auch im Betriebssystem-Bereich von grundlegender Wichtigkeit sind. Werden allerdings sämtliche Anforderungen auf den Betriebssystem-Bereich übertragen, so darf nach diesen Massstäben ausser Smalltalk kein Betriebssystem als wirklich objektorientiert bezeichnet werden. Verschiedene Systeme enthalten einzelne, objektorientierte Komponenten, ohne jedoch alle Anforderungen für ein objektorientiertes Betriebssystem zu erfüllen. Die hier vorliegende Arbeit hatte nicht zum Ziel, ein solches, durch und durch objektorientiertes Betriebssystem zu spezifizieren, sondern nach einem Überblick über das Gesamtproblem einzelne Lösungsschritte hin zu einem objektorientierten System aufzuzeigen. Dabei wurde als Ausgangslage ein konventionelles, "prozedurales" Betriebssystem angenommen, das gezielt um einzelne, objektorientiert strukturierte Komponenten erweitert wurde. Diese Erweiterungen sollen sowohl dem Betriebssystem-Entwerfer für die Erweiterung des Betriebssystems als auch dem Endbenutzer für die Erstellung von Applikationen die Verwendung objektorientierter Prinzipien gestatten.

Im ganzen objektorientierten Umfeld darf nicht vergessen werden, dass neben den objektorientierten Entwicklungen auch grundsätzlich andere Lösungsansätze zum Erfolg, d.h. zu einem benutzertransparenten heterogenen System mit einfacher Erweiterbarkeit führen können. Stellvertretend für weitere Lösungsansätze wurde als eine Entwicklung der neuesten Zeit der vielversprechende, auf der logischen Programmierung mit Prolog als dem bekanntesten Vertreter basierende Ansatz vorgestellt. Es gibt sogar Bestrebungen, logische und objektorientierte Konzepte miteinander zu verküpfen, um so "das Beste beider Welten" zu erhalten. Im Rahmen der hier vorliegenden Arbeit soll dieser Exkurs in die Welt der logischen Programmierung als ein Hinweis verstanden werden, andersartige und ebenso vielversprechende Ansätze und Verfahren nicht in der an einigen Orten entstandenen objektorientierten Euphorie vollständig aus den Augen zu verlieren.

Wie schon weiter oben gesagt, wurden in dieser Arbeit einige Schwachpunkte bestehender, konventioneller verteilter Betriebssysteme aufgezeigt, und mit Hilfe von objektorientierten Methoden nach Abhilfe gesucht. Eines der Hauptprobleme eines verteilten Systems ist sicher die gegenseitige Synchronisation der einzelnen aktiven Komponenten. Das Konzept der atomaren Transaktion ist ein hierzu möglicher Lösungsansatz. In letzter Zeit wurden allerdings verschiedene Stimmen laut, die die Eignung des Transaktionskonzeptes für verteilte Anwendungen grundsätzlich bezweifeln. Es gibt verschiedene existierende experimentelle Systeme, die mit gutem Erfolg das Transaktionskonzept als Basis des gesamten Systems überhaupt verwenden. Trotz der unbestrittenen Vorteile, die ein transaktionsbasiertes System zur Entwicklung verteilter Anwendungen bietet, möchte ich aufgrund der in diesem Buch beschriebenen Erfahrungen einige grundsätzliche Zweifel an der Eignung eines solchen Systems für den breiten Einsatz äussern:

- Eine atomare Transaktion als grundlegender Systembaustein ist relativ grobkörnig. Falls bei einem plötzlichen Ausfall einer einzelnen Komponente eine ganze Transaktion rückgängig gemacht werden muss, so bedeutet das für das System einen grossen Aufwand. Bei einem transaktionsbasierten System mit unstabiler Hardware resultiert daraus eine verhältnismässig schlechte Perfomance.

- Durch den Zwang, die Transaktion als grundlegenden Baustein einer verteilten Anwendung verwenden zu müssen, wird der System- und Anwendungsentwickler in ein festes Schema gepresst und verliert damit ein gewisses Mass an Flexibilität.

Als Alternative und grundlegender Synchronisationsbaustein wurde deshalb in dieser Arbeit der Event, erweitert um den Begriff des blockierenden Events und die Event-Handler-Funktion, vorgeschlagen. Um die Mächtigkeit dieses Konzeptes zu beweisen, wurde gezeigt, wie mit verhältnismässig geringem Aufwand die Transaktion mit Hilfe des EDM reimplementiert werden konnte. Der Event-Begriff, der zur Synchronisation auf einer relativ tiefen, systemnahen Stufe verwendet wird, bietet eine gegenüber der Transaktion gesteigerte Feinkörnigkeit und damit auch grössere Flexibilität für den Programmierer. Auch bedeutet die gesteigerte Flexibilität noch lange keine Einbusse an Programmierkomfort für den Anwender, da der Event-Begriff sehr nahe an den Problemen der tatsächlichen Welt ist und durch eine Reduktion der semantischen Lücke dem Programmierer eine einfache Modellierung der zu lösenden Probleme ermöglicht, wie dies z.B. durch die häufige Verwendung von Event-Mechanismen bei der Implementation von Windowsystemen illustriert wird. Auch die in diesem Buch beschriebene Realisation eines File-Cache-Speichers mit Hilfe von Events belegt, dass der Transaktionsbegriff bei der Implementation von verteilten Problemen zwar eine mögliche Alternative darstellt, aber das gleiche Problem oft noch einfacher und eleganter mit Hilfe von Events gelöst werden kann.

Um sich gegenseitig synchronisieren zu können, müssen sämtliche Knoten eines konventionellen statusbehafteten vernetzten Systems zu jedem Zeitpunkt über den Zustand des ganzen Systems informiert sein. Die Aktualisierung dieser Statusinformationen ist eines der grössten Probleme in einem vernetzten System. Eine einfachere Lösung ergibt sich bei der Verwendung von statuslosen Algorithmen, d.h. von Algorithmen, bei denen die einzelnen Netzwerk-Knoten nicht über den Gesamtzustand des Systems informiert zu sein brauchen. Die Anwendung eines statuslosen Algorithmus zur Lösung eines grundsätzlich statusbehafteten Problems, nämlich der Implementation von File- und Record-Locking wurde im letzten Kapitel dieses Buches illustriert. Dieser statuslose Algorithmus macht die Kenntnis des globalen Status für die einzelnen Netzwerk-Knoten überflüssig, bringt aber dafür eine beträchtliche Leistungseinbusse mit sich. Die Inkaufnahme dieser Leistungseinbusse ist angebracht, wenn

- das ganze System relativ unstabil ist, so dass sich der globale Status häufig ändert

- das ganze System mit statuslosen Algorithmen implementiert wurde, so dass für eine neue statusbehaftete Applikation der globale Status zusätzlich abgefragt und immer auf dem neuesten Stand gehalten werden muss.

Bei der Implementation von verteiltem Ressourcen-Locking waren diese beiden Anforderungen erfüllt. Da die zukünftigen Systeme immer grösser sein werden, wird es auch immer schwieriger werden, immer über den Zustand sämtlicher Netzwerk-Knoten auf dem laufenden zu sein. Ausserdem werden auch die Verbindungen zwischen den einzelnen Knoten immer leistungsfähiger, so dass der Overhead, der bei der Verwendung von statuslosen Algorithmen entsteht, immer wenig ins Gewicht fallen wird. Aus diesen beiden

Gründen (immer grössere Systeme und immer leistungsfähigere Verbindungen) wird in Zukunft statuslosen Algorithmen immer grössere Bedeutung zukommen.

Literatur

Nach Spezialgebieten

Betriebssysteme

[Bac86]   Bach, M.J.; *"The Design of the UNIX Operating System"*; Prentice-Hall, Englewood Cliffs NJ, (1986)

Beschreibung des inneren Aufbaus des UNIX-Kerns von UNIX System V und der im Kern gebrauchten Algorithmen.

[Ric85]   Richter, L.; *"Betriebssysteme"*; B.G. Teubner Verlag, Stuttgart (1985)

Umfassende deutschsprachige Einführung in das Stoffgebiet "Betriebssysteme".

[Roc85]   Rochkind, E.B.; *"Advanced UNIX Programming"*; Prentice-Hall, Englewood Cliffs, N.J, (1985)

Fundierte und umfassende Beschreibung der Verwendung der UNIX-System-Calls anhand von zahlreichen Beispielen unter besonderer Berücksichtigung der Unterschiede zwischen UNIX System V und UNIX BSD4.2.

[Tan85]   Tanenbaum, A.,S.; "Distributed Operating Systems", *ACM Computing Surveys*, Vol. 17, No. 4. Dec. (1985)

Klassifikationsartikel unter besonderer Berücksichtigung der Unterscheidung zwischen Netzwerk-Betriebssystemen und echten verteilten Betriebssystemen. Als Beispiele echter verteilter Betriebssysteme werden das Cambridge System, Amoeba, Eden und der V-Kernel beschrieben.

Netzwerke und Distributed Computing

Einführende Werke:

[Slo87]   Sloman, J.; Kramer, J.; *"Distributed Systems and Computer Networks"*;
               Prentice Hall, New York, (1987)

   *Einführung in das Stoffgebiet Netzwerke unter besonderer Berücksichtigung von
   Problemen, die bei der Entwicklung von verteilter Software entstehen.*

[Tan81]   Tanenbaum, A.; *"Computer Networks"*, Prentice Hall, Englewood Cliffs,
               N.J., (1981)

   *An das ISO/OSI-Modell angelehnte umfassende Einführung in das Stoffgebiet
   "Netzwerke".*

[Tan88]   Tanenbaum, A.; *"Computer Networks, Second Edition"*, Prentice Hall,
               Englewood Cliffs, N.J., (1988)

   *Aktualisierte und teilweise neugeschriebene Zweitauflage von "Computer Networks".
   Insbesondere werden die neuesten ISO/OSI-Spezifikationen wie ASN.1, FTAM, etc. in
   der Neuauflage ausführlich besprochen.*

Weitere Literatur zum Gebiet "Netzwerke und Distributed Computing":

[Bir84]   Birell, A.D.; Nelson, B.J.; "Implementing Remote Procedure Calls"; *ACM
               Transactions on Computer Systems*; Vol. 2, No. 1, Feb. (1984)

[Cha84]   Chang, J.-M.; Maxemchuk, N.F.; "Reliable Broadcast Protocols"; *ACM
               Transactions on Computer Systems*; Vol.2, No. 3, August (1984)

[Ecm85]   ECMA (European Computer Manufacturers Association), *"Remote
               Operations - Concepts, Notation and Connection-oriented Mappings"*,
               TR31, Dec.(1985)

[Fal87]   Falcone, J.R.; "A Programmable Interface Language for Heterogeneous
               Distributed Systems"; *ACM Trans. on Computer Systems*, Vol.5, No.4,
               November, (1987)

[Gar85]   Garcia-Molina, H.; Barbara, D.; "How to Assign Votes in a Distributed
               System", *Journal ACM*, Vol. 32, No. 4; October (1985)

[Gei87]   Geihs, K.; Staroste, R.; Eberle, H.; "Operating System Support for
               Heterogeneous Distributed Systems", *GI-Informatik-Fachberichte 130;
               Kommunikation in offenen Systemen*, Aachen, Februar 1987, Springer
               (1987)

[Pow83]   Powell, M.L.; Presotto, D.L.; "Publishing: A Reliable Broadcast Communication Mechanism"; *ACM Operating Systems Review*, Vol. 17, No. 5, (1983)

Verteilte Datenbanken

Einführende Werke:

[Ber87]   Bernstein, P.A.; Hadzilacos, V.; Goodman, N.; *"Concurrency Control and Recovery in Database Systems"*; Addison Wesley, Reading MA, (1987)

Gibt einen ausführlichen Überblick über die Techniken, die zur Gewährleistung der Datenkonsistenz bei der Implementation von zentralen und verteilten Datenbanken angewendet werden.

[Cer84]   Ceri, S.; Pelagatti, G.; *"Distributed Databases, Principles and Systems"*, McGraw-Hill, New York, (1984)

Einführung in das Gebiet "verteilte Datenbanken" mit ausführlicher Behandlung von R, Tandem's ENCOMPASS, SDD-1, DDM, Distributed Ingres und weiteren Beispielen.*

Weitere Literatur zum Gebiet "Verteilte Datenbanken":

[Ber81]   Bernstein, P.A.; Goodman, N.; "Concurrency Control in Distributed Database Systems", *ACM Computing Surveys*, Vol. 13, No. 2, June (1981)

[Bre83]   Brereton, P.; "Detection and Resolution of Inconsistencies among Distributed Replicates of Files", *ACM Operating Systems Review*, Vol. 17, No. 1, (1983)

[Esw76]   Eswaran, K.P.; et. al.; "The Notions of Consistency and Predicate Locks in a Database System"; *Comm. of the ACM*; Vol. 9, No. 11, November, (1976)

[Pap87]   Pappe, S.; Lamersdorf, W.; Effelsberg, W.; *"Specification and Implementation of a Standard for Remote Database Access"*; IBM European Networking Center Technical Report No. 43.8712 (1987)

[Pu87]   Pu, C.; Noe, J.D.; "Design and Implementation of Nested Transactions in Eden"; *6th IEEE Symposium on Reliability in Distributed Software and Database Systems* , Kingsmill, Williamsburg, (1987)

Objektorientiertes Design

Einführende Werke:

[Cox86]   Cox, B.J.; *"Object Oriented Programming - an Evolutionary Approach"*; Addison Wesley, Reading MA, (1986)

Gut verständliche Einführung in die objektorientierte Programmiermethodik am Beispiel Objective C.

[Gol83]   Goldberg, A.; Robson, D.; *"Smalltalk-80, The Language and its Implementation"*, Addison-Wesley, Reading MA, (1983)

Als sog. "blue book" Klassiker und bestbekanntes Buch zu Smalltalk, das auch auf die bei der Entwicklung von Smalltalk entstandenen allgemeinen objektorientierten Ideen und Konzepte eingeht.

[Mar88]   Marty, R.; *"Von der Subroutinentechnik zu Klassenhierarchien - Eine schrittweise Hinführung zu objektorientierter Programmierung"*; Berichte des Instituts für Informatik Nr. 88.04, Universität Zürich, (1988)

Kurzeinführung in die objektorientierte Design-Methodik.

Weitere Literatur zum Gebiet "Objektorientiertes Design":

[Ben87]   Bennet, J.K.;"The Design and Implementation of Distributed Smalltalk",*OOPSLA '87 Proceedings*, Orlando, Florida (1987)

[Blo87]   Bloom, T.; Zdonik, S.B.; "Issues in the Design of Object-Oriented Database Programming Languages"; *OOPSLA '87 Proceedings*, Orlando, Florida (1987)

[Dix87]   Dixon, G.N.; Shrivasta, S.K.; *"Exploiting Type Inheritance Facilities to Implement Recoverability in Object Based Systems"*; Proceedings of the sixth Symposium on Reliability in Distributed Software and Database Systems, Kingsmill-Williamsburg VA, (1987)

[Luc87]   Lucco, S.E.; "Parallel Programming in a Virtual Object Space" ,*OOPSLA '87 Proceedings*, Orlando, Florida (1987)

[Mai87]   Maier, D.; Stein, J.; "Development and Implementation of an Object-Oriented DBMS" ; *Research Directions in Object-oriented Programming*; Shriver, B.;Wegner, P.(Eds.); Computer Systems Series, MIT Press, Cambridge, MA (1987)

[Mar87]   Marty, R.; Gamma, E.; Weinand, A.; *"Objektorientierte Software-entwicklung"*, Fortbildungsseminare in Wirtschaftsinformatik der Unversität Zürich, Zürich, (1987)

[Nie87]   Nierstrasz, O.M.; "What is the Object in Object-oriented Programming?" in: *Objects and Things* (Tsichritzis, D. (Ed.)), Centre Universitaire d'Informatique; Génève (1987)

[Owe86]   Owen, M.D.; "Object Oriented Programming in NeWS"; *Usenix Monterey Computer Graphics Workshop Proceedings*, (1986)

[Pen87]   Penney, D.J.; Stein, J.; "Class Modification in the GemStone Object-Oriented DBMS"; *OOPSLA '87 Proceedings*, Orlando, Florida (1987)

[Pet87]   Peterson, R.W.; Object-Oriented Database Design; *AI Expert*; März (1987)

[Pur87]   Purdy, A.; Schuchardt, B.; Maier, D.; "Integrating an Object-Server with Other Worlds"; *ACM Trans. on Office Information Systems*, Vol. 5, No. 1, Jan, (1987)

[Str86]   Stroustrup, B.; *"The C++ Programming Language"*, Addison-Wesley, Reading, MA, (1986)

[Weg87]   Wegner, P.; "Dimensions of Object-Based Language Design"; *OOPSLA Proceedings*, Orlando, Florida, (1987)

Constraints und Triggering

Einführende Werke:

[Bor81]   Borning, A.; "The Programming Language Aspects of ThingLab, a Constraint-Oriented Simulation Laboratory", *ACM Transactions on Programming Languages and Systems*, Vol.3, No.4, October (1981)
Erster Artikel, in dem das Constraint-Konzept eingeführt und zur Implementation von Benutzerschnittstellen verwendet wird.

[Lel88]   Leler, W.; *"Constraint Programming Languages - Their Specification and Generation"*; Addison Wesley, Reading MA, (1988)
Leler gibt einen Überblick über die Constraint-basierten Programmiersprachen und Verfahren und stellt seine eigene Sprache Bertrand vor.

Weitere Literatur zum Gebiet "Constraints und Triggering":

[Bor86]   Borning, A.; Duisberg, R.; "Constraint-Based Tools for Building User Interfaces"; ACM Transactions on Graphics, Vol. 5, No. 4, October, (1986)

[Bor86b]   Borning, A.; "Defining Constraints Grapically", *CHI '86 Proceedings* , April (1986)

[Bro87]   Brown, D.J.; Bowen, J.P.; "The Event Queue: An Extensible Input System for UNIX Workstations": *Proc. EUUG Spring Conference*, (1987)

[Dit85]   Dittrich, K.R.; Kotz, A.M.; Mulle, J.A.; "A Multilevel Approach to Design Database Systems and its Basic Mechanisms"; Proc. IEEE COMPINT, Montreal, (1985)

[Dui86]   Duisberg, R.A.; "Animated Graphical Interfaces using Temporal Constraints", *CHI '86 Proceedings*, April (1986)

[Eva86]   Evans, S; "The Notifier", *Proc. Usenix Summer Conference*, Atlanta, (1986)

[Ing88]   Ingalls, D.; Wallace, S.; Chow, Y.; Ludolph, F.; Doyle, K.; "Fabrik, A Visual Programming Environment"; *OOPSLA '88 Proceedings*, San Diego, (1988)

[Int86]   IntelliCorp; *"KEE Software Development System Core Reference Manual"*; Document 3.0-KCR-1, IntelliCorp, (1986)

[Kot88]   Kotz, A.M.; Dittrich, K.R.; Mülle, J.A.; "Supporting Semantic Rules by a Generalized Event/Trigger Mechanism"; *Proc. of "Advances in Database Technology - EDBT '88"*, Springer Verlag, Berlin (1988)

[Stef86]   Stefik, M.J.; Bobrow, D.G.; Kahn, K.M.; " Integrating Access-Oriented Programming into a Multiparadigm Environment"; *IEEE Software*, January, (1986)

Logische Programmierung und Prolog

Einführende Werke:

[Ste86]   Sterling, L.; Shapiro, E.; *"The Art of Prolog"*; MIT Press, Cambridge, MA, (1986)

Dieses Buch gibt einen umfassenden Überblick sowohl über das Konzept der logischen Programmierung als auch über die praktischen Anwendungsmöglichkeiten von Prolog.

Weitere Literatur zum Gebiet "Logische Programmierung und Prolog":

[Cla84]   Clark, K.L; McCabe, F.G; *"micro-Prolog: Programming in Logic"*; Prentice-Hall, Englewood Cliffs, NJ, (1984)

[Cla86]   Clark, K.L; Gregory, S.; "PARLOG: Parallel Programming in Logic"; *ACM TOPLAS*,Vol. 8, No. 1, (1986)

[Col87]   Colmerauer, A.; "Opening the Prolog III Universe", *BYTE*, August, (1987)

[Shap83]   Shapiro, E.; *"A Subset of Concurrent Prolog and its Interpreter"*; ICOT Tech. Report TR-003, Institut for New Generation Computer Technology, Tokyo, (1983)

[Ued86]   Ueda, K.M; "Guarded Horn Clauses"; ICOT Tech. Report TR-103, Institut for New Generation Computer Technology, Tokyo, (1986)

[Wis86]   Wise, M.J.; *"Prolog Multiprocessing"*, Prentice-Hall, Englewood Cliffs, NJ, (1986)

Spezielle verteilte Betriebssysteme

Apollo

[Apo87]   *"Apollo Domain Network Computing System (NCS) Reference"*; Order No 010200, Apollo Computer Inc., Chelmsford, MA (1987)

[Apo87b]   Apollo Computer; *Network Computing System: A Technical Overview*, (002402-322), Apollo Computer Inc., Chelmsford, MA (1987)

[Apo88]   Apollo Computer; *"Domain Software Tools: DSEE Product Brief"*, Apollo Computer Inc., Chelmsford, MA (1987)

[Din87]   Dineen, T,H.; Leach, P.J.; Mishkin, N.W.; Pato, J.N.; Wyant, G.L.; "The Network Computer Architecture and System: An Environment for Developing Distributed Applications", *Proc. Usenix Summer Conference*, Phoenix, (1987)

[Hat86b]   Hatch, M.J.; *Fitting Networks to Organizations*, Apollo Computer, Chelmsford, Ma (1986)

[Lea]   Leach, P.J.; Stumpf, B.L.; Hamilton, J.A.; Levine, P.H.,*"UIDs as Internal Names in a Distributed File System"* , Apollo Computer, Chelmsford, Ma (ohne Jahr)

[Lea83]   Leach, P.J.; Levine, P.H.; Douros, B.P.; Hamilton, J.A.; Nelson, D.L.;
               Stumpf, B.L., "The Architecture of an Integrated Local Network", *IEEE
               Journal on Selected Areas in Communications*, Vol 1, No. 5, November
               (1983)

[Lea85]   Leach, P.J.; Levine, P.H.; Hamilton, J.A.; Nelson, D.L.; Stumpf, B.L.,
               "The File System of an Integrated Local Network", *Proceedings of the
               ACM Computer Science Conference*, New Orleans, LA, March 13-15,
               (1985)

[Ree86]   Rees, J.; Levine, P.H.; Mishkin, N.; Leach, P.J.;*"An Extensible I/O
               System"*, Apollo Computer Inc, Chelmsford MA, (1986)

Mach

[Acc86]   Accetta, M.J.; Baron, R.V.; Bolosky, W; Golub, D.B.; Rashid,
               R.F.;Tevanian, A.; Young, M.W.; "Mach: A New Kernel Foundation for
               UNIX Development",*Proceedings of the Summer Usenix Conference*,
               July, (1986)

[Jon86]   Jones, M.B.; Rashid, R.; "Mach and Matchmaker: Kernel and Language
               Support for Object-Oriented Distributed Systems", *OOPSLA´86
               Proceedings*, September (1986)

[Tev87]   Tevanian, A.; Rashid, R.F.; Young, M.W.; Golub, D.B.; Thompson,
               M.R.; Bolosky, W.; Sanzi, R.; "A UNIX Interface for Shared Memory and
               Memory Mapped Files Under Mach", *Proc. Usenix Summer Conference*,
               Phoenix, (1987)

[You87]   Young, M.; Tevanian, A.; Rashid, R.; Golub, D.; Eppinger, J.; Chew, J.;
               Bolosky, W.; Black, D.; Baron, R.; "The Duality of Memory and
               Communication in the Implementation of a Multiprocessor Operating
               System", *Proc of the 11th ACM Symposium on Operating System
               Principles*, SIGOPS Vol. 21, No. 5, November (1987)

Quicksilver

[Cab87]   Cabrera, L.F.; Wyllie, J.; "Quicksilver Distributed File Services: An
               Architecture for Horizontal Growth" *IBM Research Report* RJ 5578
               (56697)

[Has88]   Haskin, R.; Malachi, Y.; Sawdon, W.; Chan, G.; "Recovery Management
               in Quicksilver"; *ACM Trans. on Computer Systems*, Vol. 6,
               No.1,February (1988)

[Wil87]   Williams, R.; "Office Systems Research at IBM, ARC", *Proceedings der 17. GI Jahrestagung*, München, Springer (1987)

Argus

[Lis85]   Liskov, B,; "The Argus Language and System", in: *Distributed Systems, Methods and Tools for Specification*, (Paul, M.;Siegert, H.J. (Eds.)) Springer, Berlin (1985)

[Lis87]   Liskov, B.; Curtis, D.; Johnson,P.; Scheifler, R.;"Implementation of Argus", *Proc. of the 11th ACM Symposium on Operating System Principles*, SIGOPS Review, Vol 21, No.5, Novenber (1987)

[Lis88]   Liskov, B.; "Distributed Programming In Argus", *Communications of the ACM*, Vol. 31, No. 3, March, (1988)

NFS und verteilte Filesysteme

[Bac87]   Bach, M.J.; Luppi, M.W.; Melamed, A.S.; Yueh, K.; "A Remote-File Cache for RFS", *Proc. Usenix Summer Conference*, Phoenix, (1987)

[Cha85]   Chang, J.; "SunNet", *Usenix Conference Proceedings*, Portland (1985)

[Lyo84]   Lyon, B.; *"Sun Remote Procedure Call Specification"*, Technical Report, Sun Microsystems, Inc., (1984)

[San86]   Sandberg, R.; Goldberg, D.; Kleiman, S.; Walsh, D.; Lyon, B.; "Design and Implementation of the Sun Network File System", Sun Microsystems, Inc., Mountain View, CA (1986)

V-Kernel

[Che84]   Cheriton, D.R.; "The V Kernel, A Software Base for Distributed Systems", *IEEE Software*, April, (1984)

[Che85]   Cheriton, D.R., Zwaenepoel, W.; "Distributed Process Groups in the V Kernel", *ACM Transactions on Computer Systems*, Vol.3, No. 2,May, (1985)

EDM und DSL

[Glo88]   Gloor, P.; Marty, R.; Zellweger. M.;"Implementation of a Locking Protocol for Resource Locking in a stateless Environment"; *Proc. EUUG Autumn Conference*, Cascais, Portugal, (1988)

[Glo88b]   Gloor, P.; Marty, R.; Zellweger. M.;"An Event Distribution Mechanism
              (EDM) for Synchronisation in Distributed Systems or How a Distributed
              UNIX System Becomes Fault Tolerant"; submitted to the *4th Int. Conf. on
              Fault-Tolerant Computing Systems*, Sept. 20-22, (1989), Baden-Baden
              BRD

[Glo89]   Gloor, P.; Marty, R.;"Dynamically Synchronized Locking - a Locking
              Protocol for Resource Locking in a Stateless Environment"; *Proc. Usenix
              Winter Conference*, Feb. 1-3.,San Diego CA (1989)

[Zel89]   Zellweger, M.; Gloor, P.; "Implementation of an Event Distribution
              Mechanism (EDM) on a Network of Workstations"; *Proc. EUUG Spring
              Conference*, April 3-7., Brüssel, Belgien, (1989)

Vollständiges alphabetisches Verzeichnis

[Acc86]   Accetta, M.J.; Baron, R.V.; Bolosky, W; Golub, D.B.; Rashid,
              R.F.;Tevanian, A.; Young, M.W.; "Mach: A New Kernel Foundation for
              UNIX Development",*Proceedings of the Summer Usenix Conference*,
              July, (1986)

[Ado85]   Adobe Systems Inc.; *"Postscript Language Tutorial and Cookbook"*;
              Addison-Wesley, Reading MA, (1985)

[Agr85]   Agrawal, R.; Carey, M. J.; Livny,M.; "Models for Studying Concurrency
              Control Performance: Alternatives and Implications", *Proceedings of the
              ACM-SIGMOD 1985 International Conference on Management of Data*,
              Austin, Texas (1985)

[And87]   Anderson, D.P.; Ferrari, D.; Rangan, P.V.; Sartirana, B.;"A Protocol For
              Secure Communication And Its Performance", *Proc of the 7th IEEE
              Conference on Distributed Computer Systems*, Berlin, (1987)

[And87b]   Andrews, T.; Harris, C.; "Combining Language and Database Advances in
              an Object-Oriented Environment";*OOPSLA '87 Proceedings*, Orlando,
              Florida (1987)

[Apo87]   *"Apollo Domain Network Computing System (NCS) Reference"*; Order No
              010200, Apollo Computer Inc., Chelmsford, MA (1987)

[Apo87b]   Apollo Computer; *Network Computing System: A Technical Overview*,
              (002402-322), Apollo Computer Inc., Chelmsford, MA (1987)

[Apo88]   Apollo Computer; *"Domain Software Tools: DSEE Product Brief"*, Apollo
             Computer Inc., Chelmsford, MA (1987)

[Bac86]   Bach, M.J.; *"The Design of the UNIX Operating System"*; Prentice-Hall,
             Englewood Cliffs NJ, (1986)

[Bac87]   Bach, M.J.; Luppi, M.W.; Melamed, A.S.; Yueh, K.; "A Remote-File
             Cache for RFS", *Proc. Usenix Summer Conference*, Phoenix, (1987)

[Bag86]   Baggenstoss, T.; Marty, R.; Mergler, B.; Schnorf. P.; *"UNIX als Basis
             für Softwareentwicklung"*; Springer, Berlin (1986)

[Bal87]   Balzer, R.M.; "Living in the Next-Generation Operating System", *IEEE
             Software*, November (1987)

[Ban87]   Banatre, J.-P.; "New Concepts for Distributed System Structuring" in:
             Distributed Operating Systems, (Paker, Y. et al. (Eds.)), Springer, Berlin,
             (1987)

[Bec87]   Beck, B.; Olien, D.; "A Parallel Programming Process Modell"; *Proc.
             Usenix Winter Conference*; Washington DC, (1987)

[Ben87]   Bennet, J.K.;"The Design and Implementation of Distributed
             Smalltalk",*OOPSLA '87 Proceedings*, Orlando, Florida (1987)

[Ber81]   Bernstein, P.A.; Goodman, N.; "Concurrency Control in Distributed
             Database Systems", *ACM Computing Surveys*, Vol. 13, No. 2, June
             (1981)

[Ber87]   Bernstein, P.A.; Hadzilacos, V.; Goodman, N.; *"Concurrency Control and
             Recovery in Database Systems"*; Addison Wesley, Reading MA, (1987)

[Bev87a]   Bever, M.; Fleischmann, A.;*"Ein Konfigurationskonzept für die
             Anwendungsebene des ISO-Referenzmodells für offene (Büro-)Systeme"*;
             IBM European Networking Center, Heidelberg (1987)

[Bev87b]   Bever, M.; Feldhoffer, F.; Pappe, S.;*"OSI Services for Transaction
             Processing"*; IBM European Networking Center, Heidelberg (1987)

[Bib86]   Bibel, W.; Kurfess, F.; Aspetsberger, K.; Hintenaus, P.; Schumann, J.;
             "Parallel Inference Machines"; in *Future Parallel Computers*, (Treleaven,
             P.; Vanneschi, M.(Eds.)), Springer Lecture Notes in Computer Science
             272, Springer, Berlin (1986)

[Bir84]   Birell, A.D.; Nelson, B.J.; "Implementing Remote Procedure Calls"; *ACM
             Transactions on Computer Systems*; Vol. 2, No. 1, Feb. (1984)

[Bla86]   Black, A.P.; "The Eden Project, Overview and Experiences", *Proceedings of the EUUG Autumn Conference,* Manchester, September (1986)

[Bla86b]   Black, A.; Hutchinson, N.; Jul, E.; Levy, H.; "Object Structure in the Emerald System" *OOPSLA '86 Proceedings*, September (1986)

[Blo87]   Bloom, T.; Zdonik, S.B.; "Issues in the Design of Object-Oriented Database Programming Languages"; *OOPSLA '87 Proceedings*, Orlando, Florida (1987)

[Bor81]   Borning, A.; "The Programming Language Aspects of ThingLab, a Constraint-Oriented Simulation Laboratory", *ACM Transactions on Programming Languages and Systems*, Vol.3, No.4, October (1981)

[Bor86]   Borning, A.; Duisberg, R.; "Constraint-Based Tools for Building User Interfaces"; ACM Transactions on Graphics, Vol. 5, No. 4, October, (1986)

[Bor86b]   Borning, A.; "Defining Constraints Grapically", *CHI '86 Proceedings* , April (1986)

[Bre83]   Brereton, P.; "Detection and Resolution of Inconsistencies among Distributed Replicates of Files", *ACM Operating Systems Review*, Vol. 17, No. 1, (1983)

[Bro87]   Brown, D.J.; Bowen, J.P.; "The Event Queue: An Extensible Input System for UNIX Workstations": *Proc. EUUG Spring Conference*, (1987)

[Bro88]   Browne, J.C.; "Technology '88: Software - Expert Opinion"; *IEEE Spectrum*, January, (1988)

[Cab87]   Cabrera, L.F.; Wyllie, J.; "Quicksilver Distributed File Services: An Architecture for Horizontal Growth" *IBM Research Report* RJ 5578 (56697)

[Cer84]   Ceri, S.; Pelagatti, G.; *"Distributed Databases, Principles and Systems"*, McGraw-Hill, New York, (1984)

[Cha84]   Chang, J.-M.; Maxemchuk, N.F.; "Reliable Broadcast Protocols"; *ACM Transactions on Computer Systems*; Vol.2, No. 3, August (1984)

[Cha85]   Chang, J.; "SunNet", *Usenix Conference Proceedings*, Portland (1985)

[Cha87]   Channing, H.R.; Waterman, P.J.; Variations of UNIX for Parallel-Processing Computers", *Communications of the ACM*, Vol. 30, No.12, Dec.(1987)

[Che84]   Cheriton, D.R.; "The V Kernel, A Software Base for Distributed Systems",
             IEEE Software, April, (1984)

[Che85]   Cheriton, D.R., Zwaenepoel, W.; "Distributed Process Groups in the V
             Kernel", *ACM Transactions on Computer Systems*, Vol.3, No. 2,May,
             (1985)

[Chu86]   Chu, W.W.; Jung, M.A.; "Fault Tolerant Locking FTL for Tightly
             Coupled Systems"; *Proceedings of the fifth Symposium on Reliability in
             Distributed Software and Database Systems*, Los Angeles, (1986)

[Cla84]   Clark, K.L; McCabe, F.G; *"micro-Prolog: Programming in Logic"*;
             Prentice-Hall, Englewood Cliffs, NJ, (1984)

[Cla86]   Clark, K.L; Gregory, S.; "PARLOG: Parallel Programming in Logic";
             ACM TOPLAS,Vol. 8, No. 1, (1986)

[Col87]   Colmerauer, A.; "Opening the Prolog III Universe", *BYTE*, August,
             (1987)

[Cri88]   Crichlow, J.M; *"Distributed and Parallel Computing"*; Prentice Hall, New
             York, (1988)

[Dah70]   Dahl, O.-J.; Myrhaug, B.; Nygaard, K.; *"SIMULA Common Base
             Language"*, Norwegian Computing Center S-22. Oslo, (1970) 67

[Din87]   Dineen, T,H.; Leach, P.J.; Mishkin, N.W.; Pato, J.N.; Wyant, G.L.; "The
             Network Computer Architecture and System: An Environment for
             Developing Distributed Applications", *Proc. Usenix Summer Conference*,
             Phoenix, (1987)

[Dit85]   Dittrich, K.R.; Kotz, A.M.; Mülle, J.A.; "A Multilevel Approach to Design
             Database Systems and its Basic Mechanisms"; Proc. IEEE COMPINT,
             Montreal, (1985)

[Dix87]   Dixon, G.N.; Shrivasta, S.K.; *"Exploiting Type Inheritance Facilities to
             Implement Recoverability in Object Based Systems"*; Proceedings of the
             sixth Symposium on Reliability in Distributed Software and Database
             Systems, Kingsmill-Williamsburg VA, (1987)

[Dui86]   Duisberg, R.A.; "Animated Graphical Interfaces using Temporal
             Constraints", *CHI '86 Proceedings*, April (1986)

[Ecm85]   ECMA (European Computer Manufacturers Association), *"Remote
             Operations - Concepts, Notation and Connection-oriented Mappings"*,
             TR31, Dec.(1985)

[Edl86]   Edler, J.; Gottlieb, A.; Lipkis, J.; "Considerations for Massively Parallel UNIX Systems on the NYU Ultracomputer and the IBM RP3"; *Proc. of Winter Usenix Conference*, (1986)

[Esw76]   Eswaran, K.P.; et. al.; "The Notions of Consistency and Predicate Locks in a Database System"; *Comm. of the ACM*; Vol. 9, No. 11, November, (1976)

[Eva86]   Evans, S; "The Notifier", *Proc. Usenix Summer Conference*, Atlanta, (1986)

[Fal87]   Falcone, J.R.; "A Programmable Interface Language for Heterogeneous Distributed Systems"; *ACM Trans. on Computer Systems*, Vol.5, No.4, November, (1987)

[Fle87a]   Fleischmann, A.; "*PASS - A Technique for Specifying Communication Protocols*"; IBM European Networking Center Technical Report No. 43.8709 (1987)

[Fle87b]   Fleischmann, A.; Chin, S.T.; Effelsberg, W.;"*Specification and Implementation of an ISO Session Layer*"; IBM European Networking Center Technical Report No. 43.8706 (1987)

[Fos87]   Fosdick, H.; "*VM/CMS Handbook for Programmers, Users, and Managers*", Hayden, Indianapolis, (1987)

[Gar85]   Garcia-Molina, H.; Barbara, D.; "How to Assign Votes in a Distributed System", *Journal ACM*, Vol. 32, No. 4; October (1985)

[Gei87]   Geihs, K.; Staroste, R.; Eberle, H.; "Operating System Support for Heterogeneous Distributed Systems", *GI-Informatik-Fachberichte 130; Kommunikation in offenen Systemen*, Aachen, Februar 1987, Springer (1987)

[Glo88]   Gloor, P.; Marty, R.; Zellweger. M.;"Implementation of a Locking Protocol for Resource Locking in a stateless Environment"; *Proc. EUUG Autumn Conference*, Cascais, Portugal, (1988)

[Glo88b]   Gloor, P.; Marty, R.; Zellweger. M.;"An Event Distribution Mechanism (EDM) for Synchronisation in Distributed Systems or How a Distributed UNIX System Becomes Fault Tolerant"; submitted to the *4th Int. Conf. on Fault-Tolerant Computing Systems*, Sept. 20-22, (1989), Baden-Baden BRD

[Glo89]   Gloor, P.; Marty, R.;"Dynamically Synchronized Locking - a Locking Protocol for Resource Locking in a Stateless Environment"; *Proc. Usenix Winter Conference*, Feb. 1-3.,San Diego CA (1989)

[Gol83]   Goldberg, A.; Robson, D.; *"Smalltalk-80, The Language and its Implementation"*, Addison-Wesley, Readings MA, (1983)

[Goo87]   Goodman, D.; *"The Complete Hypercard Handbook"*; Bantam Books, New York, (1987)

[Goo87b]   Goos, G.; Persch, G.; Uhl, J.; *"Programmiermethodik mit Ada"*, Springer, Berlin, (1987)

[Gro88]   Grossmann, J.; *"Vektorielles Rechnen im Information Retrieval"*; Informatik-Dissertationen ETH Zürich Nr. 6, Verlag der Fachvereine Zürich, (1988)

[Hae87]   Härtig, H.; Kühnhauser,W.E.; Lux, W.; Streich, H.; Goos, G.; "Distribution and Recovery in the BirliX Operating System", *GI-Informatik-Fachberichte 130; Kommunikation in offenen Systemen*, Aachen, Februar 1987, Springer (1987)

[Has88]   Haskin, R.; Malachi, Y.; Sawdon, W.; Chan, G.; "Recovery Management in Quicksilver"; *ACM Trans. on Computer Systems*, Vol. 6, No.1, February (1988)

[Hat86a]   Hatch, M.J.; *The Convergence of the Multiple Unix Standards*, Apollo Computer, Chelmsford, Ma (1986)

[Hat86b]   Hatch, M.J.; *Fitting Networks to Organizations*, Apollo Computer, Chelmsford, Ma (1986)

[Hol82]   Holt, R.C.; "A Short Introduction to Concurrent Euclid", *ACM SIGPLAN Notices*, Vol. 17, No. 5, May, (1982)

[Hol87]   Hollberg, U.; Schmutz, H.; Silberbusch, P.;"Remote File Access: A Distributed File System for Heterogeneous Networks";*GI-Informatik-Fachberichte 130; Kommunikation in offenen Systemen*, Aachen, Februar 1987, Springer (1987)

[Hor87]   Hornick, M.F.; Zdonik, S.B.; "A Shared, Segmented Memory System for an Object-Oriented Database"; *ACM Trans. on Office Information Systems*, Vol. 5, No. 1, Jan, (1987)

[IBM]   *IBM System/38 Technical Developments*, IBM Publication No. G580-0237, (Ohne Jahr)

[Ing88]   Ingalls, D.; Wallace, S.; Chow, Y.; Ludolph, F.; Doyle, K.; "Fabrik, A
             Visual Programming Environment"; *OOPSLA '88 Proceedings*, San Diego,
             (1988)

[Int86]   IntelliCorp; *"KEE Software Development System Core Reference Manual"*;
             Document 3.0-KCR-1, IntelliCorp, (1986)

[ISO8807]   ISO, Information Processing Systems - Open Systems Interconnection -
             *"LOTOS - A Formal Description Technique Based on the Temporal
             Ordering of Observation Behaviour"*, ISO 8807

[ISO9074]   ISO, Information Processing Systems - Open Systems Interconnection -
             *"ESTELLE - A Formal Description Technique Based on an Extended State
             Transition Model*, ISO 9074

[Jon86]   Jones, M.B.; Rashid, R.; "Mach and Matchmaker: Kernel and Language
             Support for Object-Oriented Distributed Systems", *OOPSLA '86
             Proceedings*, September (1986)

[Jul88]   Jul, E.; Levy, H.; Hutchinson, N.; Black, A.; "Fine-Grained Mobility in
             the Emerald System", *ACM Trans. on Computer Systems*, Vol. 6, No. 1,
             February, (1988)

[Kot88]   Kotz, A.M.; Dittrich, K.R.; Mülle, J.A.; "Supporting Semantic Rules by a
             Generalized Event/Trigger Mechanism"; *Proc. of "Advances in Database
             Technology - EDBT '88"*, Springer Verlag, Berlin (1988)

[Kra81]   Krasner, G.; "The Smalltalk-80 Virtual Machine"; *BYTE*, Vol. 6, No. 8,
             August (1981)

[Kra87]   Krall, A.; Kühn, E.; "VIP - Eine integrierte Programmierumgebung für
             Prolog"; in *Proc. Österreichische Artificial-Intelligence-Tagung*,
             (Buchberger, E.; Retti, J. (Eds.)), Springer KI Informatik Fachberichte
             151, Springer, Berlin (1987)

[Kro86]   Kronenberg, N.P.; Levy, H.M.; Strecker, W.D.; "VAXclusters: A
             Closely-Coupled Distributed System"; *ACM Trans. on Computer Systems*,
             Vol. 4, No. 2, May, (1986)

[Lam78]   Lamport, L.; "Time, Clocks and the Ordering of Events in a Distributed
             System", *Comm. ACM*, July (1978)

[Lea]   Leach, P.J.; Stumpf, B.L.; Hamilton, J.A.; Levine, P.H.,*"UIDs as
             Internal Names in a Distributed File System"* , Apollo Computer,
             Chelmsford, Ma (ohne Jahr)

[Lea83]   Leach, P.J.; Levine, P.H.; Douros, B.P.; Hamilton, J.A.; Nelson, D.L.; Stumpf, B.L., "The Architecture of an Integrated Local Network", *IEEE Journal on Selected Areas in Communications*, Vol 1, No. 5, November (1983)

[Lea85]   Leach, P.J.; Levine, P.H.; Hamilton, J.A.; Nelson, D.L.; Stumpf, B.L., "The File System of an Integrated Local Network", *Proceedings of the ACM Computer Science Conference*, New Orleans, LA, March 13-15, (1985)

[LeL77]   LeLann, G.; "Distributed Systems - Towards a Formal Approach", *Information Processing 77*, B.Gilchrist, (ed.) North-Holland, (1977)

[Lel88]   Leler, W.; *"Constraint Programming Languages - Their Specification and Generation"*; Addison Wesley, Reading MA, (1988)

[Lev85]   Levine, P.H.; Leach, P.J.; Mishkin, N.W.; *"Distributed File Systems for Intimate Sharing"*, Apollo Computer, Chelmsford, Ma (1985)

[Li84]   Li, D.; *"A PROLOG Database System"*, Research Studies Press Ltd., Letchworth, Hertfordshire, England(1984)

[Lis85]   Liskov, B,; "The Argus Language and System", in: *Distributed Systems, Methods and Tools for Specification*, (Paul, M.;Siegert, H.J. (Eds.)) Springer, Berlin (1985)

[Lis87]   Liskov, B.; Curtis, D.; Johnson,P.; Scheifler, R.;"Implementation of Argus", *Proc. of the 11th ACM Symposium on Operating System Principles*, SIGOPS Review, Vol 21, No.5, Novenber (1987)

[Lis88]   Liskov, B.; "Distributed Programming In Argus", *Communications of the ACM*, Vol. 31, No. 3, March, (1988)

[Luc87]   Lucco, S.E.; "Parallel Programming in a Virtual Object Space", *OOPSLA '87 Proceedings*, Orlando, Florida (1987)

[Lyo84]   Lyon, B.; *"Sun Remote Procedure Call Specification"*, Technical Report, Sun Microsystems, Inc., (1984)

[Mai87]   Maier, D.; Stein, J.; "Development and Implementation of an Object-Oriented DBMS" ; *Research Directions in Object-oriented Programming*; Shriver, B.;Wegner, P.(Eds.); Computer Systems Series, MIT Press, Cambridge, MA (1987)

[Mar87]   Marty, R.; Gamma, E.; Weinand, A.; *"Objektorientierte Software-entwicklung"*, Fortbildungsseminare in Wirtschaftsinformatik der Unversität Zürich, Zürich, (1987)

[Mar88]   Marty, R.; *"Von der Subroutinentechnik zu Klassenhierarchien - Eine schrittweise Hinführung zu objektorientierter Programmierung"*; Berichte des Instituts für Informatik Nr. 88.04, Universität Zürich, (1988)

[McC87]   McCullough, P.L; "Transparent Forwarding: First Steps", *OOPSLA '87 Proceedings*, Orlando, Florida (1987)

[Mer87]   Merrow, T.; Laursen, J.; "A Pragmatic System for Shared Persistent Objects"; *OOPSLA '87 Proceedings*, Orlando, Florida (1987)

[Mue87]   Müller, G.; *"European Networking Center, Annual Report 1987"*; IBM European Networking Center Technical Report No. 43.8708 (1987)

[Nee79]   Needham, R.M.; "Adding Capability Access to Conventional File Servers", *SIGOPS Operating Systems Review*, Vol. 13, No. 1, January, (1979)

[Nel]   Nelson, D.L.; *Distributed Processing in the Apollo Domain*, Apollo Computer, Chelmsford, Ma (ohne Jahr)

[Neu87]   Neufeld, G.; *"The EAN Distributed Message System, User's Manual"*; Dept. of Computer Science, University of British Columbia, Vancouver, July, 1, (1987)

[Nie87]   Nierstrasz, O.M.; "What is the Object in Object-oriented Programming?" in: *Objects and Things* (Tsichritzis, D. (Ed.)), Centre Universitaire d'Informatique; Génève (1987)

[Nie87b]   Nierstrasz, O.M.; "Hybrid - A Language for Programming with Active Objects" in: *Objects and Things* (Tsichritzis, D. (Ed.)), Centre Universitaire d'Informatique; Génève (1987)

[Nie87c]   Nierstrasz, O.M.; Triggering Active Objects, in: *"Objects and Things"*; Centre Universitaire d'Informatique,Génève (1987)

[Ous81]   Ousterhout, J.K; *"MEDUSA - A Distributed Operating System";* umi Research Press, Ann Arbor (1981)

[Owe86]   Owen, M.D.; "Object Oriented Programming in NeWS"; *Usenix Monterey Computer Graphics Workshop Proceedings*, (1986)

[Pap87]   Pappe, S.; Lamersdorf, W.; Effelsberg, W.; *"Specification and Implementation of a Standard for Remote Database Access"*; IBM European Networking Center Technical Report No. 43.8712 (1987)

[Par83]   Parker, D.S. et al.; "Detection of Mutual Inconsistency in Distributed Systems", *IEEE Transactions on Software Engineering*, Vol. 9, No. 3, May (1983)

[Pen87]   Penney, D.J.; Stein, J.; "Class Modification in the GemStone Object-Oriented DBMS"; *OOPSLA '87 Proceedings*, Orlando, Florida (1987)

[Pet85]   Peterson, J.L.; Silberschatz, A.; *"Operating System Concepts"*, Addison-Wesley, Reading, MA., 2nd Edition, (1985)

[Pet87]   Peterson, R.W.; Object-Oriented Database Design; *AI Expert*; März (1987)

[Pop85]   Popek, G.; Walker, B.; *"The LOCUS Distributed System Architecture"*; MIT Press, Cambridge, MA, (1985)

[Pow83]   Powell, M.L.; Presotto, D.L.; "Publishing: A Reliable Broadcast Communication Mechanism"; *ACM Operating Systems Review*, Vol. 17, No. 5, (1983)

[Pu87]   Pu, C.; Noe, J.D.; "Design and Implementation of Nested Transactions in Eden"; *6th IEEE Symposium on Reliability in Distributed Software and Database Systems* , Kingsmill, Williamsburg, (1987)

[Pur87]   Purdy, A.; Schuchardt, B.; Maier, D.; "Integrating an Object-Server with Other Worlds"; *ACM Trans. on Office Information Systems*, Vol. 5, No. 1, Jan, (1987)

[Rao87]   Rao, R.; Wallace, S.; "The X Toolkit - The Standard Toolkit for X Version 11"; *Proc. Usenix Summer Conference*, Phoenix, (1987)

[Rav86]   Ravindran. K., Chanson, S.T.;"State Inconsistency Issues in Local Area Network-Based Distributed Kernels", *Proceedings of the fifth Symposium on Reliability in Distributed Software and Database Systems*, Los Angeles, (1986)

[Ree86]   Rees, J.; Levine, P.H.; Mishkin, N.; Leach, P.J.;*"An Extensible I/O System"*, Apollo Computer Inc, Chelmsford MA, (1986)

[Ric85]   Richter, L.; *"Betriebssysteme"*; B.G. Teubner Verlag, Stuttgart (1985)

[Roc85]   Rochkind, E.B.; *"Advanced UNIX Programming"*; Prentice-Hall, Englewood Cliffs, N.J, (1985)

[Rus87]   Russell, C.H.; Waterman, P.J.; "Variations on UNIX for Parallel Processing Computers", *Communications of the ACM*, Vol. 30, No. 12, December, (1987)

[San86]   Sandberg, R.; Goldberg, D.; Kleiman, S.; Walsh, D.; Lyon, B.; "Design and Implementation of the Sun Network File System", Sun Microsystems, Inc., Mountain View, CA (1986)

[Ser87]   Serlin, O.; "Threading together a Replacement for BSD", *UNIX/WORLD*, November, (1987)

[Ser88]   Serlin, O.; "Fault-Tolerant Systems Take Off", *UNIX/WORLD*, June, (1988)

[Shap83]   Shapiro, E.; *"A Subset of Concurrent Prolog and its Interpreter"*; ICOT Tech. Report TR-003, Institut for New Generation Computer Technology, Tokyo, (1983)

[Slo87]   Sloman, J.; Kramer, J.; *"Distributed Systems and Computer Networks"*; Prentice Hall, New York, (1987)

[Smi86]   Smith, J.M.; *"Approaches to Distributed UNIX Systems"*; Tech Report CUCS-241-86, Columbia University, New York, (1986)

[Smi87]   Smith, K.E.; Zdonik, S.B.; "Intermedia: A Case Study of the Difference Between Relational and Object-Oriented Database Systems; *OOPSLA ´87 Proceedings*, Orlando, Florida (1987)

[Ste86]   Sterling, L.; Shapiro, E.; *"The Art of Prolog"*; MIT Press, Cambridge, MA, (1986)

[Stef86]   Stefik, M.J.; Bobrow, D.G.; Kahn, K.M.; " Integrating Access-Oriented Programming into a Multiparadigm Environment"; *IEEE Software*, January, (1986)

[Sto86]   Stonebraker, M. [ed.]; "The INGRES Papers: Anatomy of a Relational Database System", Addison-Wesley, Reading MA, (1986)

[Str86]   Stroustrup, B.; *"The C++ Programming Language"*, Addison-Wesley, Reading, MA, (1986)

[Sun87]   Sun Microsystems; *"NeWS Manual"*; Sun Microsystems (1987)

[Sun88]   Sun, Z.; Zhou, J.; Yang, P.; Xu, X.; "Developing a Heterogeneous Distributed Operating System", *SIGOPS Review*, Vol. 22, No. 2, April (1988)

[Tan81]   Tanenbaum, A.; *"Computer Networks"*, Prentice Hall, Englewood Cliffs, N.J., (1981)

[Tan85]   Tanenbaum, A.,S.; "Distributed Operating Systems", *ACM Computing Surveys*, Vol. 17, No. 4. Dec. (1985)

[Tan88]   Tanenbaum, A.; *"Computer Networks, Second Edition"*, Prentice Hall, Englewood Cliffs, N.J., (1988)

[Tes86]   Test, J.; "Concentrix - A Unix for the Alliant Multiprocessor", *Proc. Usenix Winter Conference*, (1986)

[Tev87]   Tevanian, A.; Rashid, R.F.; Young, M.W.; Golub, D.B.; Thompson, M.R.; Bolosky, W.; Sanzi, R.; "A UNIX Interface for Shared Memory and Memory Mapped Files Under Mach", *Proc. Usenix Summer Conference*, Phoenix, (1987)

[Tsu84]   Tsujino, Y.;Ando, M.; Araki, T.; Tokura, B.;"Concurrent C: A Programming Language for Distributed Multiprocessor Systems", *Software Practice and Experience*, Vol. 14, No. 11, November, (1984)

[Ued86]   Ueda, K.M; "Guarded Horn Clauses"; ICOT Tech. Report TR-103, Institut for New Generation Computer Technology, Tokyo, (1986)

[Weg87]   Wegner, P.; "Dimensions of Object-Based Language Design"; *OOPSLA Proceedings*, Orlando, Florida, (1987)

[Wil87]   Williams, R.; "Office Systems Research at IBM, ARC", *Proceedings der 17. GI Jahrestagung*, München, Springer (1987)

[Wis86]   Wise, M.J.; *"Prolog Multiprocessing"*, Prentice-Hall, Englewood Cliffs, NJ, (1986)

[Wir82]   Wirth, N.; *"Programming in Modula-2"*, Springer; Berlin, Heidelberg, New York, (1982)

[Wul81]   Wulf, W.A.;Levin, R.;Harbison, S.;*"Hydra/C.mmp: An Experimental Computer System"*, Mc-Graw-Hill, New York (1981)

[You87]   Young, M.; Tevanian, A.; Rashid, R.; Golub, D.; Eppinger, J.; Chew, J.; Bolosky, W.; Black, D.; Baron, R.; "The Duality of Memory and Communication in the Implementation of a Multiprocessor Operating System", *Proc. of the 11th ACM Symposium on Operating System Principles*, SIGOPS Vol. 21, No. 5, November (1987)

[Zel89]   Zellweger, M.; Gloor, P.; "Implementation of an Event Distribution Mechanism (EDM) on a Network of Workstations"; *Proc. EUUG Spring Conference*, Brüssel, Belgien, April 3-7., (1989)

Glossar

Bei grundlegenden Begriffen wird ein Literaturverweis zu einem in die Thematik einführenden Standardwerk gegeben.

Das Zeichen ↑ markiert ein Stichwort, das an anderer Stelle in diesem Glossar erklärt wird.

abort (of a transaction): (Gewaltsamer) Abbruch einer Transaktion.

accounting: Abrechnung, Belastung der von den einzelnen Benutzern verbrauchten Rechnerzeit.

Anwendungsprotokoll-Dateneinheit - *application protocol data unit* (APDU): Eine Dateneinheit, die von einem Dienstelement der Anwendungsschicht des ISO/OSI-Modells↑ zu einer anderen übertragen wird.[Tan88]

Anwendungsdienstelement - *application service element*: Eine Spezifikation der Anwendungsschicht des ISO/OSI-Modells↑, z.B. X.400. [Tan88]

Applikation - *application*: Anwendungsprogramm, z.B. ein Textverarbeitungs- programm.

ARPANET: Eines der ersten (halböffentlichen) Netzwerke, das vom amerikanischen Verteidigungsministerium finanziert wurde und in modifizierter Form bis heute existiert [Tan88].

atomare Transaktion - *atomic transaction*: Transaktion, bei der garantiert ist, dass sie entweder erfolgreich zu Ende geführt oder rückgängig gemacht wird. [Ber87]

Atomizität - *atomicity*: Substantiv zu "atomar".

Backup-Mechanismus: Speichermechanismus, der die Sicherstellung der Daten auch nach einem Maschinenabsturz gewährleistet.

Bitmap-Display: Im Gegensatz zum Character-Display Bildschirm, bei dem jeder Bildschirmpunkt direkt angesteuert werden kann, so dass hochauflösende Grafik dargestellt werden kann.

Bottom-Up-Entwurfsmethode - *bottom up design*: Entwurfsmethode, bei der, ausgehend vom Detail, das gesamte System schrittweise aus den Einzelteilen zusammengesetzt wird.

Buffer-Management: Verwaltung des Pufferspeichers, d.h. des Caches↑. [Ric85]

Cache: Pufferspeicher, wo Daten zwischengespeichert werden, damit sie (z.B. für den Prozessor) schneller zugreifbar sind.[Ric85]

Capability: Adresse eines Objekts zusammen mit den Zugriffsrechten auf dieses Objekt.

cascading abort: massenhafter Abort↑ von geschachtelten↑ Transaktionen, begründet in der Schachtelungsstruktur der Subtransaktionen.

Client-Server-Modell - *client server model*: Vor allem für die Verteilung eine Dienstes über mehrere Maschinen fundamentales Konzept: Ein Client nimmt die Dienstleistungen des Servers (Diensterbringers) in Anspruch.

Commit-Protokoll: Mechanismus, der die Atomizität↑ einer Transaktion sicherstellen soll.[Ber87]

Concurrency-Control-Mechanismus - In der deutschsprachigen Literatur auch als "Zugriffskontroll-Mechanismus bei Parallelverarbeitung" bezeichnet: Mechanismus, der bei gleichzeitigem Zugriff mehrerer Benutzer auf die gleichen Daten die Konsistenz der Daten gewährleistet.[Ber87]

Crash-Recovery-Mechanismus: Mechanismus, der verwendet wird, um einen Computer nach einem Absturz wieder korrekt hochzufahren.

CSMA/CD-Netzwerk: Netzwerk-Protokoll, bei dem alle Stationen permanent auf Empfang sind und so eventuelle Kollisionen von übertragenen Netzwerkpaketen entdecken. Bekanntestes Beispiel : Ethernet↑[Tan88]

Datagramm - *datagram*: Ein Netzwerk-Datenpaket.

Datenfluss-Architektur - *dataflow architecture*: Im Gegensatz zur traditionellen Von-Neumann-Computerarchitekur wird bei Computern mit Datenfluss-Architekur jede Aktivation des Prozessors durch die Verfügbarkeit der dazu benötigten Daten ausgelöst.

Demand-Paging-Verfahren: In der deutschsprachigen Literatur wird dieses Verfahren auch als "Seitenaustausch auf Anforderung" bezeichnet. Dabei wird mit ständig gefülltem Speicherraum gearbeitet, so dass ein Seitenwechsel (page fault) nur bei der aktuellen Anforderung eines Objektes stattfindet. [Ric85]

Dienstelement - *service element*: Im ISO/OSI-Schichtenmodell↑ wird eine Spezifikation zu einem bestimmten Thema innerhalb einer Schicht als Dienstelement bezeichnet.

Dienstprimitive - *service primitive*: Eine Subroutine bzw. Prozedur eines Dienstelementes↑.

Dienstzugangspunkt - *service access point:* Zugriffspunkt (Schnittstelle) an einer ISO/OSI-Schichtgrenze eines bestimmten Dienstelementes↑.

directory: In der deutschsprachigen Literatur auch als "Verzeichnis" bezeichnet: Wird für die hierarchischen Strukturierung von Dateien (files) verwendet.

dynamic binding: vor allem bei objektorientierten Programmiersprachen übliches Verfahren, bei dem der Prozedur-Kopf (der Name) erst zur Laufzeit zum Prozedur-Körper, d.h. der Implementation der Prozedur, gebunden wird.

dynamischer Lastausgleich - *dynamic load balancing*: Gleichmässige Verteilung der Arbeitslast auf mehrere Computer innerhalb eines Netzwerkes zur Laufzeit.

ereignisgesteuerte Programmierung - *event driven programming*: Programmierstil, bei dem als Reaktion auf das Eintreten von Events (Ereignissen) die Ereignisbehandlungsroutine ausgeführt wird (triggering↑).

error recovery: erneutes korrektes Hochfahren eines Computers nach einem *fehlerbedingten* Absturz.

Ethernet: CSMA/CD↑-Basis- oder Breitband-Netzwerk [Tan88].

fehlertolerante Systeme - *fault tolerant computing* - *fault tolerant systems*: Computersysteme, die auch nach einem Ausfall einzelner Subkomponenten korrekt weiterarbeiten.

fine grained parallelism - feinkörnige Parallelverarbeitung: Parallele Bearbeitung von Programmen auf der Ebene von Programmanweisungen.

gateway: In Netzwerken eine dedizierte Maschinen zwischen unterschiedlichen Subnetzwerken, wo auch die Umwandlung zwischen verschiedenen Pakettypen vorgenommen wird.

gegenseitiger Ausschluss - *mutual exclusion*: Synchronisationsverfahren, um bei Paralellzugriff auf geteilte Daten die Datenkonsistenz sicherzustellen. [Ber87]

gemeinsamer Adressraum - *shared memory*: Verfahren zur Kommunikation zwischen mehreren Prozessen mit Hilfe eines gemeinsam geteilten Hauptspeicherbereiches.

Gerätetreiber - *device driver*: Ein Programm(fragment), das als Betriebssystembestandteil die Ansteuerung von externen Geräten wie Druckern und Terminals ermöglicht.

geschachtelte Transaktionen: Unterteilung von (langdauernden) atomaren↑ Transaktionen in Subtransaktionen, die ebenfalls die Atomizitätseigenschaft besitzen. Damit soll der erfolgreiche Abschluss der ganzen Transaktion auch bei einem Abort↑ einer Subtransaktion ermöglicht werden.

graceful degradation: Weiterarbeiten des ganzen Systems bei einem Ausfall einzelner Subkomponenten unter allenfalls verschlechterter Leistung↑.

hidden directories: In LOCUS [Pop85] für die transparente Prozessmigration zur Laufzeit angewandtes Verfahren.

horizontales Wachstum - *horizontal growth*: Auch als "lineares Wachstum" bezeichnete Zunahme eines vernetzten Systems durch Zufügen von (sehr vielen) weiteren Knoten.

Intention-Log: Zur Implementation von atomaren↑ Transaktionen verwendetes Log-File, in das die während des Ablaufs der Transaktion auszuführenden Operationen geschrieben werden.

Interprozesskommunikation (IPC): Kommunikation zwischen mehreren Prozessen.

Interrupt-Handler: Subroutine, die ausgeführt wird nach dem Auslösen eines Hard- oder Software-Interrupts.

ISO/OSI-Schichtenmodell: Allgemeines Schichtenmodell (7 Schichten) für die portable Spezifikation von Netzwerkprotokollen der International Standards Organization. [Tan88]

late binding: dynamic binding↑

Leichtgewicht-Multitasking - *lightweight multitasking*: Multitasking mit Hilfe von Leichtgewicht-Prozessen, d.h. von mehreren parallelen Prozessen, die alle im gemeinsam↑ Adressraum arbeiten.

Leistung - *performance*: Einer der wichtigsten Aspekte zur Beurteilung von Computer-Systemen.

linear speed-up: Lineare Zunahme der Verarbeitungsgeschwindigkeit beim Zufügen von weiteren Prozessoren, d.h. die Verarbeitungsgeschwindigkeit nimmt parallel zur Zahl der zugefügten Prozessoren zu.

load sharing: dynamische Verteilung der Arbeitslast eines Rechenprogramms zur Laufzeit auf mehrere Prozessoren.

logische Programmierung - *logic programming*: Programmiertechnik, die auf der Horn-Klausel-Logik basiert. Bekanntester Vertreter einer logischen Programmiersprache ist Prolog↑. [Ste86]

Locking: In der deutschsprachigen Literatur auch als "Sperren" bezeichnetes Verfahren zur Synchronisation des parallelen Zugriffs auf eine geteilte Ressource durch den Ausschluss von Mitbewerbern.

Long-Haul-Netzwerk - *long haul networks*: Netzwerke, die sich, im Gegensatz zu lokalen Netzwerken, über weite Distanzen erstrecken. [Tan88]

Message-Passing: Im Gegensatz zur Interprozesskommunikation mit Hilfe von RPC's↑ geschieht hier die Kommunikation zwischen den Prozessen direkt durch das Senden von Meldungen.

Modell View Controller System: In Smalltalk verwendetes Paradigma zur Implementation von Benutzerschnittstellen. Jede Applikation besteht aus Modell, View und Controller.

offene Systeme - *open systems*: Systeme, die dem ISO/OSI-Schichtenmodell↑ entsprechen und die deshalb miteinander kommunizieren können.

Overhead: Überflüssige Arbeit, die zur Erreichung des gewünschten Ziels nicht direkt benötigt wird, vom System aber trotzdem ausgeführt wird.

Paging: in der deutschsprachigen Literatur auch als "Seitenwechsel" bezeichnet: Nachladen einer Seite (page), deren Nichtvorhandensein im Hauptspeicher einen Seitenfehler (page fault) erzeugte, in den Hauptspeicher. [Ric85]

persistente Objekte - *persistent objects*: Objekte, deren Lebensdauer über ihren Aufenthalt im Hauptspeicher hinausgeht und die deshalb eine explizite Sicherungs-Operation überflüssig machen.

polling: Periodische Anfrage eines Diensterbringers (Servers) an seine Clients, ob seine Dienste benötigt würden.

Port: Zugangspunkt zu einem Objekt.

Portabilität - *portability*: Fähigkeit eines Programms, von einem Computertyp auf einen anderen übertragen (portiert) zu werden.

Postscript: Stackorientierte Programmiersprache, die die geräteunabhängige Beschreibung von Druckformaten für Dokumente (vor allem) für den Ausdruck auf Laserdruckern ermöglichen soll. [Ado85]

Programm-Counter: In der deutschen Literatur auch als "Befehlszähler" bezeichnet: Speicherelement, aus dem die Adresse des nächsten auszuführenden Befehls erhalten werden kann.

Prolog: Bekanntester Vertreter einer logischen↑ Programmiersprache.[Ste86]

Register: Speicherelement, das für den Prozessor direkt zugänglich ist.

Remote Procedure Call (RPC): Konzept zur Interprozesskommunikation↑ vor allem über mehrere Maschinen, Ziel ist die Beibehaltung der lokalen Prozedur-aufrufs-Semantik.[Bir84]

remote compilation: Kompilation eines Programms auf einer anderen CPU als auf derjenigen, auf der der Benutzer arbeitet.

Replikation von Daten - *replicated data*: Speicherung der gleichen Daten aus Gründen der Datensicherheit und des verbesserten Datenzugriffs an geografisch verschiedenen Orten.

Retrieval: Wiederauffinden von Daten.

rollback: Zurücksetzen einer Transaktion bis zu einem systemkonsistenten Aufsetzpunkt.

RPC: siehe *Remote Procedure Call*

Scheduler: Zentrales Steuerprogramm eines Betriebssystems, das für die Vergabe von Computerressourcen verantwortlich ist. [Ric85]

semantische Lücke - *semantic gap*: Lücke zwischen der tatsächlichen Welt und der Modellierung dieser Welt im Computer.

Serialisierbarkeit - *serializability*: Eigenschaft, die eine Transaktion besitzen kann und die gewährleistet, dass mehrere serialisierbare Transaktionen, die parallel ausgeführt werden, zum gleichen Resultat führen, wie wenn die Transaktionen sequentiell ausgeführt werden. [Ber87]

single level store: Betriebsystemkonzept zur Implementation des Filesystems, das z.B. beim IBM System 38 und bei Apollo Domain verwendet wird. Files auf dem Sekundärspeicher werden gleich behandelt wie Objekte, die sich im Hauptspeicher befinden.

Single-Host-Betriebssystem: Betriebssystem, das nur für einen einzigen Prozessor konzipiert worden ist.

stable storage: langlebiges Speichermedium, auf dem Daten auch nach einem Systemabsturz noch zugänglich sind.

statusbehaftetes Client-Server-Modell - *stateful client server model*: Variante des Client-Server-Modells↑, bei der der Server keine Statusinformationen über seine Clients zwischenspeichert.

statusloses Client-Server-Modell - *stateless client server model*: Variante des Client-Server-Modells↑, bei der der Server Statusinformationen über seine Clients zwischenspeichert.

Stub-Prozess: Zwischenprozess im RPC-Modell, der je auf Client- und Serverseite transparent für den Endbenutzer zwischen den Client-Prozess und das Netzwerk bzw. zwischen den Server-Prozess und das Netzwerk zwischengeschaltet wird. [Bir84]

Tasking-System: Prozessystem, das aus mehreren kooperierenden Prozessen besteht.

TCP/IP: Netzwerkprotokoll des DoD, d.h. des amerikanischen Verteidigungsministeriums, das in etwa die Anforderungen der Transportschicht (Schicht 4) des ISO/OSI-Schichtenmodells↑ abdeckt. [Tan81]

Top-Down-Entwurfsmethode - *top down design*: Entwurfsmethode, bei der ausgehend vom Gesamtproblem das Problem schrittweise verfeinert wird.

triggering: Auslösen eines Ereignisses durch Einflüsse von aussen.

Truth Maintenance System: Komponente eines Expertensystems, die für die Einhaltung der Regeln des Systems verantwortlich ist.

Two-Phase-Commit: Commit-Protokoll↑, das für die Implementation der Atomizitätseigenschaft↑ von verteilten Transaktionen die grösste Verbreitung gefunden hat. [Ber87]

Two-Phase-Locking: Locking↑-Protokoll, das für die Implementation der Serialisierbarkeitseigenschaft↑ von Transaktionen die grösste Verbreitung gefunden hat. [Ber87]

UDP: User Datagram Protocol, verbindungsloses Netzwerk-Protokoll der TCP/IP↑-Protokollspezifikationen des DoD.

UNIX-Kompatibilität - *UNIX compatibility*: Funktionale Analogie eines Betriebssystems zu UNIX auf der Benutzerschnittstellen-Ebene.

UNIX-System-Call-Schnittstelle - *UNIX system call interface*: Sammlung von Betriebssystem-Aufrufen, mit denen die Dienstleistungen des UNIX-Betriebssystems angefordert werden können.

unzuverlässiger Broadcast - *unreliable broadcast*: A priori-Eigenschaft von Broadcast, da bei einer Meldung, die "an alle" adressiert ist, eine zuverlässige Quittierung nicht vorausgesetzt werden kann.

verbindungslos - *connectionless*: Begriff aus der ISO/OSI-Terminologie: Jedes Datenpaket wird einzeln von einem Kommunikations-Endpunkt zum anderen befördert.

verbindungsorientiert - *connection oriented*: Begriff aus der ISO/OSI-Terminologie: Für die Dauer einer Sitzung wird zwischen den beiden Kommunikations-Endpunkten ein sog. virtual circuit↑ eröffnet.

verteiltes Multitasking - *distributed multitasking*: Es können über mehrere Maschinen verteilt parallele Prozesse abgespalten werden.

virtual circuit: Begriff aus der ISO/OSI-Terminologie: Zwischen zwei Kommunikations-Endpunkten wird eine "logisch" feste Verbindung eröffnet und für die Dauer der Sitzung beibehalten.

VM/CMS: Mehrbenutzer-Betriebssystem für IBM-Mainframes. [Fos87]

Stichwortverzeichnis Englisch - Deutsch

abort (of a transaktion) - Gewaltsamer Transaktionsabbruch

accounting - Abrechnung

atomic transaction - atomare Transaktion

atomicity - Atomizität

bottom up design - Bottom-Up-Entwurfsmethode

buffer management - Pufferverwaltung

compatibility - Kompatibilität

concurrency control - parallele Zugriffskontrolle

connection oriented - verbindungsorientiert

connectionless - verbindungslos

constraint - Bedingung

crash recovery - Wiederhochkommen nach Absturz

dataflow architecture - Datenfluss-Architektur

datagram - Datagramm

demand paging - Seitenaustausch auf Anforderung

device driver - Gerätetreiber

directed acyclic graph - Gerichteter azyklischer Graph

directory - Verzeichnis:

distributed multitasking - verteiltes Multitasking

dynamic binding - dynamisches Binden

dynamic load balancing - dynamischer Lastausgleich

error recovery - Wiederhochkommen nach Absturz

event driven programming - ereignisgesteuerte Programmierung

exception handling - Behandlung von Ausnahmebedingungen

fault tolerant systems - fehlertolerante Systeme

fine grained parallelism - feinkörnige Parallelverarbeitung

gateway - "Tor"

hidden directories - "versteckte Verzeichnisse"

horizontal growth - horizontales Wachstum

late binding - spätes Binden

lightweight multitasking - Leichtgewicht-Multitasking

linear speed-up - lineare Beschleunigung

load sharing - Lastverteilung

logic programming - logische Programmierung

long haul networks - globale Fernnetze

nested transactions - geschachtelte Transaktionen

open systems - offene Systeme

paging - Seitenwechsel

performance - Leistung

persistent objects - persistente Objekte

portability - Portabilität

remote procedure call - entfernter Prozeduraufruf

replicated data - Replikation von Daten

semantic gap - semantische Lücke

serializability - Serialisierbarkeit

service access point - Dienstzugangspunkt

service primitive - Dienstprimitive

shared memory - gemeinsamer Adressraum

stable storage - stabiles Speichermedium

stateful client server model - statusbehaftetes Client-Server-Modell

stateless client server model - statusloses Client-Server-Modell

system call interface - Systemaufrufs-Schnittstelle

top down design - Top-Down-Entwurfsmethode

triggering - auslösen

two phase commit - Zwei-Phasen-Commit

two phase locking - Zwei-Phasen-Sperrprotokoll

unreliable broadcast - unzuverlässiger Broadcast

Index

Leitfäden der angewandten Informatik

Bauknecht/Zehnder: **Grundzüge der Datenverarbeitung**
4. Aufl. 297 Seiten. Kart. DM 38,–

Beth / Heß / Wirl: **Kryptographie**
205 Seiten. Kart. DM 26,80

Brüggemann-Klein: **Einführung in die Dokumentenverarbeitung**
200 Seiten. Kart. DM 34,–

Bunke: **Modellgesteuerte Bildanalyse**
309 Seiten. Geb. DM 48,–

Craemer: **Mathematisches Modellieren dynamischer Vorgänge**
288 Seiten. Kart. DM 38,–

Curth/Giebel: **Management der Software-Wartung**
184 Seiten. Kart. DM 34,–

Frevert: **Echtzeit-Praxis mit PEARL**
2. Aufl. 216 Seiten. Kart. DM 34,–

Frühauf/Ludewig/Sandmayr: **Software-Projektmanagement und
-Qualitätssicherung.** 136 Seiten. Kart. DM 28,–

Gloor: **Synchronisation in verteilten Systemen**
239 Seiten. Kart. DM 42,–

Gorny/Viereck: **Interaktive grafische Datenverarbeitung**
256 Seiten. Geb. DM 52,–

Hofmann: **Betriebssysteme: Grundkonzepte und Modellvorstellungen**
253 Seiten. Kart. DM 36,–

Holtkamp: **Angepaßte Rechnerarchitektur**
233 Seiten. DM 38,–

Hultzsch: **Prozeßdatenverarbeitung**
216 Seiten. Kart. DM 28,80

Kästner: **Architektur und Organisation digitaler Rechenanlagen**
224 Seiten. Kart. DM 28,80

Kleine Büning/Schmitgen: **PROLOG**
2. Aufl. 311 Seiten. DM 36,–

Meier: **Methoden der grafischen und geometrischen Datenverarbeitung**
224 Seiten. Kart. DM 36,–

Meyer-Wegener: **Transaktionssysteme**
242 Seiten. DM 38,–

Mresse: **Information Retrieval – Eine Einführung**
280 Seiten. Kart. DM 38,–

Müller: **Entscheidungsunterstützende Endbenutzersysteme**
253 Seiten. Kart. DM 32,–

Mußtopf / Winter: **Mikroprozessor-Systeme**
302 Seiten. Kart. DM 34,–

Nebel: **CAD-Entwurfskontrolle in der Mikroelektronik**
211 Seiten. Kart. DM 34,–

Retti et al.: **Artificial Intelligence – Eine Einführung**
2. Aufl. X, 228 Seiten. Kart. DM 36,–

Schicker: **Datenübertragung und Rechnernetze**
3. Aufl. 299 Seiten. Kart. DM 42,–

Leitfäden der angewandten Informatik

Fortsetzung

Schmidt et al.: **Digitalschaltungen mit Mikroprozessoren**
2. Aufl. 208 Seiten. Kart. DM 28,80

Schmidt et al.: **Mikroprogrammierbare Schnittstellen**
223 Seiten. Kart. DM 34,—

Schneider: **Problemorientierte Programmiersprachen**
226 Seiten. Kart. DM 28,80

Schreiner: **Systemprogrammierung in UNIX**
Teil 1: Werkzeuge. 315 Seiten. Kart. DM 52,—
Teil 2: Techniken. 408 Seiten. Kart. DM 58,—

Singer: **Programmieren in der Praxis**
2. Aufl. 176 Seiten. Kart. DM 32,—

Specht: **APL-Praxis**
192 Seiten. Kart. DM 26,80

Vetter: **Aufbau betrieblicher Informationssysteme
mittels konzeptioneller Datenmodellierung**
5. Aufl. 455 Seiten. Kart. DM 54,—

Vetter: **Strategie der Anwendungssoftware-Entwicklung**
400 Seiten. Kart. DM 52,—

Weck: **Datensicherheit**
326 Seiten. Geb. DM 44,—

Wingert: **Medizinische Informatik**
272 Seiten. Kart. DM 28,80

Wißkirchen et al.: **Informationstechnik und Bürosysteme**
255 Seiten. Kart. DM 32,—

Wolf/Unkelbach: **Informationsmanagement in Chemie und Pharma**
244 Seiten. Kart. DM 36,—

Zehnder: **Informatik-Projektentwicklung**
223 Seiten. Kart. DM 36,—

Zehnder: **Informationssysteme und Datenbanken**
5. Aufl. 276 Seiten. Kart. DM 38,—

Zöbel/Hogenkamp: **Konzepte der parallelen Programmierung**
235 Seiten. Kart. DM 36,—

Preisänderungen vorbehalten

 **B. G. Teubner Stuttgart**